乡村绿化美化
模式范例

国家林业和草原局生态保护修复司◎组织编写

李雄　等◎编著

中国林業出版社
China Forestry Publishing House

图书在版编目(CIP)数据

乡村绿化美化模式范例 / 国家林业和草原局生态保护修复司组织编写；李雄等编著. -- 北京 : 中国林业出版社, 2024.1

ISBN 978-7-5219-2353-7

Ⅰ. ①乡… Ⅱ. ①国… ②李… Ⅲ. ①乡村绿化—案例 Ⅳ. ①S731.7

中国国家版本馆CIP数据核字(2023)第181540号

策划编辑：李　敏

责任编辑：李　敏　王美琪

装帧设计：北京八度出版服务机构

封面设计：王培严

出版发行：中国林业出版社

（100009，北京市西城区刘海胡同 7 号，电话：010-83143575，83143548）

电子邮箱：cfphzbs@163.com

网址：www.forestry.gov.cn/lycb.html

印刷：河北京平诚乾印刷有限公司

版次：2024 年 1 月第 1 版

印次：2024 年 1 月第 1 次

开本：787mm×1092mm　1/16

印张：19.5

字数：351 千字

定价：368.00 元

前 言

乡村是具有自然、社会、经济特征的地域综合体，兼具生产、生活、生态、文化等多重功能，与城镇互促互进、共生共存，共同构成人类活动的主要空间。

乡村兴则国家兴。党的十九大报告指出，农业农村农民问题是关系国计民生的根本性问题，必须始终把解决好“三农”问题作为全党工作的重中之重，并明确提出实施乡村振兴战略。党的二十大报告指出，全面建设社会主义现代化国家，最艰巨最繁重的任务仍然在农村，要扎实推动乡村产业、人才、文化、生态、组织振兴，全面推进乡村振兴。

国家林业和草原局（简称“国家林草局”）认真贯彻落实乡村振兴战略，2019年印发了《乡村绿化美化行动方案》，2022年会同农业农村部、自然资源部、国家乡村振兴局印发了《“十四五”乡村绿化美化行动方案》，按照“产业兴旺、生态宜居、乡风文明、治理有效、生活富裕”总要求，牢固树立和践行绿水青山就是金山银山的理念，以“保护、增绿、提质、增效”为主线，大力推进乡村绿化美化，改善提升农村人居环境，建设生态宜居美丽乡村。各地认真落实中央关于实施乡村振兴战略和农村人居环境整治提升的总体部署，按照国家林草局有关要求，积极开展各具特色的乡村绿化美化行动，乡村生态环境得到较大改善，村容村貌明显提升，人民群众的幸福感、获得感不断增强。

在推进乡村绿化美化行动过程中，各地涌现了一批优秀的乡村绿化美化模式，值得学习借鉴。为此，国家林草局委托北京林业大学在全面总结我国乡村绿化美化现状基础上，调研走访300余个行政村，按照我国典型气候区，选编提炼了47个乡村绿化美化的模式范例。

本书的编撰遵循三个原则：一是全面性。以国家林草局现有工作为基础，结合详尽的田野调查，对我国各区域乡村绿化美化模式进行整理提炼，全面反映了不同区域乡村绿化美化建设现状和特点。二是实践性。根据各省级林草主管部门推荐的乡村绿化美化工作典型，提炼总结完善绿化美化模式要点，源于实践，高于实践，方便广大基层工作者借鉴参考。三是特色性。反映乡村绿化美化的新趋势、新特点、新理念，突出乡土味道，避免乡村发展模式趋同化，引领不同区域乡村绿化美化走特色化发展道路。

乡村绿化美化是全面推进乡村振兴战略的重要内容，是建设人与自然和谐共生现代化的重要举措。希望《乡村绿化美化模式范例》的出版能够对乡村绿化美化的规划设计和建设起到积极的引导作用，为建设宜居宜业和美乡村作出积极贡献。

本书获得国家重点研发计划“乡村生态景观营造关键技术研究”项目（编号：2019YFD1100400）资助。

编著者

2023年8月

目 录

第三章　温带半湿润地区乡村绿化美化模式范例

第四章　温带半干旱及干旱地区乡村绿化美化模式范例

第五章　亚热带湿润地区乡村绿化美化模式范例

第六章　热带湿润地区乡村绿化美化模式范例

第七章　高原气候带乡村绿化美化模式范例

第八章　国外乡村绿化美化模式

第一章

绪论

第一节《概 况

中国要强，农业必须强；中国要美，农村必须美；中国要富，农民必须富。党的十九大提出实施乡村振兴战略，党的二十大报告提出全面推进乡村振兴，是以习近平同志为核心的党中央从党和国家事业全局出发、着眼于实现“两个一百年”奋斗目标、顺应亿万农民群众对美好生活的向往作出的重大决策，是新时代做好“三农”工作的总抓手。乡村绿化美化作为推进乡村振兴战略的先手棋，对实现“产业兴旺、生态宜居、乡风文明、治理有效、生活富裕”总目标具有十分重要的作用。

一、重要意义

（一）乡村绿化美化是全面推进乡村振兴的重要举措

党的二十大报告深刻指出，全面建设社会主义现代化国家，最艰巨最繁重的任务仍然在农村。同时强调要“扎实推动乡村产业、人才、文化、生态、组织振兴”“建设宜居宜业和美乡村”。在全面推进乡村振兴新征程上，乡村绿化美化任务繁重。我国山区、林区、沙区占国土面积近80%，大力推进乡村绿化，提供更多优质生态产品，是构建农业农村发展格局和生态安全格局的现实需要，也是林草工作的重中之重。绿色既是新农村建设的底色，也是人民群众最直观、最切实的认识和感受，大力推进乡村绿化美化，统筹山水林田湖草沙系统治理，加快改善农民生产生活条件，推动绿色产业新业态发展，弘扬乡村优良传统生态文化和淳朴民风，将为扎实推动乡村全面振兴奠定坚实的物质和精神基础。

（二）乡村绿化美化是贯彻以人民为中心的必然要求

天更蓝、山更绿、水更清、生态环境更美好，是广大人民群众对美好生活的迫切向往。我国森林覆盖率只有24.02%，各地生态建设水平依然有很大差距，生态资源稀缺、生态系统退化、缺林少绿仍然是我国经济社会可持续发展最大的短板。大力开展乡村绿化美化，就是坚持绿化为民、绿化惠民理念，着力解决群众最关心的生态问题。通过以绿治脏、以绿治乱、以绿美境、以绿兴产，盘活自然风光、乡土文化等资源要素，逐步改善农村人居环境，提升农民生活品质，带动乡村旅游、森林康养、特色林草产品等产业发展，将自然生态优势转化为经济社会发展优势，成为农村经济社会持续健康发展的支撑点和发力点，实现生态产业化、产业生态化，让广大农民共享绿化成果，进而全面提升农民群众的获得感和幸福感。

（三）乡村绿化美化是统筹城乡协调发展的战略选择

习近平总书记深刻指出“我国发展最大的不平衡是城乡发展不平衡，最大的不充分是农村发展不充分”。近年来，乡村建设取得明显成效，农村面貌有了极大改善，但与城市比，乡村绿化的规模、档次、水平还有一定差距。部分地区还存在乡村缺林少绿、景观效果差的情况。实施乡村绿化美化是符合我国乡村生态建设需要的直接途径：一方面，动员广大群众积极参与，通过发挥群众的主体作用，共建共享绿色生态家园，把乡村绿化美化打造成推动城乡融合发展的平台；另一方面，不断提高农民的生态意识和可持续发展意识，增强生态保护的责任感和使命感，为广大乡村绿起来、美起来、富起来提供不竭的内生动力，逐步解决城乡绿化美化不平衡、不充分的问题。

（四）乡村绿化美化是弘扬传统生态文化的有效途径

乡村的自然山水、古老村落、传统民居、乡俗民情较好地保留和传承了我国悠久的历史文化和传统，留存了优秀的生态文化基因，能够让人们望得见山、看得见水、记得住乡愁。推进乡村绿化美化，保护田园生态景观，栽植纪念林、游憩林，建设宣传栏、游园、场馆等生态文化设施、场所，延续独具特色的生态文化活动，能够重新构建人与自然的和谐关系，进一步传承和弘扬森林文化、树文化、竹文化、茶文化、花文化等传统生态文化，将生态文化融入现代农民生活。同时，随着乡村绿化美化的深入推进，农村人居环境的持续改善，能够吸引乡贤、农民工、“农二代”回归农村，将现代农业技术、经营理念与农业生产知识和传统文化结合，为乡村生态文化注入新的时代内涵，助力乡村生态文化继承和发扬，焕发新的生机和活力。

二、发展方向

党的十八大以来，各地紧紧围绕建设生态文明和美丽中国的宏伟目标，按照中央关于实施乡村振兴战略和农村人居环境整治的总体部署和要求，积极开展各具特色的乡村绿化美化行动，加大乡村绿化力度，村容村貌有了较大提升，乡村生态环境得到较大改善。但是，总体来看我国乡村绿化水平与农村群众日益增长的优美生态环境需求还有较大差距。

乡村绿化美化任重道远，必须保持定力和韧劲，遵循乡村发展规律，以科学绿化理念为指导，以“保护、增绿、提质、增效”为主线，持续推进乡村绿化美化，改善提升农村人居环境，建设生态宜居宜业和美乡村。

（一）保护——统筹保护乡村自然生态

乡村绿化美化首先是保护，在保护的基础上继承发扬和建设提升。要尊重自然、顺应自然、保护自然，保持乡村自然生态系统的原真性和完整性。按照生态功能重要性、生态环境敏感性和脆弱性，依据地形地貌或生态系统特征，统筹制定各类自然资源保护目标，对乡村范围内的森林、草原、湿地、荒漠、野生动植物等自然资源，严格保护、系统保护。保护乡村山水田园、河湖湿地、原生植被，加强天然林保护修复、公益林管护，保护天然草原，提高生态系统自我修复能力和稳定性。开展重点生态功能区、重要自然生态系统、自然遗迹、自然景观及珍稀濒危物种种群、极小种群保护，推进乡村小溪流、小池塘等小微湿地保护修复。严格保护修复古树名木及其自然生境，保护天然大树和珍稀林木。注重乡土味道，保护乡情美景，突出乡村风貌，留住田园乡愁。

（二）增绿——稳步增加乡村生态绿量

乡村绿化美化的基础是增绿，要顺应村庄发展规律，统筹考虑生态合理性和经济可行性，坚持科学、生态、节俭绿化理念，因地制宜、适地适绿。统筹山水林田湖草沙一体化保护与系统治理，科学恢复林草植被。依托乡道、河湖等线性景观，开展护村林、护路林、护岸林建设，构建乡村生态廊道体系，与自然山势、水势、地势相结合，将农田、山林、草原、湿地、聚落等特色景观资源串联成一体。因害设防、节约用地，充分利用农村道路、沟渠、田坎等现有空间，加强农田（牧场）防护林建设，为高标准农田建设提供生态屏障。结合农村土地综合整治，利用废弃地、边角地、空闲地、拆违地，增加村庄绿地。有条件地开展乡村规划建设或改造一批供村民休闲、娱乐、节庆等综合功能的乡村公园，开展一村一公园建设。大力实施农村四旁[1]绿化、立体绿化，见缝插绿、应绿尽绿，充分挖掘绿化潜力，鼓励栽植乡土珍贵树种。鼓励引导村民在庭院中自发栽植果蔬、花木等，打造小花园、小果园、小菜园，积极发展乔、

---

① 四旁指村旁、宅旁、路旁、水旁。

灌、草、花、藤多层次绿化，提升庭院绿化水平，做到家家有花、户户有绿。增加季相变化和空间层次，让村庄庭院掩映在田园林海之中，推进实现“山地森林化、农田林网化、村屯园林化、道路林荫化、庭院花果化”。

（三）提质——着力提升乡村绿化质量

乡村绿化美化的关键是提质，乡村绿化发展质量直接关系到人居环境质量和农民生活质量。优先采用乡土树种草种绿化，审慎使用外来树种草种，防止乡村绿化城市化、奢侈化，居民区周边避免选用易致人体过敏的树种草种。根据林分发育、林木竞争和自然稀疏规律及森林培育目标对乡村林木进行抚育，改善生长环境，加强中幼林抚育、退化林和退化草原修复，修复村庄周边缺株断带、林相残破的通道绿化、环村林带、农田林网，提升生态防护功能。对乡村周围山体风景林，进行林分结构优化，利用林间空地补植乡土珍贵树种，适当保留林间和林缘草地，恢复物种多样性，提升林分美景度，形成优美的自然生态景观。注重植物文化传承，增加长寿命乡土树种比重，注重常绿树种与落叶树种结合、观叶植物与观花观果植物结合、水系绿化与水生植物培育结合，发展多树种、近自然、多层次的混交林，营造具有浓郁地方特色的地带性植被，形成优美和谐的乡村自然生态景观。

（四）增效——大力发展绿色惠民产业

乡村绿化美化的重点是增效，牢固树立和践行绿水青山就是金山银山理念，让良好生态环境成为农村最大优势和宝贵财富，让生态成为乡村振兴的绿色基础。充分挖掘绿色产品发展潜力，与乡村绿化美化有机结合，根据区域生态资源禀赋、发展条件、比较优势等，加快产业结构调整，继续推动林草生态产业转型升级。树立大食物观，向森林、草原要食物，在不影响当地森林生态系统的前提下，推动经济林提质增效、低产林改造、林下经济等林业生产，提高天然草原的生产能力。结合绿色食品、森林生态标志产品等品牌培育和保护，发展具有村庄特色的绿化美化模式。依托森林草场、绿水青山，通过绿化美化提升，发展乡村旅游、文化体验、健康养老等新产业新业态，将乡村自然资源优势转化为经济社会发展优势，变绿水青山为金山银山，为乡村振兴奠定坚实的经济基础。

（五）文化——弘扬乡村传统生态文化

乡村绿化美化的保障是文化，植绿护绿是扩大生态空间、优化生产生活空间的过程，也是培养生态文明理念、弘扬传统生态文化的过程。鼓励将乡村绿化美化纳入乡规民约，引导农民形成植绿爱绿护绿的良好风尚，提高村民生态保护意识，巩固提升乡村绿化成果。挖掘和弘扬古树名木文化、生态文化、红色文化、民族民俗文化，充分利用村民广场、乡村公园等公共绿地，开展乡村生态文化科普宣传，打造生态文化展示的绿色窗口。将弘扬生态文化、培养村民生态意识作为乡村绿化美化的重要内容，广泛开展全民义务植树、植绿爱绿护绿活动和宣传教育，弘扬生态文明理念，普及乡村绿化知识。通过发动村民参与乡村绿化美化，培养村民植绿护绿爱绿的行动自觉，养成绿色生活习惯，让生态文明理念融入现代农民生活，美丽乡愁转化为村民内生动力，形成共建、共享、共护美丽宜居乡村的新格局。

第二节 区域划分

一、划分依据

全国各地自然条件、经济水平、民风民俗等千差万别，出于体现地域特征、便于各地结合实际情况参考、划分方式科学通用等方面考虑，在比选中国地理区划、气候类型区划、生态地理区划、植被区划、综合自然地理区划等地域划分方法的基础上，依据中国生态地理区划、中国综合自然地理区划整合形成本书的区域划分类型。

根据自然地理环境及其组成成分在空间分布上的差异性和相似性，考虑乡村社会经济、气候环境、自然资源、村庄分布密度等条件，本书将中温带、暖温带中的干旱、半干旱地区合并为温带半干旱及干旱地区，将高原亚寒带、高原温带中的湿润、半湿润、干旱、半干旱地区统称为高原气候带。确定温带湿润地区、温带半湿润地区、亚热带湿润地区、温带半干旱及干旱地区、热带湿润地区、高原气候带6个区域，反映全国主要气候特征，与地形地貌、植被生长及农林生产关系密切。

二、工作重点

（一）温带湿润地区

温带湿润地区位于我国东北部，涉及黑龙江、吉林、辽宁、内蒙古、山东等省份，包括寒温带、中温带和暖温带的湿润地区。本区域地貌类型多样，包括大兴安岭、小兴安岭、长白山地、松嫩平原和三江平原等。区域内温带季风气候显著，自南向北地跨中温带和寒温带，四季分明，夏季温热多雨、冬季寒冷干燥。植被类型以寒温带针叶林、暖温带针阔叶混交林为主，西部和南部有少部分温带草原和暖温带落叶阔叶林。自然区包括大兴安岭北段山地落叶针叶林区、三江平原湿地区、小兴安岭长白山地针叶林区、松辽平原东部山前台地针阔叶混交林区、辽东胶东低山丘陵落叶阔叶林和人工植被区等。

根据《全国重要生态系统保护和修复重大工程总体规划（2021—2035年）》，温带湿润地区大部分区域属东北森林带，包含大小兴安岭森林、长白山森林和三江平原湿地等国家重点生态功能区。本地区是我国重点国有林区和北方重要原始林区的主要分布地，也是我国沼泽湿地最丰富、最集中的区域，对调节东北亚地区水循环与局地气候、维护国家生态安全和保障国家木材资源具有重要战略意义。

本地区面临着长期高强度的森林资源采伐和农业开垦，导致森林湿地生态系统退化、森林结构不合理、湿地面积减少、生物多样性遭到破坏、水土流失、局部地区土地沙化等生态问题。乡村绿化美化需要以推动森林生态系统、草原生态系统自然恢复为导向，全面加强森林、草原、河湖、湿地等生态系统的保护和修复，连通重要生态廊道，稳步推进退耕还林还草还湿、水土流失治理等任务，同时持续提升村容村貌，不断优化农村人居环境质量。

（二）温带半湿润地区

温带半湿润地区位于我国中东部，涉及北京、天津、内蒙古、黑龙江、吉林、辽宁、河北、河南、山西、山东、江苏、安徽、陕西、甘肃等省份，包括中温带和暖温带的半湿润地区。区域内黄河由西向东穿流而过，依次经过秦岭和黄土高原、太行山脉、华北平原。黄河上游地区沟壑纵横，地貌以山地、丘陵、高原为主，下游地区以平原为主。属温带季风气候，冬季寒冷，夏季炎热，降水多集中在夏季。植被类型以暖温带落叶阔叶林为主，西北部地区处于森林草原过渡的地带。自然区包括松辽平原中部森林草原区、大兴安岭中段山地森林草原区、大兴安岭北段西侧丘陵森林草原区、鲁中低山丘陵落叶阔叶林及人工植被区、华北平原人工植被区、华北山地落叶阔叶林区、汾渭盆地落叶阔叶林及人工植被区等。

根据《全国重要生态系统保护和修复重大工程总体规划（2021—2035年）》，温带湿润地区大部分区域属黄河重点生态区，少部分区域属北方防沙带、长江重点生态区边缘，包括京津冀协同发展区及科尔沁草原生态功能区等国家重点生态功能区。京津冀及以南的华北平原地区，是我国重要的城市群地区和农产品主产区，村庄城镇化水平较高，人口密度大。科尔沁草原地处温带半湿润与半干旱过渡带，气候干燥，多大风天气，土地沙漠化敏感程度高。两侧黄土高原地区大部分为黄土覆盖，土质疏松，易于侵蚀崩解，年降水量时间和空间分布不均，区域内植被覆盖率低。

本地区面临的生态问题复杂多样，包括西部生态敏感脆弱、水土流失严重、生态系统不稳定等问题；中南部城市化地区发展及其周边农产品主产区的生态、经济、社会发展不平衡等问题；北部草场退化、盐渍化和土壤贫瘠化问题明显。因此，乡村绿化美化需与当地群众生产生活条件的改善相结合，因地制宜、适地适绿，坚持科学、生态、节俭绿化理念，加强林草植被保持水土、涵养水源功能，保护与恢复临黄沿黄重点河湖湿地、太行山生态屏障，协调城镇化发展与乡村建设、生态保育修复与农林生产之间的关系，促进产业经济、生态文化与人居环境之间的和谐共融。

（三）温带半干旱及干旱地区

温带半干旱及干旱地区位于我国西北部，涉及新疆、内蒙古、宁夏、甘肃、陕西、山西等省份，包括中温带干旱、半干旱地区和暖温带干旱、半干旱地区。本地区温带大陆性气候显著，光热和土地资源丰富，但水资源匮乏。植被类型以温带草原、温带荒漠为主，植被稀疏，土地沙化、次生盐渍化严重，是我国生态环境最脆弱的地区之一。自然区包括西辽河平原草原区、大兴安岭南段草原区、内蒙古高原东部草原区、呼伦贝尔平原草原区、鄂尔多斯及内蒙古高原西部荒漠草原区、阿拉善与河西走廊荒漠区、准噶尔盆地荒漠区、阿尔泰山地草原及针叶林区、天山山地荒漠草原及针叶林区、黄土高原中北部草原区、塔里木盆地荒漠区等。

根据《全国重要生态系统保护和修复重大工程总体规划（2021—2035年）》，温带半干旱及干旱地区大部分区域属北方防沙带，包含京津冀协同发展区和黄河高原丘陵沟壑水土保持生态功能区、浑善达克沙漠化防治生态功能区、呼伦贝尔草原草甸生态功能区、科尔沁草原生态功能区、塔里木河荒漠化防治生态功能区、阴山北麓草原生态功能区、阿尔泰山地森林草原生态功能区等国家重点生态功能区。本地区是我国防沙治沙的关键性地带，也是我国生态保护和修复的重点、难点区域，其生态保护和修复对保障北方生态安全、改善全国生态环境质量具有重要意义。林草植被受水分条件影响明显，土壤水分较多的地区镶嵌着非地带性草甸或沼泽草甸，区域内分布有典型的灌溉农业和绿洲农业。

同时，本地区也面临着森林、草原功能退化，林草植被质量不高，风沙危害严重，水土流失严重，河湖、湿地面积减少，水资源短缺，生物多样性受损等问题。乡村绿化美化应坚持以水定绿，宜林则林、宜灌则灌、宜草则草。结合三北防护林体系建设、天然林保护、退耕还林还草、草原保护修复、水土流失综合治理、防沙治沙、河湖和湿地保护恢复等工作，加强生态环境保护修复，提升村庄人居环境质量，改善村容村貌，并根据实际情况发展绿色产业，探索村民增收致富、宜居宜业的发展路径。

（四）亚热带湿润地区

亚热带湿润地区位于我国中东部，包括北亚热带、中亚热带、南亚热带的湿润地区，涉及上海、重庆、江苏、安徽、浙江、湖北、湖南、四川、江西、贵州、福建、广东、广西、云南、河南、陕西、甘肃、西藏、香港、澳门、台湾等省份。区域内地貌类型丰富，有山地、丘陵、平原和盆地等。属亚热带季风气候，水热条件优良，拥有良好的森林植被、湖泊湿地等自然资源，植被类型为亚热带常绿阔叶林。自然区包括长江中下游平原与大别山地常绿落叶阔叶混交林及人工植被区、秦巴山地常绿落叶阔叶混交林区、江南丘陵常绿阔叶林及人工植被区、浙闽与南岭山地常绿阔叶林区、湘黔山地常绿阔叶林区、四川盆地常绿阔叶林及人工植被区、云南高原常绿阔叶林及松林区、东喜马拉雅南翼山地季雨林及常绿阔叶林区、台湾中北部山地平原常绿阔叶林及人工植被区、闽粤桂低山平原常绿阔叶林及人工植被区、滇中南山地丘陵常绿阔叶林及松林区等。

根据《全国重要生态系统保护和修复重大工程总体规划（2021—2035年）》，亚热带湿润地区分布有长江重点生态区、南方丘陵山地带和海岸带，包含川滇森林及生物多样性生态功能区、桂黔滇喀斯特石漠化防治生态功能区、秦巴生物多样性生态功能区、三峡库区水土保持生态功能区、武陵山区生物多样性与水土保持生态功能区、大别山水土保持生态功能区、南岭山地森林及生物多样性生态功能区等国家重点生态功能区。亚热带湿润地区是长江经济带、川滇生态屏障和武夷山等重要山地丘陵区的所在区域，森林覆盖率高，生物多样性高，特色经济林果种类丰富，古文化遗址、少数民族村落等人文资源丰富，村庄乡土景观特色和地域特征明显。

本地区面临的主要生态问题有水土流失和石漠化问题突出，滑坡、山洪等灾害时有发生，重大有害生物危害严重，部分地区生态功能不强，河湖湿地生态环境和水生生物多样性受损。乡村绿化美化需要与山水林田湖草沙系统治理和生态系统自然恢复导向相结合，增强区域水源涵养、水土保持等生态功能，保护修复河湖湿地和动植物栖息地，连通生态廊道，提高生态系统稳定性和生态服务功能。同时，结合乡村绿化美化，种植具有乡土特色和文化寓意的经济林果和珍贵树种，营造具有地域特色的植物景观风貌。重视保护村庄生态景观格局，优化乡村三生空间[①]布局，重塑生态循环机理，传承弘扬人与自然和谐共生的传统生态智慧和生态文化。

（五）热带湿润地区

热带湿润地区位于我国南部，包括边缘热带、中热带、赤道热带的湿润地区，包括海南、广东、云南、台湾等省份，以及东沙、中沙、西沙、南沙诸岛。区域内海洋辽阔，岛屿众多，海岸线长，陆地分散且地貌类型多样，有山地、盆地、台地丘陵、平原谷地等。本地区属热带季风气候，高温湿润，水量、水资源丰富但降水不均，几乎全年适合农作物生长，热带季雨林、雨林是本地区典型的地带性植被。自然区包括台湾南部山地平原季雨林雨林区，琼雷山地丘陵半常绿季雨林区，西双版纳山地季雨林雨林区，琼南低地与东沙、中沙、西沙诸岛季雨林雨林区，南沙群岛礁岛植被区等。

根据《全国重要生态系统保护和修复重大工程总体规划（2021—2035年）》，热带湿润地区属海岸带地区，包含海南岛中部山区热带雨林国家重点生态功能区。区域内生物物种十分丰富，是我国最大的热带“植物园”和最丰富的物种基因库。此外，保存有大量少数民族村寨，沿海设有红树林保护区，热带植物和经济作物特色鲜明，热带生态景观和地域文化特征显著。

本地区面临着过度开发导致的雨林面积大幅减少、生物多样性降低、生态系统退化等问题。乡村绿化美化需要与生态系统保护修复、珍稀濒危野生动植物栖息地保护恢复、生物多样性保护和生态廊道建设相结合，突出热带植物和经济作物的独特性，保护传统村寨和民族文化，依托良好的生态环境发展特色农林产业、生态旅游，营造能够体现地域文化特色的村庄风貌。

（六）高原气候带

高原气候带位于我国西南部，包括高原亚寒带和高原温带的湿润、半湿润、干旱、半干旱地区，涉及西藏、青海、四川、云南、甘肃、新疆等省份。本地区属寒带和高原高山气候，具有太阳辐射强、气温低、气温日较差和年较差大等特点，在地势格局和大气环流的共同作用下，形成了东南温暖湿润、西北寒冷干旱的过渡特征，并呈现出森林—草甸—草原—荒漠的植被地带性变化。植被类型以青藏高原高寒植被、温带荒漠为主，东南部分布有亚热带常绿阔叶林区域。自然区包括果洛那曲高原山地寒草甸区、青南高原宽谷高寒草甸草原区、

① 三生空间即生产空间、生活空间和生态空间的简称。

羌塘高原湖盆高寒草原区、昆仑高山高原高寒荒漠区、川西藏东高山深谷针叶林区、祁连青东高山盆地针叶林及草原区、藏南高山谷地灌丛草原区、柴达木盆地荒漠区、昆仑山北翼山地荒漠区、阿里山地荒漠区等。

根据《全国重要生态系统保护和修复重大工程总体规划（2021—2035年）》，高原气候带属青藏高原生态屏障区，包含三江源草原草甸湿地生态功能区、若尔盖草原湿地生态功能区、甘南黄河重要水源补给生态功能区、祁连山冰川与水源涵养生态功能区、阿尔金草原荒漠化防治生态功能区、藏西北羌塘高原荒漠生态功能区、藏东南高原边缘森林生态功能区等国家重点生态功能区。作为我国重要的生态安全屏障，也是战略资源储备基地和高寒生物种质资源宝库，是我国乃至全球维持气候稳定的生态源和气候源。

本地区面临着冰川消融、草地退化、土地沙化、生物多样性受损、高原生态系统不稳定等生态问题。要在大的生态环境保护背景下开展乡村绿化美化，包括大力实施草原保护修复、河湖和湿地保护恢复、天然林资源保护、防沙治沙、水土保持等工程。推动高寒生态系统自然恢复，全面保护草原、河湖、湿地、冰川、荒漠等生态系统，保护原生地带性植被、特有珍稀物种及其栖息地，促进区域野生动植物种群恢复和生物多样性保护，提升高原生态系统结构完整性和功能稳定性。结合高原特有自然和人文景观绿化美化乡村聚落，积极使用地域性乡土植被，营造生态景观和农林生产、乡村旅游特色。

第三节 模式体系

一、模式划分的总体考虑

乡村绿化美化是实现乡村生态振兴的重要抓手，也是农村人居环境整治提升、科学绿化、乡村建设行动的重要内容。本书深刻领会党的二十大报告精神，响应全面推进乡村振兴的发展任务，基于地方和乡村基层实际工作情况，总结乡村绿化美化典型模式类型，力求为全国不同地域条件和发展基础的村庄，提供持续推进乡村绿化美化工作的思路参考。

二、两个空间类型

《中华人民共和国乡村振兴促进法》规定，乡村是指城市建成区以外具有自然、社会、经济特征和生产、生活、生态、文化等多重功能的地域综合体，包括乡镇和村庄等。乡镇作为我国最基层的行政组织，是乡村基层的主要权力机关，行政管理范围内包含若干个村庄，其中规模较大的中心村通常作为乡镇政府所在地。村庄则是乡政府管理的村级行政单元，也是乡村最基层的群众性自治组织，按照成因分为行政村和自然村，具有不同的管理范畴和空间特征。

（一）行政村全域绿化

行政村全域是村庄管理的基层单元，兼具生产组织、经济管理和行政管理等多重功能，多由多个自然村构成，也存在多个行政村构成一个自然村，或行政村即自然村的情况。行政村中不仅包括散布的居民点，也包括广阔的生态空间和生产空间。

行政村全域绿化指村级行政管辖的全部地域范围内，以生态空间、生产空间为主要载体开展的绿化工作。其中，生态空间指以提供生态产品或生态服务为主的功能空间，涵盖需要保护和合理利用的森林、草原、湿地、河流、地质地貌等。生产空间指以农林渔牧生产为主的功能空间，如用材林、经济林、农园、茶园、花圃、牧草地等。其中，宜林荒山、荒地、荒滩、荒废和受损山体、废弃闲置土地、退化林地草地等是开展行政村全域绿化和生态修复的重要空间。

（二）村庄及周边绿化美化

自然村是乡村居民聚居形成的空间范围，即村庄聚落。聚落的分布、形态与规模，以及其形成、更迭和演变过程，受所处地区自然地理条件、经济条件和风俗习惯等因素的影响，差异性较大。聚落景观与生态环境、生产方式、生活文化之间相互作用，形成村庄特有的生态景观格局。

村庄及周边绿化美化指行政村范围内各个自然村庄和周边范围内，以生活空间为主要载体的绿化美化工作。生活空间指居民日常生活相关的各种空间，绿化类型体现为居民住宅的庭院绿化，以及与生活交往、生活环境营造密不可分的四旁绿化和公共绿地绿化等。其中，四旁地和废弃闲置地等可绿化土地是村庄及周边绿化美化的重要抓手（图1–1）。

三、四个发展方向

结合乡村生态、生产、生活、文化功能，总结乡村自然生态保护修复、乡村生态产业经济发展、乡村生态文化保护传承、聚落人居环境整治提升四个乡村绿化美化的主要发展方向，包括生态保育与生态防护、生态修复与生态景观、绿色产业、生态旅游、聚落景观、人文环境、四旁绿化、场院绿化、公共绿地绿化9种类型（图1–2）。

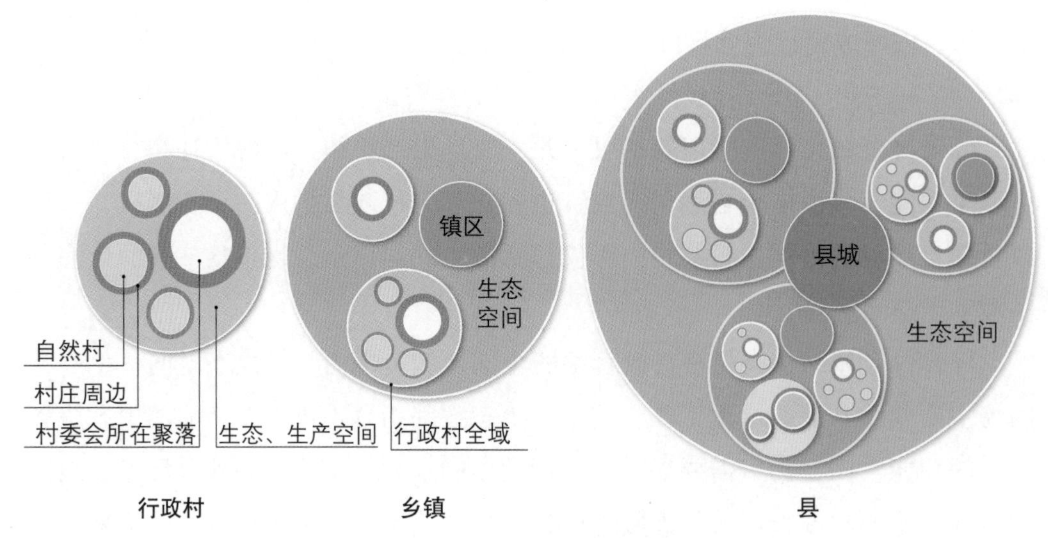

图1–1　乡村空间类型及范围

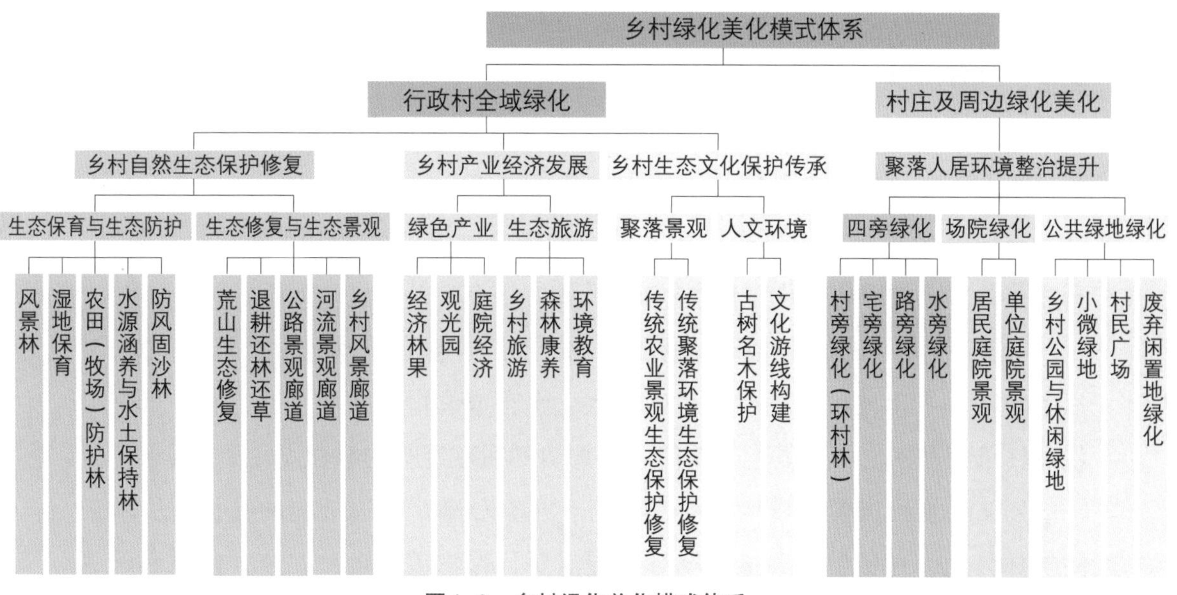

图1-2　乡村绿化美化模式体系

（一）乡村自然生态保护修复

乡村自然生态保护修复是指通过树立系统观念，统筹行政村全域的山水林田湖草沙系统治理，保护乡村山体田园、河湖湿地、原生植被，科学恢复林草植被，构建乡村生态廊道体系和防护林体系，修复乡村生态循环机制，提升乡村生态系统的原真性、多样性和稳定性。包括生态保育与生态防护、生态修复与生态景观两大类，含10种主要模式类型。

1.生态保育与生态防护

风景林模式指以维护乡村自然生态系统、展示绿水青山风貌、提升生态文化价值等功能为主要目的，实现生态与美学和谐统一的绿化美化工作。

湿地保育模式指对乡村河流、湖泊、溪流、水塘等湿地进行生态保育和整治修复，形成水生态良好、景观优美、物种丰富的乡村湿地环境。

农田（牧场）防护林模式指以保障农牧业生产、减轻自然灾害、提高作物产量品质、保护农区牧区生物多样性、控制非点源污染、改善乡村景观为主要目的，遵循因害设防、因地制宜、节约用地原则，充分利用农村道路、沟渠、田坎等现有空间，结合农田林网建设开展的绿化美化工作。

水源涵养与水土保持林模式指以涵养水源、改善水文状况、调节区域水分循环，或以减缓地表径流、减少土壤冲刷、防止水土流失、保持和恢复土地肥力为主要目的开展的绿化美化工作。

防风固沙林模式指以降低、减弱风速和风沙侵袭，防止或减缓风蚀，固定表土、流沙为主要目的开展的绿化美化工作。

2.生态修复与生态景观

荒山生态修复模式指以荒山、废弃和受损山体、矿山废弃地、退化林地草地生态修复为主要目的，通过技术措施重建或改善植物生境，恢复林草植被，形成植被覆盖的绿化美化工作。

退耕还林还草模式指以环境保护、水土保持、防沙治沙为主要目的，对25°以上非基本农田坡耕地、严重沙化耕地、生态地位重要区域耕地，有序开展退耕和林草植被恢复，修复生态功能，还原自然风貌特征的绿化美化工作。

公路景观廊道模式指依托乡村公路，在充分满足交通功能的前提下，响应防护林体系、村域生态廊道及经济发展需要，保护道路生态安全，恢复和改善沿线生态景观，构建生境优良、景观优美的连续带状功能复合型景观廊道。

河流景观廊道模式指依托乡村河流岸线，构建生态品质优良、景观特征突出、具有一定规模的连续带状绿色空间，对改善乡村生态环境、提升生物多样性、丰富休闲活动或乡村旅游资源具有积极作用的绿化美化工作。

乡村风景廊道模式指依托乡村自然和人文景观特征，塑造特色突出、具有一定规模的带状绿色空间，并多与慢行体系相结合，串联各类景观资源，构建线性风景廊道的绿化美化工作。

（二）乡村生态产业经济发展

乡村生态产业经济发展是指根据生态资源禀赋、发展条件、比较优势等，结合乡村绿化美化，发展具有村庄和区域特色的绿色产业，充分挖掘乡村生态产品潜力，将自然生态优势转化为经济社会发展优势，实现绿水青山向金山银山的价值转化。包括绿色产业和生态旅游两大类，含6种主要模式类型。

1.绿色产业

经济林果模式指以木材、食用油料、干鲜果品、食品、香料、茶桑、药材、林化原料、生物质能源原料及其他林副、林特产品生产为主要目的，结合林地、果园等建设开展的绿化美化工作。

观光园模式指将采集果、叶为主的经济林果种植与绿色休闲旅游相结合，适当设置观光步道、设施等，形成生态观光游憩环境的绿化美化工作。

庭院经济模式指利用居民自家庭院，以农户为主体，以村庄自然资源和乡土特色为依托，通过在庭院内栽植果树、花木等，发展规模适度、类型丰富的特色种植、特色养殖、特色休闲旅游，促进庭院绿化美化与社会经济效益相得益彰。

2. 生态旅游

乡村旅游模式指依托乡村自然景观、人文景观、民俗和农事活动等，布置相应的游憩服务设施，以优美的生态环境提升乡村观光休闲、生态游憩、文化体验等方面功能，助力乡村生态旅游发展的绿化美化工作。

森林康养模式指依托植被条件良好的森林环境，对森林康养产品、森林康养设施、森林康养服务能力、森林康养支撑体系进行合理规划，充分发挥森林环境的康体保健作用，促使人们放松身心、调节身体机能的绿化美化工作。

环境教育模式指在拥有生态环境保护修复、生态文化传承或绿化美化等方面特色环境资源的乡村，以充分保护乡村自然或人文资源为前提，合理适度配备开展生态环境教育活动的设施和人员，向公众提供生态文明教育学习的场所及服务，从而提高公众对环境的了解和环境保护意识，促进人与自然和谐共生的绿化美化工作。

（三）乡村生态文化保护传承

乡村生态文化保护传承是指通过乡村绿化美化，保护修复乡村传统生产、生态和文化景观，延续乡土景观风貌和生态格局，传承乡村优良传统生态文化，重构人与自然的和谐共生关系，让人们望得见山、看得见水、记得住乡愁。包括聚落景观和人文环境两大类，含4种主要模式类型。

1. 聚落景观

传统农业景观生态保护修复模式指以保护和修复湖田、圩田、梯田、葑田等传统农业景观及其生态循环机制为主要目的，通过周边林草植被保育，维护传统生态景观肌理和生态智慧，传承延续传统农业景观完整性、原真性的绿化美化工作。

传统聚落环境生态保护修复模式指以保护和修复古村落、古民居等传统聚落环境和生态景观格局为主要目的，延续传统聚落的原真风貌、植物景观和人文底蕴的绿化美化工作。

2. 人文环境

古树名木保护模式指对古树名木及其自然生境进行规范化管护、复壮，宣传古树名木的历史、文化、科学价值的绿化美化工作。一般树龄在100年以上的树木即为古树，而那些珍贵、稀有或具有重要历史价值、纪念意义的树木则可称为名木。

文化游线构建模式指串联具有村庄特色的文化和自然节点，沿线结合绿化美化布置休闲游憩和文化宣传设施，形成文化游览线路，提升乡村文化底蕴和生态教育功能的绿化美化工作。

（四）聚落人居环境整治提升

聚落人居环境整治提升是指以持续改善农村人居环境，不断提升农民生活品质为导向，利用村庄聚落及周边非农业生产土地开展绿化美化，见缝插绿、应绿尽绿，营造整洁干净、美丽宜居的生活空间与邻里交往空间，不断实现广大农民群众对美好生活的向往，全面提升获得感和幸福感。包括四旁绿化、场院绿化、公共绿地绿化三大类，含10种模式类型。

1. 四旁绿化

村旁绿化（环村林）模式指在村庄居民点内部居住地及周边的空地、荒地、荒滩，栽植有利于维护村庄生态、改善居住环境的片林、护村林或树木，开展以生态防护功能为主的绿化美化。

宅旁绿化模式指依托乡村居民住宅房前屋后，栽植树木花草，营造绿色、舒适、优美宅旁环境的绿化美化工作。

路旁绿化模式指依托村内部街道、通村公路及环村道路等栽植乡土植物，合理搭配乔灌草植物群落，营造具有乡土风貌特色通行环境的绿化美化工作。

水旁绿化模式指在穿越村庄居民点以及连接相邻居民点、乡镇、重要节点的溪流、河流两岸、塘堰周边及湿地漫滩等开展的绿化美化，通过栽植乡土湿生水生植物，合理设置亲水设施，形成生态景观优美的滨水绿色空间。

2. 场院绿化

居民庭院景观模式指依托村民庭院，栽植具有美好寓意或观赏价值的花木、果蔬等，以营造美丽宜居生活环境的绿化美化工作。

单位庭院景观模式指依托村委会、学校、驻村机关和企事业单位、部队等，合理栽植花草树木，适当设置休闲场地设施，营造与单位功能相符合，兼顾服务于村民需要的庭院空间。

3. 公共绿地绿化

乡村公园与休闲绿地模式指利用相对独立的、具有一定规模的绿地、林地，结合现状林地、湿地、河流建设乡村公园，合理布置游步道、座椅、景观小品等游憩设施，营造以丰富休闲游憩和文化生活功能为主，体现乡村生态和文化特色的绿化美化工作。

小微绿地模式指充分利用村内边角地、闲置地、大树周边空地等面积较小、尚未利用的非农业生产土地，适当设置休憩设施，丰富村民身边绿色环境的绿化美化工作。

村民广场模式指在村内闲置场地等周边栽植遮阴乔木，营造以硬质铺装为主，结合成片绿地或散植树木开展绿化美化的场地，满足游憩、宣传、集会、避险、晒谷等功能需求。

废弃闲置地绿化模式是利用乡村低洼地、盐碱地、塌陷地、拆违地、污染地、取土坑、沟坎坡地、闲置地等尚未利用的非农业生产土地开展的绿化美化工作。

第二章

温带湿润地区乡村绿化美化模式范例

第一节 区域概述

一、区域范围

温带湿润地区包括寒温带湿润地区、中温带湿润地区、暖温带湿润地区3个气候区。位于我国东北部，北界和东界与俄罗斯、朝鲜接壤，东南临渤海、黄海。陆地范围约为北纬36°（山东青岛）至53°（黑龙江漠河），东经120°（内蒙古额尔古纳河）至134°（黑龙江抚远）。行政区域上，包括黑龙江省西北和东北大部分地区、内蒙古自治区北部、吉林省东部、辽宁省东部的辽东半岛、山东省东部的胶东半岛等地区。

二、功能区划

（一）东北森林带

根据《全国重要生态系统保护和修复重大工程总体规划（2021—2035年）》，温带湿润地区大部分区域属东北森林带。本地区作为我国重点国有林区和北方重要原始林区的主要分布地，是我国沼泽湿地最丰富、最集中的区域，也是我国构建陆海国土生态安全格局的重要屏障，对调节东北亚地区水循环与局地气候、维护国家生态安全和保障国家木材资源具有重要战略意义。包含大小兴安岭森林生态功能区、长白山森林生态功能区和三江平原湿地生态功能区等国家重点生态功能区，包括大小兴安岭森林生态保育、长白山森林生态保育、松嫩平原等重要湿地保护恢复、东北地区矿山生态修复等生态系统保护和修复重点工程。

（二）东北平原农产品主产区

根据《全国主体功能区规划》提出的“七区二十三带”农业发展战略格局规划，温带湿润地区的大部分区域属于东北平原主产区，是我国水稻、玉米、大豆、水果、肉、蛋、奶等产品的主要产区。建设以优质粳稻为主的水稻产业带，以籽粒与青贮兼用型玉米为主的专用玉米产业带，以高油大豆为主的大豆产业带，以肉牛、奶牛、生猪为主的畜产品产业带。

三、资源概况

（一）气候条件

温带湿润地区纬度较高，受季风气候及高大山脉的影响，冬季寒冷，夏温不高，由北向南、由西向东呈现气温和降水量升高的趋势。其中，寒温带湿润地区地处我国最北端大兴安岭北部，是我国唯一寒温带地区，大兴安岭地区年均降水量约500毫米。北部冬季长达230天，最冷月气温在–30℃以下，漠河保有全国最低温纪录（–52.3℃）。夏季较短且凉爽，最热月气温在19℃以下。中温带湿润地区位于我国东北地区东部，沿小兴安岭向东南至三江平原、长白山脉和松辽平原东部，冬冷夏暖，东部山地降水量一般可达600毫米以上，气温年较差大，平原地区较温暖，山地较寒冷。暖温带湿润地区位于我国辽东、胶东半岛的低山丘陵区，受东亚季风及海洋的影响，大部分时间降水丰沛，温暖湿润，降水量可达800毫米。冬季气温在0℃以下，夏季气温在20℃以上。

（二）地形地貌

地形地貌方面，寒温带湿润地区位于大兴安岭北端山地，地形南高北低，波状起伏，山坡较平缓。山间有宽谷冲积、洪积平原和河谷冲积平原，谷地、丘陵相间分布。中温带湿润地区位于黑龙江省东北部，是由黑龙江、松花江、乌苏里江冲积形成的低平原，是中国最大的沼泽区。暖温带湿润地区主要包括辽东半岛、胶东半岛，以平原和小起伏低山丘陵地貌为主。

（三）土壤资源

寒温带湿润地区地带性土壤是暗棕壤，在不同海拔高度和不同坡向发育着不同类型的土壤，沿河岸高阶地及丘陵顶部发育着山地棕壤，平坦的低阶地为潜育棕壤和草甸土，山间谷地及缓坡的下部多为泥炭沼泽土。中温带湿润地区地带性土壤为暗棕壤，黑土、沼泽土及白浆土等类型土壤也有所分布。暖温带湿润地区主要为棕壤。

（四）动植物资源

寒温带湿润地区的植被类型主要为森林，主要树种是落叶松。此外还有樟子松和红皮云杉，呈片状分布。区内有紫貂、麝、马鹿、驯鹿、驼鹿、雪兔、银鼠等许多珍贵动物。中温带湿润地区包括三江平原湿地区、小兴安岭长白山针叶阔叶林区、松辽平原东部山前台地针阔叶混交林区。大部分天然植被为森林，主要树种是常绿针叶树和落叶阔叶树。三江平原沼泽以草本为主，有苔草沼泽、芦苇沼泽等。小兴安岭长白山针叶阔叶林区的针叶树种以红松为主，并与红皮云杉、鱼鳞云杉、蒙古栎、水曲柳、榆树形成针阔叶混交林。由于冬长无夏的气候条件，动物种类包括爬行类物种及适应森林草原、沼泽条件的物种。暖温带湿润地区天然植被主要为落叶阔叶树与针叶树混交林，由于长期农业开发，原始植被已被取代，天然状态相对稳定的植被为温带落叶阔叶林，最主要的林木为栎属，如槲树、麻栎、蒙古栎、栓皮栎等。

（五）人文资源

温带湿润地区资源丰富，人文历史悠久，是朝鲜族、满族等少数民族的主要聚居地之一。拥有“关东第一山”长白山，世界文化遗产高句丽王城、王陵及贵族墓葬，还有净月潭、松花湖等风景名胜。黑土地的孕育下，勤劳的当地人民不仅创造了丰富的物质文明，还创造了特色的关东文化和众多表演艺术。从城市到农村，从初春到严冬，广场文化、社区文化、田间庭院文化丰富多彩，二人转、东北大秧歌等民间艺术风格独特，长春电影节、吉林长白山冰雪旅游节、吉林国际雾凇冰雪节、延边朝鲜族民俗节等节事活动得到人民群众的广泛参与。

（六）产业资源

温带湿润地区土地资源丰富，以农林产业为主，有我国重点国有林区、北方重要原始林区和国家重要的商品粮基地。近年来，产业发展以及产业结构优化转型取得了重大进展，大力发展食用菌、山野菜、林果、花卉及苗木、林木加工等综合林业产业。同时，依托当地自然资源和地域特色，冰雪文化、体育旅游、红色旅游、民俗旅游等产业发展迅速，将自然资源、冰雪运动、生态旅游紧密结合，带动了东北地区相关产业的进一步发展。

第二节 山区林区

黑龙江光恩村

以生态为支点，以林果为契机，
林区特色经济林果与绿化美化相结合

发展方向：乡村自然生态保护修复＋乡村生态产业经济发展

一、基本情况

光恩村位于黑龙江省哈尔滨市宾县常安镇南部山区，地势南高北低，多为山地丘陵，植被丰富。村庄所在的宾县曾遭受毁林开荒和乱砍盗伐影响，林地面积大量减少，森林生态破坏严重。1996年开始大力推行植树造林、国土绿化行动，实施“治山、治坡、治沟”综合整治。

过去，光恩村村民大多种植玉米等农作物，但经济效益不好，农民收入微薄。后来通过技术指导，村民开始种植经济效益更高的作物和林果。当地政府积极开展公路等基础设施建设，促进经济林果运输。与此同时，将乡村绿化美化、自然生态保护与生态产业发展相结合，保育修复山林及农业景观资源，发展树莓（学名：覆盆子）种植、公路绿化、旅游观光，带动农民增收致富，2019年入选第一批“国家森林乡村”（图2-1）。

二、技术思路

生态工程与生态经济结合，帮助村民增收致富。结合公路等基础设施建设同步开展绿化美化，营造富有地方特色的乡村公路廊道植物景观。本思路适用

图2-1　光恩村平面布局

于村庄交通条件较好、适宜发展经济林果产业的乡村。

三、植物选择与配置

在村庄周边的荒山荒地种植树莓、山桃、山楂、山核桃、苹果、梨等经济林果。公路两侧注重乔灌草植物层次搭配，种植暴马丁香、五角槭、蒙古栎、水曲柳和胡桃楸等乡土树种，补植迎春花、胡枝子等乡土灌木，营造春季花开遍野、秋季果实累累的村庄风貌。

四、典型模式

（一）以建设生态工程为支点，发展特色经济林果

为了增加村民的收入，光恩村因地制宜种植经济效益高的经济林果。一是将生态建设与经济林果相结合。光恩村结合三北工程、退耕还林等生态工程，发展经济林果产业。邀请食品类公司下乡提供技术指导，在村庄聚落外围、周边丘陵山地等适宜区域，种植树莓、山桃、山楂、山核桃、苹果、梨等果树。二是结合林果产业发展生态旅游。光恩村在发展林果产业的同时，充分依托果园及山林环境，发展林果观光、采摘、农家乐等乡村旅游产业，拓展经济林果的附加效益。三是构建“企业+基地+农户”模式。光恩村逐步建立了企业与农

户的“利益共享、风险共担”机制，打造了“市场牵龙头、龙头带基地、基地连农户”产业模式，形成企业与农户、社会资本与农民收入互联的生产关系。

（二）以发展林果产业为契机，建设公路景观廊道

为促进林果产业发展、完善物流通道，光恩村同步完成了村域主要公路的硬化与绿化工作。一是补植具有一定观赏性的乡土植物。提升公路廊道景观，利用公路沿线林下空间，种植具有观赏性的乡土地被植物，营造道路防护林草景观带。二是重点开展关键节点的绿化美化。在道路节点、村庄入口、主要道路交叉口、主要桥梁周边等处，丰富植物层次，营造景观较好的乡土植物群落。三是注重公路景观廊道与周边山林农田的视线关系。将公路沿线自然的山林景观、开阔的农田景观纳入公路景观廊道的景观体系之中，考虑公路与村庄大尺度自然乡野景观的赏景和透景关系（图2-2）。

五、成效评价

光恩村结合三北工程、退耕还林还草等生态工程和国土绿化工作，实现了荒山荒地全面绿化，因地制宜采用“生态经济林果+乡村绿化美化”“基础设施建设+乡村绿化美化”的发展模式，改善当地的生态环境和村庄风貌。通过采取林农联合经营、股份合作造林等措施，引入社会资本参与经济林果种植。结合乡村公路景观廊道建设，打通林果物流和乡村旅游的绿色通道。光恩村现建设果园1500余块，种植面积达7000亩①，其中推广的绿色有机树莓达500亩，年接待游客2万余人次，总经济收入1100余万元，实现了特色经济林果赋能乡村绿色产业转型升级，以生态经济带动村民脱贫增收，面向全域宜产宜游发展的特色模式。

图2-2　光恩村乡村公路景观廊道模式

① 1亩≈0.0667公顷，下同。

吉林三脚窝石村

林海田园，林农相宜，
以山区生态恢复，促农林基底重塑

发展方向：乡村自然生态保护修复+乡村生态产业经济发展+聚落人居环境整治提升

一、基本情况

三脚窝石村位于吉林省白山市靖宇县景山镇，村庄背山面水。2002年吉林省全面启动生态脆弱区的退耕还林还草工程，三脚窝石村抓住政策机遇，通过转变发展模式，调整产业结构，以特色经济林置换坡耕地，有序开展了周边山体的退耕还林还草工作。以此为基础，2016年三脚窝石村积极调整农业结构，利用村庄周围土地划片种植玉米等主粮、人参等中药材，以及油葵、山野菜等特色作物。并聘请设计单位进行四旁绿化设计，提升绿化美化水平，多举措推动村容村貌提升，于2019年入选第一批“国家森林乡村”（图2–3）。

二、技术思路

科学实行退耕还林还草工程，恢复林地生态功能，改善农业生产基本条件，重塑区域的自然特征。施行“联耕联种”，规模化分区种植管理主要农作物，营造具有当地特色的农业生产景观。结合村庄内部四旁绿化，营造宜居聚落环境。本思路适用于利用山地坡地进行退耕还林还草、平地台地开展规模化农业种植的乡村。

三、植物选择与配置

三脚窝石村综合考虑树种的经济效益与景观效益，将红松作为退耕还林的骨干树种，与山顶森林相融。在耕种生产区域，成片栽种玉米、人参、蓝莓、山野菜等，形成农业生产景观。在村庄内部，栽种苹果、山杏等果树，大叶黄杨、紫叶小檗等乡土灌木，硫华菊（学名：黄秋英）、松果菊、芍药等宿根花卉，丰富四旁绿化的植物种类。

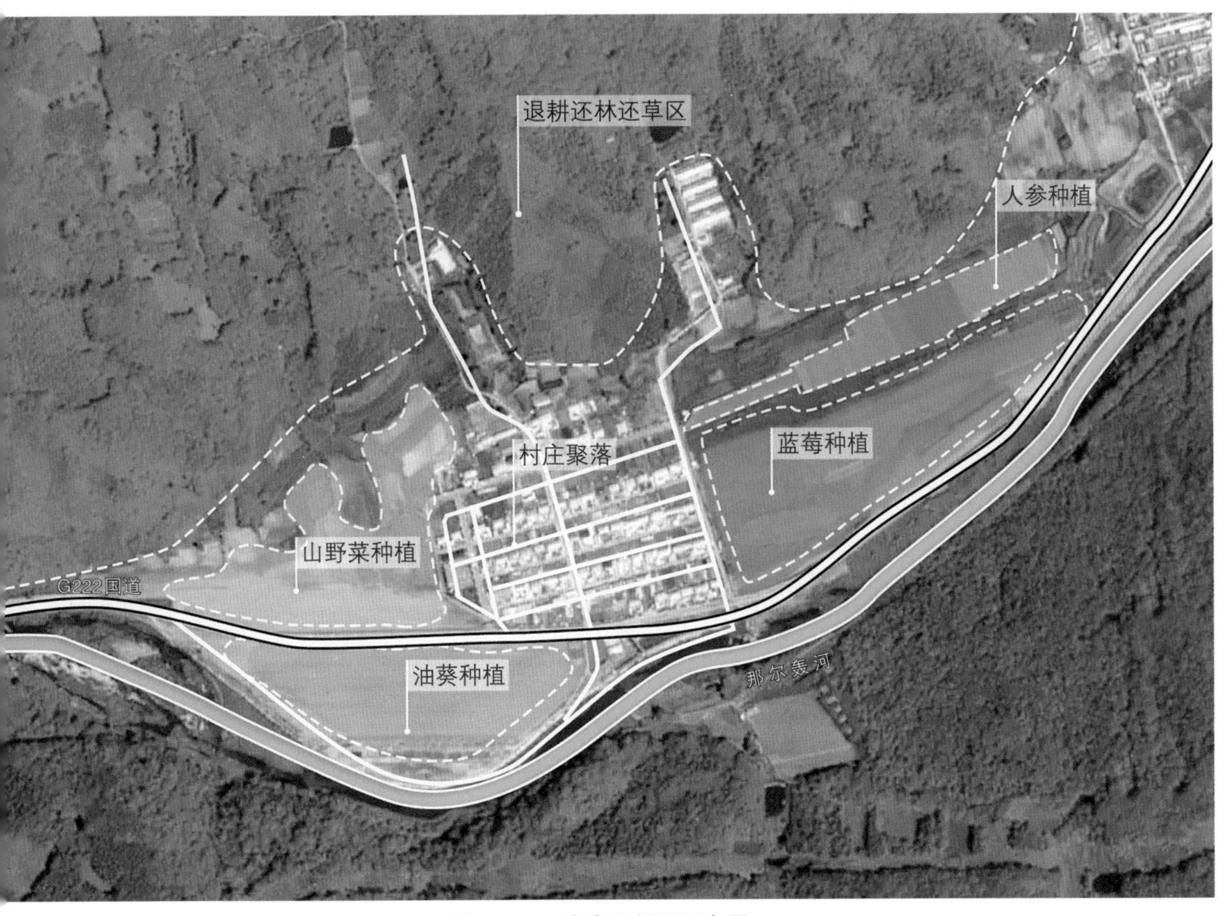

图2-3 三脚窝石村平面布局

四、典型模式

（一）“多层兼顾”开展退耕还林还草

一是生态经济两相宜，因地制宜选择还林树种。三脚窝石村后山的坡地在25°以上，地势较陡且地力不强，不适宜开垦与农作物种植。因此，村庄结合本地自然条件因地制宜开展了退耕还林还草。以红松为骨干树种，发展红松果林、兼用林，在改善生态环境的同时，培育特色林木产业，建立了“退一片地，成一片林，形成一项产业”的良性发展模式。

二是天然人工相融合，注重提升林地风景效果。村内道路及两侧的坡耕地区域基本全面实现退耕还林还草，红松四季常绿、树形高大优美，大片栽植具有良好的景观效果，与林场内以阔叶林为主的背景林互补，提升乡村绿化的生态、经济和景观复合效益。

三是林下经济促收益，发展林药间作种植模式。退耕还林还草区考虑到本地药厂集中、药材需求量大的特点，在林下栽植人参，推广“红松—人参”林药间作的特色林下经济发展模式，使农民能够在短期内增加收益，提高林地经济效益，保证退耕还林还草成果（图2-4）。

（二）“联耕联种”营造传统农业生产景观

一是合理划分种植区域，恢复林海田原大地风光。为方便农户生产耕种，围绕村庄生活区，利用坡度平缓的土地分片区种植了油葵、蓝莓、玉米、人参和山野菜等经济作物。在西侧靠近山脚处建立山野菜种植区，东侧山脚下设置人参种植区，西南和东南地势平坦处设置油葵种植区、蓝莓种植区。通过陡坡地退耕还林结合平缓地大田种植的方式，恢复原有林海田原相接相融的大地景象。

二是实行“联耕联种”的生产联合机制。随着农业现代化进程的推进，当地村民发现，原本户均10亩左右的小农经营方式已不能适应当前机械化、规模化的农业发展趋势。村庄在不改变土地利用方式的情况下，实行“联耕联种”，在主要生产环节上将分散农户联合起来，实现了村庄周围基本农田的规模化分区种植管理，同时提升了大田作物种植的整体生产景观效果（图2-5）。

（三）“应绿尽绿”美化道路两侧环境

一是装饰门户入口，进行乔灌草复层种植。村庄门户、庭院入口等节点处注重景观效果，进行“乔—灌—草”复层种植。乔木层有紫叶李、山杏，灌木层有大叶黄杨、紫叶小檗，草本层有硫华菊、万寿菊、一串红、松果菊、芍药等，丰富景观节点的植物种类和色彩（图2-6）。

二是强化主路乡土性，搭配种植观果观叶乔灌木。村庄主要道路两侧种植苹果、山杏、紫叶李等观果乔木，结合大叶黄杨、紫叶小檗等灌木，强化主路

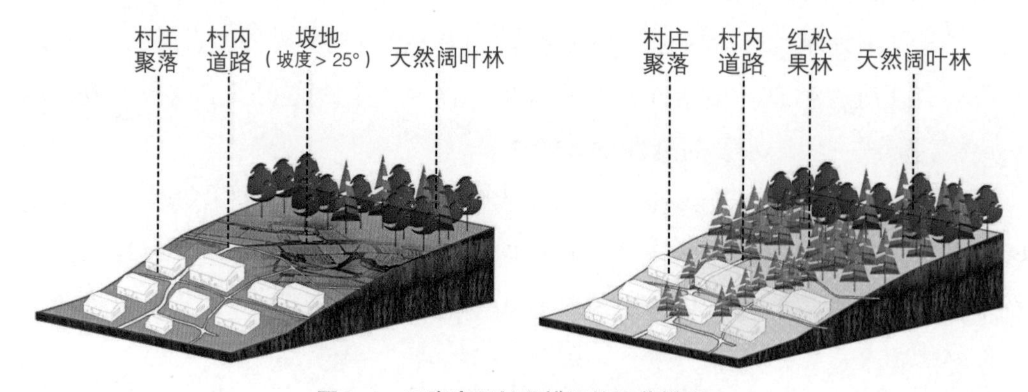

图2-4　三脚窝石村退耕还林还草模式

图2-5　三脚窝石村农业种植模式

植物景观秩序和季相特征，营造乡土林果景观特色（图2-7）。

三是丰富次路自然性，种植多种类乡土宿根花卉。村内次要道路、内部街巷主要种植硫华菊、万寿菊、一串红、松果菊、芍药等草本花卉，花卉颜色搭配协调，高低错落有致，营造了充满野趣和自然生机的路旁景观。与此同时，美化路旁的边角空地、水渠边隙等，种植可以露地生长的草本植被，结合自然生长的乡土野花野草，实现路旁宅旁“应绿尽绿”（图2-8）。

图2-6　三脚窝石村节点绿化模式

图2-7 三脚窝石村主路绿化模式

图2-8 三脚窝石村次路绿化模式

五、成效评价

三脚窝石村通过退耕还林还草、传统农业景观生态保护与修复、四旁绿化等乡村绿化美化工作，防治水土流失、涵养水源、保育土壤，提升了村庄整体自然风貌，改善了村庄人居生态环境。村民通过因地制宜开展林药间作的种植模式、“联耕联种”农业生产模式，提升农林生产的经济效益，同时也为村庄进一步发展农家乐、采摘、餐饮、农特产品销售等相关产业奠定了绿色基础。

第三节 《 平原农区

吉林三道梁子村

塑风貌、绿村庄、易管理、优功能，
东北农区村庄环境优化与风貌提升

发展方向：乡村自然生态保护修复+聚落人居环境整治提升

一、基本情况

三道梁子村位于吉林省延边朝鲜族自治州敦化市大石头镇，敦化盆地东侧，牡丹江一级支流沙河的河谷平原上。近年来，三道梁子村积极响应吉林省、敦化市相关工作部署，大力开展以庭院绿化、四旁绿化、河流景观廊道为主的绿化美化工作，形成了整洁美丽的村落景观和自然风貌，2019年入选第二批“国家森林乡村”（图2-9）。

二、技术思路

依托沙河南侧农田与北侧湿地草原，恢复营造乡村河流廊道景观。通过重点提升宅旁、路旁绿化和村委会场院绿化，优化三道梁子村的人居环境。本思路适用于村内庭院、宅旁、路旁空间充足，有河流临村或穿村而过的乡村。

三、植物选择与配置

在河流景观廊道的植物选择方面，沙河流域南侧片植玉米，北侧采用水生植物，如芦苇、黄菖蒲等，共同构成具有开阔感的河流景观廊道。

图2-9　三道梁子村区位

在宅旁绿化的植物选择方面，宅院入口旁绿化采用“乔—灌—草”复层结构，乔木层有云杉、花楸、五角槭等，灌木层有紫丁香、连翘，草本层有荷兰菊、百日菊、一串红等。沿主路的宅旁绿化采用“经济型果树+灌木+草本花卉”组合列植，兼顾宅旁绿化和道路绿化功能，乔木有沙果（学名：花红）、梨、苹果、李及海棠花等，灌木主要为连翘，草本植物主要有荷兰菊、一串红、百日菊等。次路宅旁绿化主要采取“灌木+草本花卉”形式种植，灌木和草本植物选择同沿主路的宅旁绿化，种植方式更为自然，营造了富有野趣的宅旁环境。

在村委会场院绿化的植物选择方面，场院边界采用毛白杨、栾树等乔木混交密植；场院内部采用“乔—灌—草”复层自然式配置，选用油松、毛白杨、旱柳、五角槭、花楸等乔木，大叶黄杨等灌木，以及荷兰菊、百日菊、艾等草本地被。

四、典型模式

（一）保护修复田水交织、林田呼应的河流景观廊道

三道梁子村南临沙河，依托河岸两侧的农田、草地、村庄等，形成了视线

开阔的自然生态肌理和景观界面。延续村庄北侧山林、南侧田园的空间格局特点，利用南侧基本农田成片种植玉米，在北侧种植多种耐水湿的植物保育修复湿地草原，沿河种植护岸林，保护并恢复由田、水、林构成的田野风光，形成沙河两侧一望无尽的河流景观廊道。

（二）营造见缝插绿、易于管理的宅旁路旁绿化

一是色彩鲜明的宅院入口两侧绿化。采取“乔—灌—草”三层结构种植，植物群落由红色等暖色系植物组合，颜色鲜明且观赏期较长，营造优美环境的同时，强调入口景观。二是层次丰富的主路宅旁绿化。种植由村委会统一发放给村民自种的果树作为行道树，结合灌木和红色系草本花卉，形成春夏观花、秋季观果、观赏期较长的宅旁景观。三是低维护的次路宅旁绿化。主要采用自由式种植灌木和草本花卉，营造充满野趣的宅旁景观。

（三）建设服务于民、通透整洁的村委会场院绿化

一是划分场院功能分区。三道梁子村委会场院坐北朝南、形态规整、空间较大，整体分为主体建筑区、运动健身区、绿化环境区三个功能分区。主体建筑区位于庭院的北侧正中，正中间有道路连接场院入口，将前院分成东西两个功能区。其中，西侧布置运动健身区，设置篮球场和健身器材；东侧布置绿化

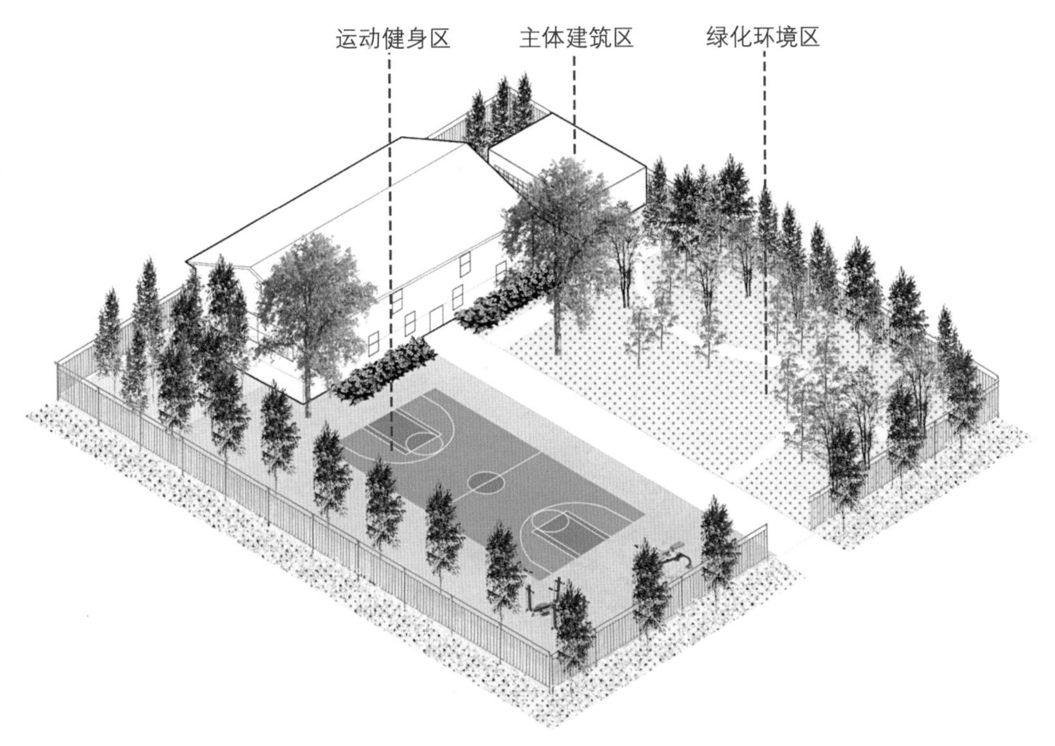

图2-10　三道梁子村委会场院绿化模式

环境区，建设一块完整的绿地。不同分区通过植物、铺装等下垫面材质加以区分，整个场院功能划分鲜明，便于使用。

二是丰富种植类型和层次。场院东侧靠近道路的绿地用混交林密植，起到隔离道路和场院空间的作用。靠近场院内主路的一侧列植灌木，增强秩序感。配合游步道走向巧妙设计植物配置，在有限的面积中，丰富植物种类，形成高低错落有致、季相丰富鲜明、春夏观花、秋季观叶观果的绿化环境。

三是打通场院边界视线。场院边界并未砌筑墙体阻隔视线，而是选择了通透性较强的栅栏区分内外空间，场院内外视线通透。在场院内南、北、西方向布置绿化带，种植花楸、大叶黄杨等乡土植物，弱化边界的隔离感，形成村民更容易进入、使用的场院环境（图2-10）。

五、成效评价

三道梁子村结合沙河河段的水域整治，整合河流沿线景观，营造河流景观廊道，重塑了开阔感强、地域性明显的生态景观特征。并以宅旁绿化为抓手，整治提升村庄环境；以村委会场院为载体，营造村民运动健身和休闲活动场地，在绿化美化的同时，丰富了村民绿色游憩环境。

黑龙江北靠山村

以绿映红，以红促绿，
绿化美化烘托东北革命老区的红色底蕴

发展方向：乡村生态产业经济发展+聚落人居环境整治提升

一、基本情况

北靠山村位于黑龙江省佳木斯市汤原县汤原镇，是新农村建设中的旧村改造村庄，由南、北两个自然屯组成。村庄三面环山，一面临水，背靠小兴安岭余脉，具有得天独厚的地理优势和生态资源，汤亮公路穿村而过，通往大亮子河国家森林公园。

1979年，北靠山村被国务院批准为一类革命老区村，村庄周围密林叠嶂深处曾是东北抗日联军扎营的地方。依托深厚的红色底蕴，北靠山村建成了全省第一个村级革命老区历史纪念馆。2017年，汤原县将旅游产业作为振兴县域经济的四大产业之一，大力发展旅游产业，建设美丽乡村。北靠山村也围绕红色文化开展乡村绿化美化，发展红色旅游，将红色资源转化为经济社会发展优势，不断提升村集体发展的软实力。2019年入选为第一批“国家森林乡村”。

二、技术思路

同步发展红色旅游和生态旅游，结合绿化美化宣传革命老区红色文化，建设观光园、农家乐，以红色文化和生态文明带动全村经济发展。本思路适用于文化资源丰富且交通便利的村庄。

三、植物选择与配置

根据不同场地条件，种植乡土树种进行村庄绿化美化，乔木包括云杉、紫叶稠李、金叶榆等，灌木包括锦带花等，此外种植了桃、樱桃等经济林果。

四、典型模式

（一）结合红色文化，发展乡村文化旅游

一是建设红色文化纪念馆。2016年，北靠山村历史纪念馆正式开馆，这是当地首个具有较高规格的村级革命老区纪念馆。如今的北靠山村历史纪念馆已成为革命老区宣传基地、青少年爱国主义教育基地、社会主义核心价值观展示基地、党史党建教育基地，传承着红色故事和抗联精神。

二是依托红色旅游发展观光园、农家乐和生态旅游。通过招商引资，借助企业的资金、品牌和技术优势，北靠山村投资建设了果蔬采摘园，种植樱桃、草莓、樱桃番茄等，并建成了东北特色民宿和主题农家乐，积极拉动游客消费。旅游旺季民宿常常供不应求，乡村旅游产业蒸蒸日上，带动了全村的经济发展。

（二）依托红色旅游，推动乡村绿化美化

北靠山村围绕红色文化开展村庄环境整治提升，以红色抗联文化为主题开展绿化美化。一是丰富红色元素，包括在村入口处建设了抗联主题雕塑；改造村主干道的村民院墙，在村庄主路两侧修建了抗联浮雕文化墙；建成文化健身广场，宣传展示社会主义核心价值观、红色抗联历史文化、乡风文明等，使农村精神文明建设融入百姓日常生活。二是美化沿线环境，为方便车辆通行与停靠，硬化了村内道路，整修排水沟并铺盖水泥板，安装了景观路灯，道路两侧栽植乡土苗木和花卉，村庄风貌得到了极大改善（图2–11、图2–12）。

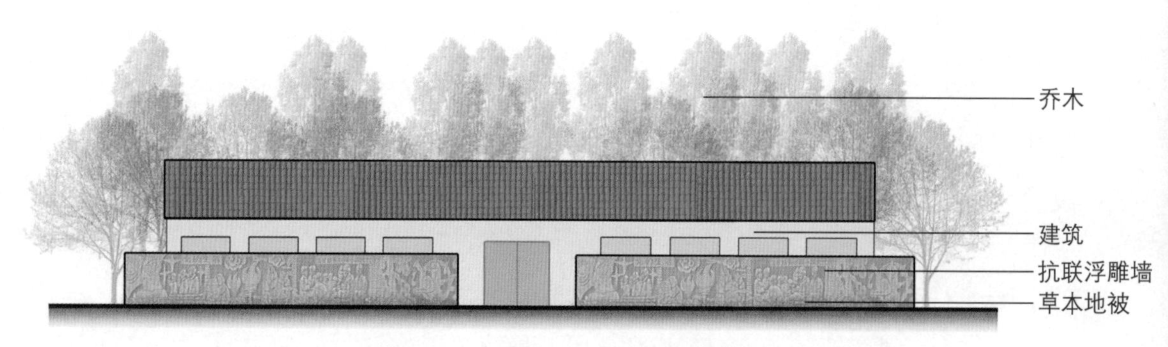

图2–11　北靠山村入口门户绿化模式

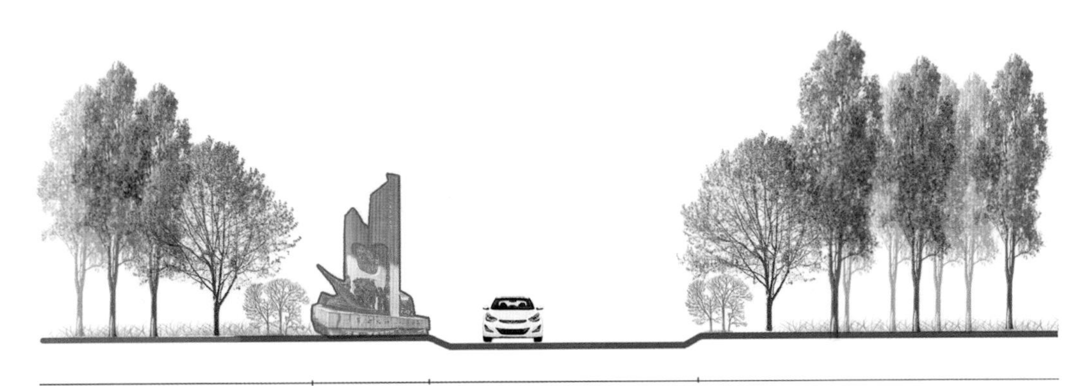

图2–12　北靠山村路旁绿化模式

五、成效评价

北靠山村依托红色文化资源，开展乡村绿化美化，发展红色旅游，实现红色文化和生态文明的综合展示。红色旅游带动了全村经济发展，大大提高了村民的经济收入，带动农村剩余劳动力就业、创业持续升温。村庄环境好了，村民收入提高了，旅游产业发展越来越好，村民的日子也越过越甜。

第四节《平原水乡

黑龙江胜利村

鱼米之乡，塞外江南，
百里松花江畔的湿地人家

发展方向：乡村自然生态保护修复

一、基本情况

胜利村位于黑龙江省哈尔滨市道外区旧城以东，民主镇松花江南岸。村庄与松花江隔堤而望，村内湿地资源丰富，形成了滨江湿地生态旅游、农林生产、特色农庄乡村旅游相结合的产业特色（图2-13）。

2004年以前，胜利村的主导产业以农业生产为主。2004年，村庄东北方向50公里处的大顶子山航电枢纽工程截流后，村域内大量耕地被淹没，农民失去了土地，没有了经济来源。但与此同时，淹没区形成了大片湿地与坑塘，在哈尔滨市提出的打造“万顷松江湿地，百里生态长廊”发展战略下，胜利村利用淹没区湿地资源，确立了依托滨江湿地发展村域建设的基本思路，于2010年筹建滨江湿地旅游风景区，帮助村民增收致富。

多年来，胜利村大力发展滨江湿地保护和生态旅游产业，被评为“省级文明村”“省级五星级村屯”“市新农村建设示范村”，入选第一批“国家森林乡村”。

二、技术思路

因地制宜地将截流形成的湿地作为乡村发展“支点”，构建“聚落湿地花园—村域湿地生态廊道—核心保育湿地”点线面结合的自然湿地系统，将生态、

图2-13 胜利村平面布局

游憩、经济效益相结合，带动胜利村产业顺利转型。本思路适用于湿地资源丰富、水网交织的乡村（图2-14）。

三、植物选择与配置

胜利村种植芦苇、芡、黄菖蒲、千屈菜、荇菜、水葱、香蒲等乡土水生植物，岸边栽植枫杨、旱柳、毛白杨、碧桃等较耐水湿的乔木，以及迎春花等灌木，栽植方式乡土自然，保留了湿地的景致特色，也为湿地内的生物提供了丰富栖息环境。

四、典型模式

（一）"点—线—面"结合，保育与修复乡村湿地系统

一是整理点状坑塘，营造聚落湿地花园。将聚落周边平时不予管理的坑塘加以利用，清理垃圾及坑塘污泥，整理现状植物，适当补植观赏性水生植物。

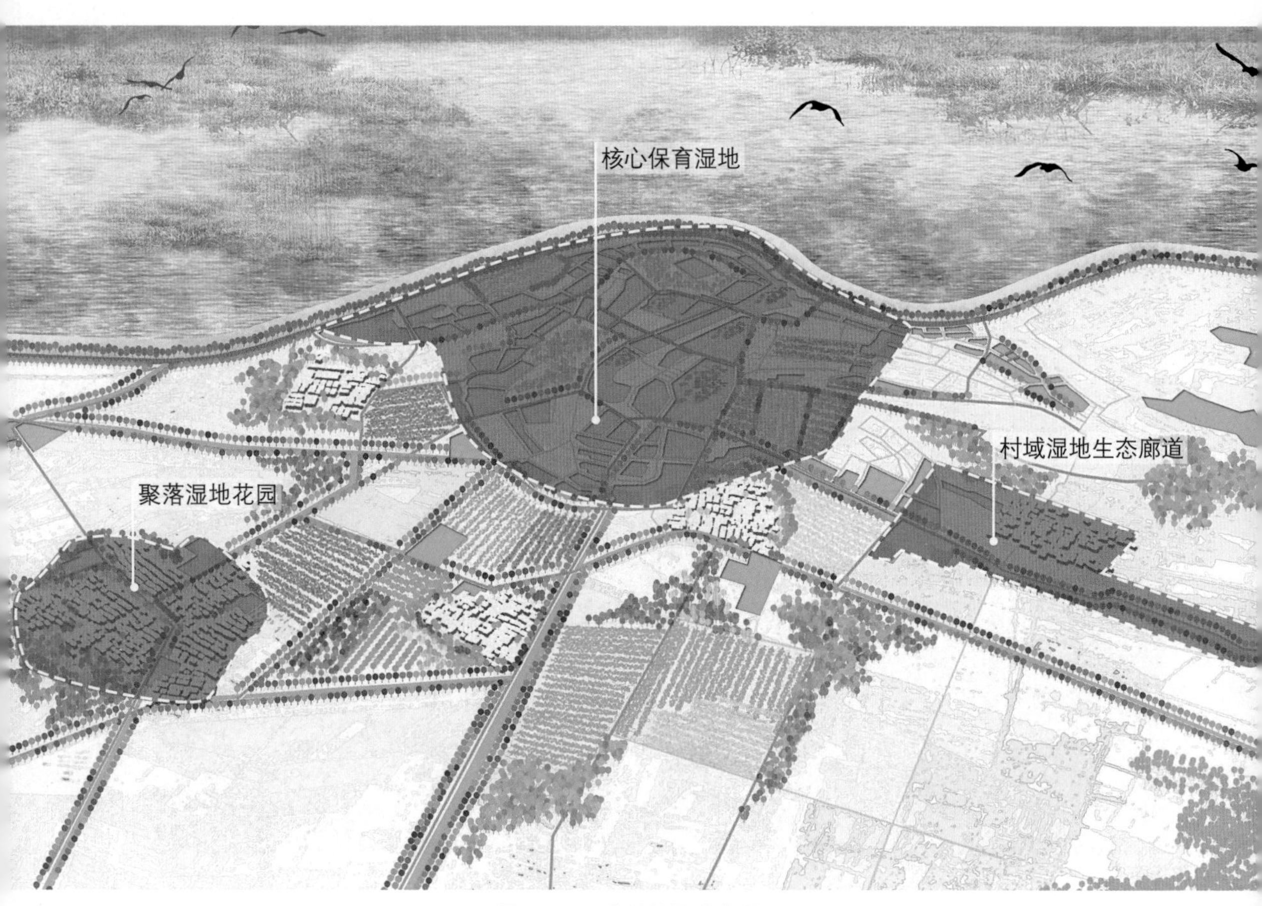

图2-14　胜利村湿地布局

依托坑塘，适量补充建设生态栈道、观景平台等游憩设施，形成村舍周边星罗分布、功能丰富的聚落湿地花园（图2-15）。

二是整治线性河渠，构建村域湿地生态廊道。利用现状河渠，在整治提升河、溪、沟、渠等水系的基础上，补植乡土湿生、水生植物，提升景观风貌。选择重要的河渠湿地廊道，利用乡土材料建设滨水步道，沿线打造少量景观节点，形成连接农田、坑塘及核心保育湿地的村域湿地生态廊道网络，成为与道路景观廊道并行交织的滨水风景廊道（图2-16）。

三是修复天然湿地，划定核心保育湿地。核心保育湿地主要依托村域内面积较大的天然湿地、湖泊等资源，划定核心保育区域。补植乡土湿生和水生植物，限制人为活动强度，保育修复一定面积的自然或近自然湿地生境。在保护的基础上，在湿地外围局部区域种植观赏性水生植物，适量增设游憩设施，供村民开展游赏、观鸟、垂钓、划船、溜冰等活动（图2-17）。

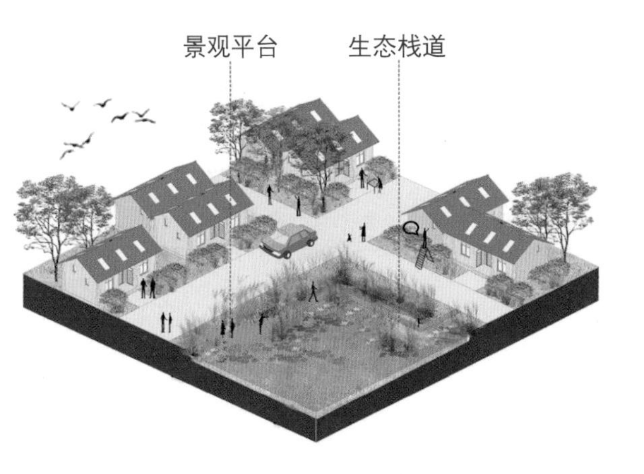

图2-15　聚落湿地花园模式

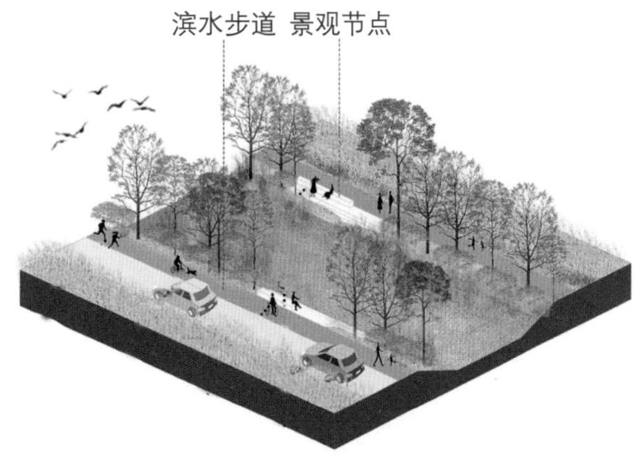

图2-16　村域湿地生态廊道模式

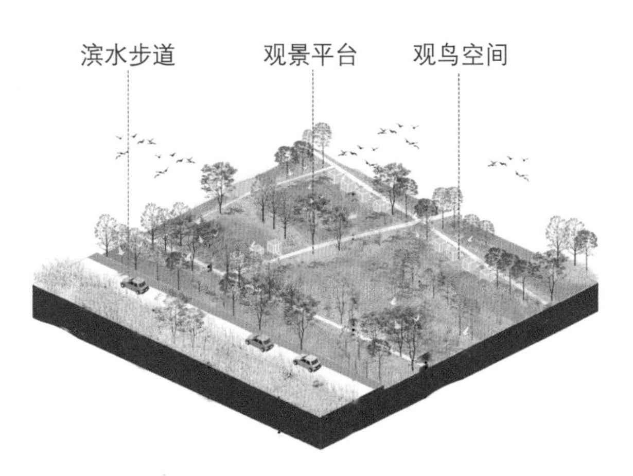

图2-17　核心保育湿地模式

五、成效评价

胜利村以工程建设形成的丰富湿地资源为契机，构建“聚落湿地花园—村域湿地生态廊道—核心保育湿地”点线面结合的乡村自然湿地系统，在充分保护湿地资源的基础上，优化村庄内部人居环境质量，发展乡村湿地生态旅游。同时，村庄也开展蔬菜标准化园区、农家乐、都市农庄等农业旅游产品建设。胜利村以湿地保育激发乡村生态旅游经济活力，实现了从以农业为主的单一产业，向集观光、旅游、农业为一体的复合生态产业转型，帮助村民生态致富。

第五节 城郊融合

辽宁城岭村

巧借山海，功能优先，
打造林海相接的海岛乡村公园

发展方向：聚落人居环境整治提升

一、基本情况

城岭村位于辽宁省长海县大长山岛镇，主要经济产业为海水养殖和捕捞业。村内有鸳鸯港和多条海岛主干路，是大长山岛的“第一会客厅”。

近年来，城岭村积极响应建设美丽乡村的号召，落实乡村绿化美化工作，改造提升村容村貌，打造生态海岛。村庄在山麓地带建设了大顶山海防公园，同时为方便村民休闲娱乐，让岛上游客更好地欣赏海景，还计划沿岛上环海路建设7个具有海岛文化特色的海滨休闲广场。2019年，入选第二批“国家森林乡村”。

二、技术思路

充分依托山海资源及自然植被，顺应原有地形建设乡村公园。将乡村公园建设与周边山体生态修复相结合，更新林相，提升质量，最大程度体现公园的生态效益和景观效益。本思路适用于位于城市郊区、具备旅游发展潜力的沿海乡村。

三、植物选择与配置

植物栽植从规则到自然渐变，主要道路两侧种植行道树及灌木，越远离道路种植形式越自然，逐渐与周围林地相融，形成从公园向自然风景的有机过渡。注重乔灌草搭配，局部形成较开阔的视野，以营造对周边山水的借景效果。主要配置模式为“油松+银杏—碧桃+紫薇—八宝景天+地被菊”。

植物选择不局限于常用的园林植物种类，增加了葡萄、板栗（学名：栗）等具有经济价值的果树，凸显乡村特色。乔木以银杏、槐为主，灌木主要有紫薇、大叶黄杨、红瑞木等，草本主要有百日草、八宝景天、美人蕉、波斯菊、大丽花、芦苇等。

四、典型模式

（一）巧借山海景观，营造具有海岛风情的乡村公园

一是山环海抱的公园总体布局。公园临近岛上最重要的港口，出入口与主干道相接，交通便利。公园北、西、南三面环山，东面临近海湾，依山傍海，村野相融。依托独特的立地条件，公园总体呈现出山环海抱的布局特色。同时，岛上主导风向为北风、西北风，公园西侧和北侧的山体刚好可以抵御来自两面的大风，为公园提供较好的小气候环境。

二是林海相依的山海景观格局。公园建设与山体生态修复相结合，在周边山地栽植黑松、槐、银杏等，提高森林覆盖率。同时，尊重场地条件，利用原有坑塘修建水体，并适度改造美化驳岸，增加游步道、观景平台，修建廊榭、码头，营造集生态景观与风景游憩于一体、林海相依相融的滨海公园（图2–18）。

图2–18　城岭村乡村公园山海景观格局

三是花海连天的特色景观营造。公园入口处营造花海景观，成为色彩缤纷的入口标志性景观。在地势较高处设置观景平台，视野开阔，可从高处眺望远处的海湾景色。园中则布置风车、荷塘等景观元素，增强乡村海域风情可游赏性。

（二）契合功能需要，打造展示乡村文化的休闲广场

一是干净整洁的绿化形式。城岭村的村民广场位于村委会与环海路之间，环海路是岛上游客观海赏景的滨海公路主干道，公路另一侧为山地。广场中央为开阔的铺装场地，设置与乡村特色相契合的文化雕塑、凉亭建筑。边界由漫步小径围合，小径两侧灌木定期适当修剪，提升广场环境的整洁感。丰富与道路之间的植物配置，软化道路的硬质边界，并留出可眺望远处山景的视线通廊，营造良好的村民生活空间和游客观赏的门户空间。

二是疏朗通透的植物景观营造。广场上层栽植阔叶乔木提供树荫环境，结合常绿树种增加冬季绿色景观；中层采用多种灌木形成叶色丰富、花期连续的观赏效果；下层选择适应性强的乡土地被，并利用藤本植物绿化凉亭棚架，总体形成上层遮阴、中下层视线通透的植物景观。

五、成效评价

城岭村依托独特的山海资源，保护山环水抱的景观格局，营造林海相接的乡村滨海公园。同时结合城郊特色，建设村民广场，打造村庄的景观门户，丰富居民的日常休闲环境。城岭村通过乡村绿化美化营造了观山望海、整洁舒适的乡村人居生态环境，同时丰富了当地村民的休闲娱乐、集体活动场所，提升海岛村庄的风貌形象，优化游客的游赏体验，促进海岛生态旅游业发展和村民增收。

图2-19　城岭村乡村公园模式

第六节《总体特征

温带湿润地区地貌以平原为主，平原东西两侧为长白山地和大兴安岭山地。受季风气候及高大山脉的影响，冬季寒冷干燥，夏季温暖湿润，气候四季分明。区域内自然资源丰富，其中耕地、林地及自然保护区等最为突出，农林牧生产活动遵从自然规律，产品具有较强的绿色生态属性。农产品中，春小麦、水稻、玉米最负盛名，是中国重要的粮食主产区、商品粮供给区和粮食增产潜力区。在此环境背景下，温带湿润地区乡村绿化美化形成了两种主要特征和发展趋势。

一是以退耕还林还草、湿地保育为主的乡村生态保育和生态防护。温带湿润地区乡村绿化美化注重对乡村现状自然地貌的整理与利用，通过科学开展退耕还林还草、建设河流廊道等方式，提高水土保持、水源涵养、生产供给能力，提升农业生产环境质量。结合村庄周边坑塘、河渠、灌渠、湿地等水系整治，丰富游憩设施与游赏活动。在此基础上，结合村庄聚落内部基础设施建设，加强四旁绿化和整体景观风貌整治提升，改善村容村貌，促进村内人居环境与村外生态环境的和谐相融。

二是以经济林果、农业生产为主的乡村生态产业经济发展。注重以农林生产为核心，发展村庄特色产业，进行生态环境修复，重塑地域生产景观肌理。例如，经济林果采用当地特色树种红松，与红皮云杉、鱼鳞云杉、蒙古栎、水曲柳、榆树等形成针阔叶混交林；保护耕地和具有东北特色的大田景观，使延续乡村风景印象成为旅游核心吸引力。同时，结合道路绿化、四旁绿化、门户节点绿化等，打造“景在村中、村融景中”农村景观。以此为基础，发展采摘、餐饮、农特产品销售、农家乐等相关产业，改善当地居民生活环境，丰富乡村游憩体验功能，从而实现农村特色产业带动村民就业、增收的可持续发展路径。

第三章

温带半湿润地区乡村绿化美化模式范例

第一节《区域概述

一、区域范围

温带半湿润地区包括中温带半湿润地区、暖温带半湿润地区两个气候区。位于我国东部偏北地区，北至大兴安岭南部，东临渤海、黄海，南沿秦岭山脉北坡向东延伸与淮河干流相接，西至黄土高原。其中，南界是我国南方和北方的地理界线，西界是我国中部和西北干旱地区的界线。陆地范围约为北纬32°（安徽阜阳）至49°（内蒙古海拉尔），东经107°（陕西宝鸡）至130°（黑龙江哈尔滨）。行政区域上，包括内蒙古东部、黑龙江西部、吉林西部、辽宁西部、北京、天津、山东、河北中南大部分地区、河南中北大部分地区、山西东南部、江苏北部、安徽北部、陕西南部、甘肃东南部等地区。

二、功能区划

（一）黄河重点生态区

根据《全国重要生态系统保护和修复重大工程总体规划（2021—2035年）》，温带半湿润地区大部分区域属黄河重点生态区。本地区作为我国黄河流域中下游，是中华文明的发祥地，也是天然生态屏障，对于维护我国生态安全具有重要意义。本地区包含京津冀协同发展区和科尔沁草原生态功能区等国家重点生态功能区，包括黄河下游生态保护和修复、黄河重点生态区矿山生态修复、秦岭生态保护和修复等生态系统保护和修复重点工程。

（二）黄淮海平原主产区、汾渭平原主产区

根据《全国主体功能区规划》提出的“七区二十三带”农业发展战略格局规划，温带半湿润地区包含黄淮海平原主产区和汾渭平原主产区，北部少部分地区位于东北平原农产品主产区，主要生产小麦、棉花、玉米、大豆、畜牧产品等。建设以优质强筋、中强筋和中筋小麦为主的优质专用小麦产业带、优质

棉花产业带，以籽粒与青贮兼用和专用玉米为主的玉米产业带，以高蛋白大豆为主的大豆产业带，以肉牛、肉羊、奶牛、生猪、家禽为主的畜产品产业带。

三、资源概况

（一）气候条件

温带半湿润地区位于我国东部季风区的中纬度地带，冬季寒冷干燥，夏季炎热多雨，季节温差明显。雨热同期，降水不多但集中，自东向西逐渐减少。其中，中温带半湿润地区位于东北地区中东部，沿大兴安岭向南至松辽平原中部。年降水量为400～600毫米。冬冷夏热，年温差较大，冬季气温多在-30～-12℃，夏季气温在16～24℃。暖温带半湿润地区位于华北地区和黄土高原中北部地区，包括鲁中山地丘陵、华北平原，华北山地丘陵、晋南关中盆地。大部分地区年降水量为500～800毫米，降水60%～70%集中在夏季。华北平原中部、山西高原山间盆地、黄土高原西部年降水量少于500毫米，沿海少部分地区降水较丰沛，年降水量可达600～900毫米。冬冷夏热，昼夜温差大，季节差异明显，冬季气温多在-10～0℃，极端低温可出现-20℃，夏季气温多高于24℃。

（二）地形地貌

中温带半湿润地区北部为三河山麓平原丘陵和大兴安岭南部，中部松嫩平原为盆地式冲积平原。有嫩江、松花江、洮儿河、卓尔河、海拉尔河等水系分布，平原区域河流纵横，河谷宽阔，河漫滩宽广。暖温带半湿润地区以大面积平原和高原为主，中间夹有较短山脉。地势从西向东逐渐由高原山地降为平原丘陵，依次为陕甘黄土高原、山西高原、太行山脉、燕山山脉、华北平原、鲁中低山丘陵等。较大的河流有黄河、淮河、海河、滦河等，但受降水量少、蒸发量大的气候特征影响，径流量少。

（三）土壤资源

中温带半湿润地区在森林草原、草甸草原植被下，发育有黑土、黑钙土等，大兴安岭西坡有棕色针叶林土、灰色森林土等土壤类型。暖温带半湿润地区自古以来作为我国人口集中、农业活动十分活跃的区域，地带性土壤有棕壤、褐色土和黑垆土等，受长期耕种影响产生了特殊的耕种土壤，如华北平原长期耕种形成的潮土、水稻土，在不断遭受侵蚀的黄土上形成了发育不成熟的绵土，华北平原内部积水处或地下水浸润形成湿土，滨海地区和华北平原低洼处形成盐土。

（四）动植物资源

中温带半湿润地区的植被类型以草原草甸为主，森林主要分布在大兴安岭中段山地、北段西侧高海拔阴坡。草原草甸的地带性植被有羊草草原、杂类草五花草甸、贝加尔针茅草原、兔毛蒿草原、百里香草原等，森林植被有蒙古栎、白桦、黑桦、落叶松、樟子松等。动物资源有驼鹿、驯鹿、马鹿、猞猁、白鼬、雪兔、麅、貂熊、棕熊等。

暖温带半湿润地区的植被受降水影响，从东向西，逐渐由落叶阔叶林向灌木草原、由茂密向稀疏过渡。同时，受地形和海拔影响明显，沿海盐渍土上有盐生植被，华北平原以散生的槐、榆、臭椿为多，低山丘陵以栎、杉和灌木为主，山地上部有杨、桦、槭、椴等，高山地区为针叶林和亚高山草地。黄土高原的山地有次生落叶林，塬地、沟谷以灌木草原、干草原为主。动物类型以哺乳类、鸟类、啮齿类为主，有梅花鹿、华北豹、马鹿、山鹛、褐马鸡、野兔、鼩鼱等野生动物。

（五）人文资源

温带半湿润地区自古以来便是中华文化发祥的核心区域，是仰韶文化分布的核心区域、传统农耕的发源地，也是中国古代政治、经济、文化的核心地带。长安、洛阳、开封、北京等古都均坐落在此区域，保存有长城、大运河、五台山、平遥古城、龙门石窟等诸多世界文化遗产，以及世界自然与文化双遗产——泰山。华北地区及周边呈现出合院式建筑聚落类型，采用一至多进院落形式，结构规整，但绿化较少。山西、陕西等地则出现半敞式、下沉式、沿山式窑洞，其中地下窑洞“地坑院”，是根据天然地形挖凿黄土层修建而成，结构简单，经久耐用。

（六）产业资源

温带半湿润地区是我国重要的商品粮基地，盛产水稻、玉米、冬小麦、花生、油菜等，并形成了沿海近海水产生产基地、平原粮食基地以及山区林果生产基地。主要栽培苹果、梨、桃、板栗、胡桃等经济林果。矿产资源十分丰富，有煤炭、铁矿、金矿、石油、天然气等。此外，村庄依托自然山水、历史文化、红色文化等资源，结合林果采摘、观光农业等，发展出农林、文化、生态等不同类型的乡村旅游。

第二节 《 山区林区

山西东庄村

生态经济双丰收，保护发展两不误，
太行古村风貌保护与生态产业发展

发展方向：乡村生态产业经济发展＋乡村自然生态保护修复＋乡村生态文化保护与传承

一、基本情况

东庄村位于山西省长治市平顺县石城镇，地处晋冀豫三省交界处，北依卧牛山，南瞰浊漳河，距离平顺县城60公里。村庄建于浊漳河两岸较高的平台上，整体地势北高南低。村庄聚落依地形分为上下两个区域，上村建于20世纪80年代以后，下村以古建筑村落为主。村内有金刚顶奶奶庙、大庙堂殿、牛王庙、真武阁、歇马殿、河神庙等诸多明清建筑，保存完好，古老村庄展现着太行传统村落的独特魅力。

东庄村的山区面积大，丰富的林业资源是其产业发展的重要优势。原本村庄的林木多为自然生长，林业发展缓慢，收益有限。近年来，通过产业奖补、专家指导、引进植物新品种等措施，鼓励村民种植花椒、金银花等经济林果，发展村庄特色产业，带动村民增收致富。2019年，入选第一批“国家森林乡村”及第七批“中国历史文化名村”。

二、技术思路

充分利用山区资源，在开展山顶、山腰到山脚的全域生态修复的基础上，发展林果经济，营造生态景观。结合古聚落、古建筑风貌，提升居民庭院景观。本思路适用于拥有良好传统聚落文化资源和生态资源，有乡村文化保护和生态产业发展需求的山区林区乡村（图3-1）。

三、植物选择与配置

植物景观风貌为配合传统村落的古朴特色，多采用色彩沉稳的常绿树种或树形遒劲的高大乔木作为骨干树种，呈现整体统一、局部丰富的景观效果。在街角处、公园节点处点缀花灌木丰富色彩和季相景观；在村内庭院、广场等处种植槐等树形饱满的高大乔木；在山坡、建筑物旁片植油松、华山松等常绿乔木，林下栽植涝峪薹草、地被菊、车轴草等地被植物。主要配置模式有"旱柳+油松—锦带花+太平花—涝峪薹草""柿+华山松—珍珠梅+大叶黄杨—地被菊"。

图3-1　东庄村平面布局

四、典型模式

（一）生态经济双丰收，打造林区特色经济林果产业

一是纵向统筹多重效益。对战备渠、红旗渠以下的宜林地分区划片，种植具有生态效益、景观效益和经济效益的优良树种；在战备渠、红旗渠以上种植灌木林，配以松柏点缀，注重发挥林地的水源涵养与水土保持功能。顺应山地高程变化栽植特色乡土树种，实现林区生态景观和经济效益复合。

二是横向发展经济林果。东庄村树立林业产业化观念，长远规划宜林区域。因地制宜利用平缓地势种植稻谷、蔬菜，利用荒坡种植花椒、柿等传统特色经济林果，营造沙拐滩集体绿化林，并在村庄东滩西滩栽植苹果、樱桃、花椒等经济林果，充分利用山区地形地势，发展适地农林作物（图3–2）。

图3–2　东庄村特色经济林果模式

（二）生态产业两不误，营造河流生态与滨水休闲景观

一是治理修复河岸生态环境。东庄村南临浊漳河，为更好地利用河流景观资源，近年来村庄利用多种湿生植物进行裸露浅滩生态修复，栽植芦苇等挺水植物打造特色河岸生态景观，岸线种植耐水湿乔灌木以应对水土流失。经过河道治理和绿化美化，村庄水生态环境得以改善，恢复了水质清澈、碧波荡漾、鱼香鸟鸣的滨河风貌。

二是利用河流景观丰富旅游资源。依托浊漳河的生态景观基底，拓展滨河游憩活动，在西滩外滩建成水产养殖和垂钓基地，修建生态养殖区，养殖家禽、鱼类，设置捕鱼表演、绿色食品品尝等体验项目，使修复后的河流景观廊道成为乡村旅游发展的蓝绿支撑。

（三）新老村落共交融，保护修复传统聚落景观格局和风貌特色

一是保护聚落景观格局。古建筑村落主要分布于下村，四周山林环绕，南瞰浊漳河、北依卧牛山，是典型的山西上党地区古村落。新村环绕旧村建设，形成了“山—新村—旧村—水”的整体格局。因此，东庄村通过保育修复周边山林、河流生态环境，保护了古村落的景观格局，延续了山区古村的传统风貌。

二是绿化美化街巷空间。保护修缮传统民居建筑，恢复院落布局，重现历史街巷，结合乡村绿化美化在重要节点处打造精巧的街边休闲公园。积极利用院前、院后、巷道旁空间，种植乡土常绿植物、彩叶植物、庭荫树、攀缘植物等，添置木坐凳、石墩、宣传栏等设施，丰富完善聚落内部的休闲游憩功能，使古老的村巷微空间重焕生机（图3-3）。

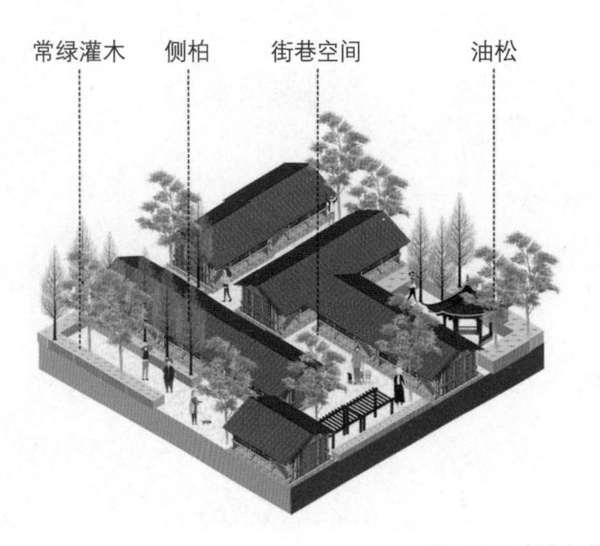

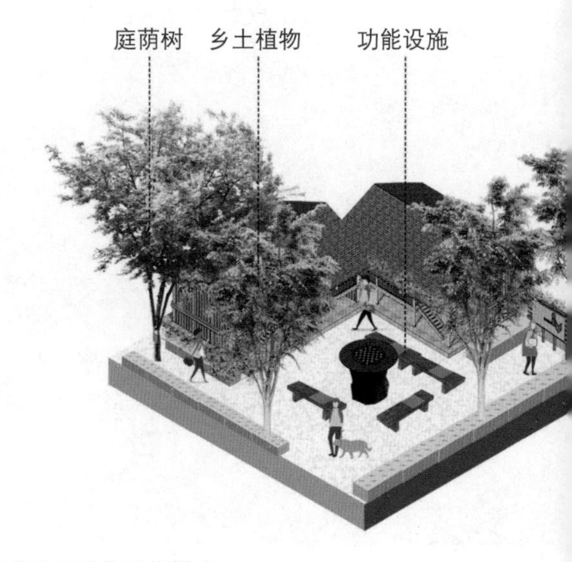

图3-3　东庄村街巷空间绿化美化模式

三是保护修复文化资源。保护修缮王家大院的九门相照、堂上、真武阁等历史遗存和特色民居，修整恢复院落布局，整治重现历史街巷。在此基础上，以旧村落的景观风貌为参照，对新村落建筑形制、街巷绿化等进行建设引导。旧村内绿化提升以古树名木为视觉中心，新村尊重承袭旧村的绿化风格，以苍劲古朴的侧柏、油松等植物作为主要树种，保证旧村与新村之间风貌协调。

五、成效评价

东庄村依托宜林区域发展特色林果，结合浊漳河的水环境整治，恢复河道生态景观，重塑村落蓝绿生态基底。与此同时，保护古村落文化遗产，通过绿化美化协调新村景观风貌。一方面依托历史文化资源、农林资源、水资源，丰富具有村庄特色的乡村旅游产品；另一方面，依托旅游业拉长本地农林特色产业链条。东庄村通过发挥生态文明建设与传统文化保护传承的加乘效果，带动村民收入大幅增长，实现村庄生态、经济、社会、文化的长足发展。

陕西毛湾村

以科技帮扶，塑美丽经济，油用牡丹特色种植推动生态旅游发展

发展方向：乡村生态产业经济发展

一、基本情况

毛湾村位于陕西省西安市临潼区小金街道东部，距离中心城区70公里。毛湾村群山环抱，自然生态环境优美，林木茂密，主要种植油用牡丹、花椒、胡桃等特色经济林果。原本毛湾村以传统种植为主，经济效益低，农民收入微薄。自2014年以来，在市级单位和农林院校的帮扶下，引进种植油用牡丹，创新发展油用牡丹经济产业与特色乡村旅游（图3–4）。油用牡丹开花的时候，发展乡

图3–4　毛湾村牡丹园风景

村旅游。花期过后，用牡丹籽加工食用油，或售卖土鸡蛋、蜂蜜等农产品，村集体经济和居民收入稳步提升。2019年，毛湾村入选第二批“国家森林乡村”。

二、技术思路

在农林院校的科技帮扶下，因地制宜引进特色经济林果，发挥油用牡丹的高经济价值和观赏价值，提升村民经济收益的同时，带动乡村生态旅游发展。本思路适用于产业特色不突出的乡村，通过引进高经济效益的农林作物，培育村庄特色产业。

三、植物选择与配置

为方便村民采收，大面积集中种植油用牡丹。沿路边套种月季花、牡丹等观赏性植物，花椒、丹参、文冠果等经济树种，增设游览路径与休闲设施，形成产游结合的特色观光园。

四、典型模式

（一）构建“种植—展示—观赏”于一体的油用牡丹特色经济林果体系

油用牡丹集中种植区注重规模化种植及观赏、经济植物套种。一是油用牡丹规模化集中种植，通过科学的播种方法和栽培管理技术，发挥油用牡丹的经济效益，增加村民收入。二是套种其他观赏性植物，包括月季花、牡丹等，搭配其他早春观花植物、秋季赏叶植物、冬季常绿观干植物，形成四时有景的观赏效果。三是套种其他经济林果，包括花椒、胡桃、杏等，丰富景观层次，保证村民稳定的收入。

营造精品牡丹品种展示节点。在精品牡丹展示节点集中展示新优、特色牡丹品种，局部点缀观赏性强的高大乡土乔木，结合亭廊座椅等休憩服务设施与植物科普导览设施，提高观光园的景观游憩与科普体验功能。

赏花步道播种乡土野花草地营造自然野趣。在主要游览道路旁单侧栽种乡土乔木，形成具有引导作用的行道树景观。在花田小径两侧撒播草花地被，营造自然野趣的景观氛围。在观光园入口处对植、孤植特色观赏植物，丰富并强调节点景观。沿道路设置导览标识体系，便于游客观光（图3-5）。

图3–5　毛湾村牡丹观光园模式

五、成效评价

毛湾村在市级帮扶单位的引导下，与企业高校合作，走研产一体化、企地帮扶化的发展路径，构建“油用牡丹集中种植区+精品牡丹展示节点+赏花步道”于一体的生产观光体系。通过将油用牡丹产业发展与观光园建设相结合，将经济林果种植与荒山绿化相结合，极大地改善了当地的生态环境。同时，依托油用牡丹生产和精品牡丹展示，丰富植物景观的观赏层次，提升生产景观风貌。村集体积极探索经济多元化发展路径，村民们也由过去的个体户经营向合作社、公司化运作转变。毛湾村充分发挥高观赏价值经济林果的美学效益，实现了在花海中增收致富。

第三节 平原农区

陕西柏社村

见树不见村，见村不见房，
地窑第一村的人居智慧保护传承

发展方向：乡村生态文化保护与传承＋乡村生态产业经济发展＋聚落人居环境整治提升

一、基本情况

柏社村位于陕西省咸阳市三原县新兴镇，地处关中北部黄土台塬区，始建于晋代，已有1600多年历史，因历史上广植柏树而得名。享有“天下地窑第一村”和“生土建筑博物馆”美誉，村内分布了225院下沉式地坑窑，拥有“见树不见村、见村不见房、闻声不见人”的独特聚落风貌，是国家下沉式地坑窑集中保护区。

近年来，为解决传统村落保护和社会经济发展问题，在当地管理部门和多方研究学者的共同努力下，对传统聚落环境与文化资源进行了整体保护，将柏社村改造提升为集文旅观光和民俗体验为一体的古村落旅游区，推动种植业、养殖业和旅游业综合发展。柏社村于2013年被列入第二批“中国传统村落”名录，2014年入选“中国历史文化名村”，2019年入选第二批“国家森林乡村”（图3-6）。

二、技术思路

柏社村保留村落肌理，保护原生林带，修补林层，还原并延续了地坑窑村落的生态景观原貌，并且以地坑窑观光旅游带动多产业发展，实现了乡村传统生态

图3-6　柏社村平面布局

文化的经济价值转化。本思路适用于具有独特传统聚落环境和文化特征的乡村。

三、植物选择与配置

以村庄原有的楸木林作为绿化骨架，保护现有古楸树，补植观赏乔灌木，由楸、槐等高大乔木组成树冠层，胡桃、柿等经济林果组成中间层，乡土灌木、草花组成地被层，补植特色花卉提升文化节点的景观效果，烘托村庄整体自然、古朴的景观氛围。

四、典型模式

（一）陕西地坑窑的传统聚落环境保护与修复

对柏社村核心区现存225院下沉式地坑窑进行整体保护与修复，形成院落结构完整、植被条件良好的聚落环境。重点绿化美化下沉式地坑窑院落和村庄主干道，逐步修补聚落周边林带，形成“坑窑花园—槐杨廊道—楸树林带”独具特色的传统聚落环境保护与修复体系，营建自然、古朴的传统聚落风貌（图3–7）。

一是恢复地坑窑风貌，形成特色坑窑花园。科学利用乡土建筑修缮技术，恢复地坑窑景观风貌的原真性。保护地坑窑内的现有古树，考虑地坑窑内采光需要，点缀枝叶疏朗的乔木。下层依据地坑窑居民意愿，打造乡土花草小院、田园果蔬小院、爬藤瓜果小院等。利用植草砖铺设赏花小径，辅以农家磨坊、石凳、廊架等景观设施，打造具有乡土气息的特色坑窑花园。

二是槐杨廊道串联坑窑，构建绿色渗透骨架。村内柏社西街和三照公路串联了多个下沉式地坑窑组团，次路呈鱼骨状向聚落内延伸，两侧保留笔直高大

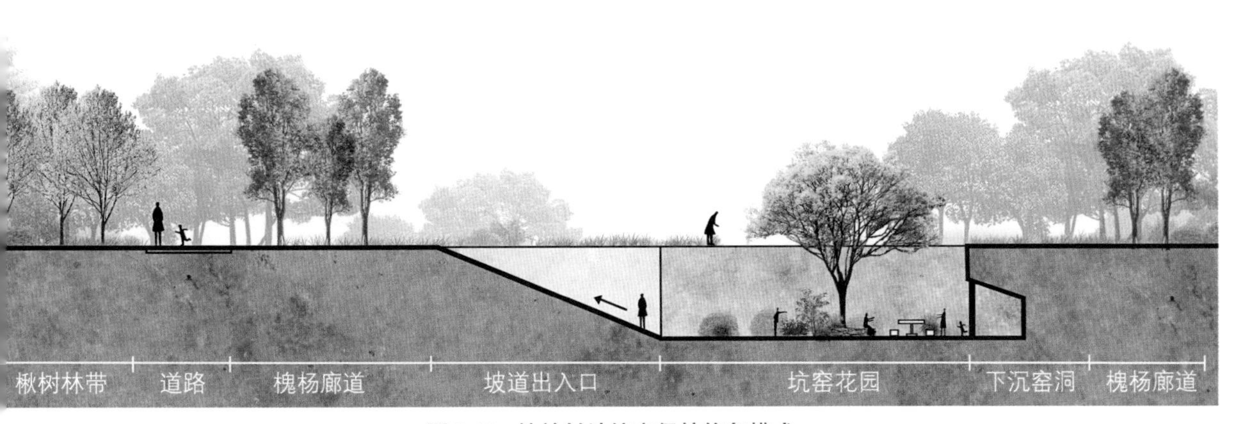

图3–7 柏社村地坑窑保护修复模式

的槐和毛白杨，下层利用麦冬柔化道路边界，路面铺设自然材料，重要节点处设置指示方向和介绍历史文化的景观标识牌。

三是保留楸树原生林带，营造古朴植被林层。村内5万余株高大繁茂的楸树及周边林带被完整保留，保护古树，修补林层，促进林地的自然演替生长，保证了村落内的小气候环境和物种多样性。地坑窑顶部区域仅栽种草花地被，周边区域栽种以楸树为主的围合林带，与村内其他混交林区域相融合，并逐步过渡至环村自然林带。

（二）黄土台塬区的西北风情庭院经济发展

一是打造传统院落风情的农家乐。对于下沉式地坑窑中保护完整、交通便利的窑院组团进行整体美化修缮，打造精品农家乐。对地坑窑室外墙面进行加固与美化，窑洞门窗采用传统木制工艺进行修补，窑洞内部利用传统挂饰、手工剪纸、陶艺摆件进行装饰，通过攀缘植物与盆栽绿植修饰建筑墙面与内部空间，点缀盆栽绿植，丰富室内色彩。

二是利用古树与设施打造特色花园。对现有高大古树进行保护，利用石板铺设花园小径，两侧种植适生宿根花卉。花园中增加秋千、石凳、棋牌桌等活动设施，营造以民宿体验为主的休憩花园和以餐饮游乐为主的观赏花园。

（三）以一线串多点的特色历史文化游线构建

一是保护修缮重要节点，构建文化游线。通过村内主要道路串联具有展示性的下沉式地坑窑、马王庙、石碑等历史文化节点，保护修缮历史文化建筑与雕塑，疏除周边杂木，进行局部补植，构建一线串多点的文化游览路径环境。二是进行功能改造，注入新鲜活力。通过对名人故居类下沉式地坑窑进行功能改造，将局部室内空间改造成小型展览馆，在院落空间设置讲解牌、宣传栏，宣传普及村庄的历史文化底蕴（图3-8）。

五、成效评价

古树发新枝，古村换新颜。柏社村通过营造“坑窑花园—槐杨廊道—楸树林带”体系，保留村落肌理，补植原生树种，修补林层，营建复层乡土植物群落，还原并传承了地坑窑村落的乡土生态景观原貌。近年来，柏社村以地坑窑观光旅游带动农家乐、民宿体验、林果种植发展的产业模式，每年吸引大量游客到访，使村落传统风貌与文化重焕生机，实现了乡村传统生态文化的经济价值转化。

图3-8 柏社村文化游线布局

山西修善村

善友源地，三贤故里，让绿色成为传统文化和产业发展的底色

发展方向：乡村生态文化保护与传承+乡村生态产业经济发展+聚落人居环境整治提升

一、基本情况

修善村位于山西省晋中市祁县赵镇，紧靠汾河、昌源河、乌马河的三河并流之处。村庄历史悠久，至今已有1700余年建村历史。村庄原名青箱村（青香村），汉人成佛第一人田善友在当地神坛庙广施德善，村庄声名远扬，因此更名修善村。田善友的善行口口相传，成为村民津津乐道的传说，也流传下了人们对“善”的向往和尊崇，形成了村庄特有的“善文化”认同，使修善村成为中国“善文化”的发源地之一。修善村同时也是历史名人温序、王允等政治家的故乡，是闻名遐迩的“三贤故里”。

此外，修善村所在的祁县被誉为“中国酥梨之乡”，有着悠久的酥梨种植历史。祁县酥梨果形端正、果肉酥甜细脆，被认定为山西省地理标志保护产品和国家地理标志保护产品。

多年来，修善村以“善文化”为文脉，以酥梨种植为根本，紧紧围绕自身资源特色，发展生态游、民俗游、梨园游，打响土特产的文化品牌。2019年，修善村入选第一批“国家森林乡村”。

二、技术思路

依托文化资源形成“善文化”品牌，打造文化游线和观光园节点，发展特色乡村文化旅游，实现乡村文化振兴、环境提升和村民增收的共赢。本思路适用于历史文化特征鲜明、底蕴深厚，且具有一定产业特色的乡村（图3-9）。

图3-9 修善村平面布局

三、植物选择与配置

以现有的毛白杨等乡土树种为绿化基础，植物景观注重多层次、多种类、多色彩相互搭配。游线两侧乔木层次较丰富，塑造了舒适阴凉的环境。灌木选择不同色彩的种类，搭配时相互穿插、高低错落。

四、典型模式

（一）依托万亩梨园花海，打造特色产业观光园

一是依托林果特色，建设梨园花海。修缮村将酥梨作为“一村一品”主导产业，建成万亩梨园，并结合胡桃、林下辣椒种植，大力发展农林产业特色。梨园中引入智慧检测及节水灌溉系统等智慧农业管理系统，展示现代农业智慧技术，配套发展梨产品加工产业，建立高效集约的新型农林产业体系。

二是丰富游客观光体验。梨园的主要观赏期为4月梨花盛放及9月香梨成熟时节，特别是每年4月初梨花盛开之际，花海景观十分壮观。素雅繁茂的梨花

美景、品质优良的果实及其深加工产品，将三产深度融合，多渠道带动村民增收致富，为游客带来游览、采摘等多种观光体验，成为修善村“一村一品”建设的重要支撑。

三是依托梨花景观，开展特色节事活动。村庄结合梨花海景观，举办“善文化”旅游节，通过文化展演、晋剧表演等形式多样的活动吸引游客。万亩梨园花海成了修善村的生态旅游品牌，也成为展示修善村美好的乡风民俗的美丽载体。

（二）以民俗文化为载体，营建村庄特色乡村公园

一是打造传统文化的传承载体。村庄历史上曾出过王允、温序、田善友三位名闻古今的贤德之人，因此修善村也被冠以“善村”和“三贤故里”之美称。修善村建设乡村公园展现历史文化，同时也丰富了村民日常文化娱乐生活。

二是营造自然与人工并存的植物景观。乡村公园建设过程中大面积保留自然植被，适时人工修剪塔形圆柏，营造公园庄重沉稳的文化基调，同时以自由生长的灌木和草本营造出乡土氛围，整体呈现出庄重沉稳与野趣气氛并存的植物景观特点。

（三）以“善文化”串联节点，构建文化感知游线

一是挖掘传承历史名人和乡贤逸事。不断挖掘本村历史名人温序、王允、田善友等历史文化资源，以“善文化”作为村庄文化主线，形成乡村文化建设带动人居环境和产业经济发展的特色模式。

二是依托杨树林带，塑造“善文化”游线。将环村茂密的杨树林作为游线的绿色基底，依托村庄北侧、西侧主要道路绿化，营造阴凉舒适的林下步行空间。树林边搭配乡土灌木及草本植物，形成层次丰富、景致优美的乡土植物景观。沿游线设置一系列“善文化“节点，半包围式环抱村庄建筑。节点处布置文化景观构筑物及小品，结合绿化美化展示村庄“善文化”特色。

三是以线串点，丰富游线绿色节点。文化游线同时还串联了中华梨苑、现代农业智慧示范园、王允文化公园等绿色节点，增加沿线景观节点的游赏性，为游客提供感知传统文化、了解村庄特色农林产品的体验环境（图3-10）。

五、成效评价

修善村依托“祁县酥梨”品牌，推进“一村一品”产业发展，形成智慧集约的新型农林产业体系，依托生态示范园，举办果蔬采摘亲子游等体验活动。

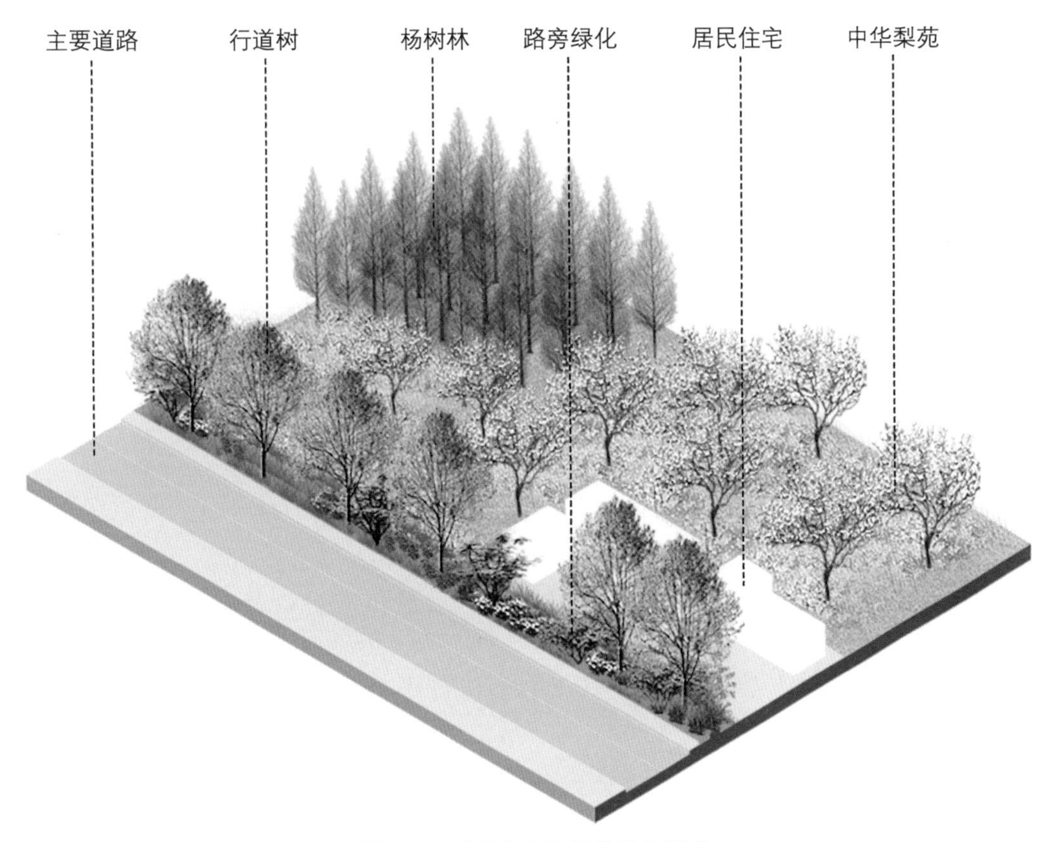

图3-10 “善文化”游线绿化模式

依托“善文化”“三贤故里”等文化品牌，营建展示民俗文化特色的乡村公园与公共绿地，并以道路沿线的杨树林作为绿色脉络，串联生态文化和民俗文化节点，将绿色美化与文化传承和产业发展相结合，用村庄的“土特产”和“老记忆”帮助村民鼓起“钱袋子”。

第四节 《 平原水乡

河南后地村

川塬古枣林，临黄生态乡，
黄河半岛的农业文化遗产传承

发展方向：乡村生态文化保护与传承+乡村生态产业经济发展

一、基本情况

河南省三门峡市高新区大王镇后地村位于黄河南岸，三门峡库区内。南依崤山余脉，北邻滚滚黄河，黄河从西、北、东三面环抱，是北方地区罕见的内河半岛村庄。村庄林木覆盖率达90%，自然生态良好，是灵宝市大函谷关景区的重要组成部分。

后地村紧临黄河，地理环境独特，气候温和，积温较多，光照热源充足，肥沃的土壤提供给灵宝川塬古枣林天然的生长优势，使得灵宝大枣品质非常优良。灵宝川塬古枣林距今有5000余年的历史，早在1915年，灵宝大枣就在巴拿马万国博览会上荣获金奖。全村现有灵宝大枣8000余亩（约533公顷），其中明清古枣林2000余亩（约133公顷），树龄千年左右的古枣树600余株。2015年灵宝川塬古枣林被认定为“中国重要农业文化遗产”（图3-11）。

二、技术思路

保护川塬古枣林，延续村庄独特的枣树种植技艺，在保护的基础上发展林果业和乡村旅游，实现古树名木保护与生态价值转化共赢。本思路适用于林果种植历史悠久、优势明显，拥有古树名木或古树群的乡村。

图3-11 后地村平面布局

三、植物选择与配置

从明清时期保存至今的川塬古枣林构成了村庄植物风貌的基底和骨架，因此植物选择和配置注重以保护明清古枣树为核心，仅在林缘、庭院内和道路旁，种植月季花、凤仙花、芍药等乡土花卉，石榴、胡桃、无花果、油菜花、向日葵等经济林果或作物，既绿化美化了村庄，又丰富了植物景观的层次、色彩、季相。

四、典型模式

（一）保护与美化并举，全面保护川塬古枣林农业遗产

一是严格保护全域古枣林。开展农业文化遗产动态保护与适应性管理工作，严格保护环村川塬古枣林和村内散点分布的古枣树，保护重要农业文化遗产的空间布局和古枣树生长环境。二是枣林保护与村庄庭院绿化相结合。保护村庄

中散布的古枣树，适度丰富庭院中的植物种类，开展以古枣树保护为核心的人居环境营造。三是以保护为前提的枣林游憩景观。在保护枣园风貌和枣树生境的基础上，合理设置枣林游步道，供居民和游客休闲散步，营造体验感知古树价值和生态文化的游憩方式。

（二）依托枣林与滩涂，适地发展特色经济林果

一是与科研院所合作，改良大枣品种。在保护古枣树农业景观的基础上，试验改良大枣品种，提高林果产量和质量。二是与企业合作，拓展大枣品牌价值。开发大枣的药用价值，生产枣酒，注册“药枣”商标，充分发挥大枣的经济价值。三是依托黄河滩涂发展莲藕种植。后地村拥有1万多亩黄河南岸滩涂，由于每年黄河大坝蓄水，滩涂被河水淹没，无法耕种。经过数次试验，在黄河滩种植莲藕终获成功。

（三）以生态建设为基础，打造临黄村庄生态门户

一是建设明清古枣林主题公园。依靠川塬故地优势，建设古枣林主题公园，规划枣林广场，两纵三横共5条环线道路贯穿其中，形成了以枣乡风情为中心、一年四季景不断的游览体验环境。二是依托沿黄河生态建设发展旅游。后地村借助三门峡市的黄河生态建设“百千万工程”，发展沿黄旅游线路。随着湿地环境治理水平的不断提高，吸引了大批白天鹅来此聚集栖息，白天鹅的到来又吸引了大批的沿黄自驾游客前来观赏。目前后地村已经形成了“春看枣花夏赏荷、秋品大枣冬看鹅”的四季美景，农旅融合初具规模，旅游产业发展迅速。三是依托文化资源形成旅游窗口。2020年“天下黄河”后地摄影艺术村公益类文化旅游产业项目揭牌，共展览600余幅反映黄河文化的摄影作品，成为弘扬黄河文化的重要窗口，也使后地村成为三门峡市艺术摄影创作基地、黄河文化研学基地。

五、成效评价

百年古枣林是后地村发展的命脉所在。后地村充分意识到古枣林对于村庄发展、致富增收的重要意义，将古枣林作为村庄重要文化遗产和生态资产，在坚持严格保护的基础上，发展出以古枣林为文化和产业核心的经济林果模式，为村民创造了可观的经济效益。同时，结合古枣林、古枣树保护绿化美化村庄，营造了丰硕美好的生活环境和恬静舒适的林园风光，实现传统农业文化遗产保护、人居环境营造、生态价值转化的有机结合。

山东运河里村

微山湖畔，生态渔家，
平原滨湖村庄的湿地保护与生态发展

发展方向：乡村自然生态保护修复+乡村生态产业经济发展

一、基本情况

运河里村位于山东省济宁市微山县留庄镇，是典型的滨湖村庄。运河里村地处城郭河与微山湖交汇处，毗邻京杭大运河主航道，渔湖资源丰富，原生态渔家村落保存完整，具有发展乡村旅游的独特优势。近年来，村庄通过加强基础设施建设，改善生态环境，发挥运河特色发展乡村主题旅游，带动村民致富，成功获评“市级文明村”“省级景区化村庄”等荣誉称号。

二、技术思路

充分利用原生态渔家村落、渔民生产体验等特色旅游资源，通过“公司+农户”合作模式，发展民宿、农家乐，大力挖掘旅游景点，建设乡村旅游配套设施，全面开展绿化美化，形成了产业兴旺、生态宜居、乡风文明、生活富裕的乡村风貌。本思路适用于滩涂、湖泊、河流、海岸等滨水滨海特色鲜明的渔业乡村（图3-12）。

三、植物选择与配置

湿地景观是运河里村的主要特色，选择观赏性较强的荷花在村内池塘进行片植，岸边配置垂柳、水杉、银杏、石榴等乡土植物，保育管理湖泊、湿地中生长的荷花、芦苇等植物，净化水体，保持水土，形成优美的湿地景观。

四、典型模式

（一）补植造林，加强湿地生态资源保护

划定生态涵养保育区，保护管理滨湖水生湿生植物，形成良好的湿地生态

图3-12　运河里村滨水区域平面布局

系统。一是在湿地周边补植造林，提升水土保持功能，营造生态优良、环境优美的效果。二是持续开展不定期巡逻管护活动，建设湿地野生动物监测系统，对湿地动物资源进行监测保护。三是加强科普宣传，印制《湿地保护宣传手册》，完善湿地保护制度，明确职责权限、管理程序和行为准则。设置宣传保护牌，从科普的角度，用科学的方法让人们了解和认识湿地与人类的关系，形成全村支持湿地保护事业的良好氛围。

（二）挖掘资源，改善村庄生态旅游条件

一是整治提升岸线生态环境，实施绿化、亮化、美化工程，营造感受微山湖景色和渔家风情文化的自然风景。二是恢复再现运河繁荣场景，疏通老运河部分河道，打通村内水网，对古运河河道两岸环境、立面进行整体提升，建成运河古道商业街区、运河文化水街等，丰富亲水游憩空间，打造水乡风光，再现古运河繁荣和生产生活场景。三是引入社会资本参与基础设施建设，采取“集体所有、公司运营、村民分红、务工参与”等方式，将村里多套旧房改造提升，打造高标准民宿。与相关有限公司共同协作，采用“公司+农户”合作模式，进行基础设施建设，完善公路和村内道路，建设游客服务中心、生态停车场等，修建运河文化广场，为旅游产业创造条件（图3-13、图3-14）。

图3-13　运河里村河道生态景观

图3-14　运河里村河道夜景

五、成效评价

运河里村利用独特的运河自然和文化资源优势，引入社会资本参与建设，挖掘生态旅游潜力。全村依托特色湿地旅游的发展，开设农家乐、民宿、小买卖经营和景区务工，带动民间休闲服务业发展，为当地村民提供就业岗位。村庄全面实施了绿化、美化、亮化工程，基础设施建设得到明显改善，湿地资源得到合理开发利用，人居环境更加宜人。

第五节 城郊结合

北京忻州营村

变废地为公园，化地势为优势，
城市近郊人居环境优化与生态游憩发展

发展方向：聚落人居环境整治提升＋乡村生态产业经济发展

一、基本情况

忻州营村位于北京市顺义区赵全营镇，村庄历史悠久，文化积淀深厚，明洪武三十五年（1402年）村民从山西忻州迁移至此，因此村庄得名忻州营。尽管现在的忻州营村呈现出一片生态宜居、生活富足的美好景象，但是这里曾分布着多处脏乱的废弃闲置地，如污水垃圾未能及时处理所形成“西沟”，以及乱搭棚子、堆柴的荒地。

忻州营村为推进村庄人居环境改善，结合“疏解整治促提升”专项行动开展美丽乡村建设，将“清脏、治乱、增绿”作为环境整治重点，在拆违过程中填平村内洼地，填埋村旁污水坑，拆除周边私搭乱建，陆续建设海棠街和乡村公园，提升了村庄的整体环境，建成了远近闻名的“花园式村庄”。同时，忻州营村走上整体环境提升与产业复合发展之路，依托村庄周边的生态园、现代观光农业示范田、牡丹园等优质资源，发展生态设施农业、农副产品加工业，采取农游结合的方式促进农业与旅游休闲、农耕体验的融合发展。2019年，入选第一批“国家森林乡村”。

二、技术思路

整治村内废弃闲置地，“变废为宝”开展四旁绿化，建设乡村公园，提升人居环境品质。依托万亩农田和现代农业发展乡村旅游，打造大城市近郊的生态文化体验目的地，实现生态环境与经济创收共赢。本思路适用于注重人居环境建设、具备生态游憩产业发展条件的城市近郊乡村。

三、植物选择与配置

植物选择以乡土树种为主，保留了原有的毛白杨，种植云杉、槐、桃、海棠花、黄栌、紫丁香、金银忍冬、连翘、大叶黄杨、金叶女贞、金银花、八宝景天、鸢尾、假龙头花、麦冬等。在重点营造春季植物景观的同时，兼顾季相变化，形成层次丰富、三季有花的植物景观效果。

四、典型模式

（一）变废地为公园，建设乡村公园与小微绿地

一是整治改造村内废弃闲置地。忻州营村原本分布着较多荒地，通过将四处荒地改造为乡村公园，为居民提供优美的绿色活动空间。其中，利用原本北木路村口西侧空地建设了怡忻公园，利用Y863线村口南侧的脏乱坑洼地改造建成京承汇公园，在村庄西侧和南侧紧邻公路处形成了绿色门户景观。将位于村中心、进村主路尽头的荒地改造成街心公园和顺忻公园，成为了村内的核心绿色公共空间。

二是丰富公园内的休闲游憩设施。公园里设置小广场、台球场、篮球场，座椅设施完备，为居民提供了丰富的体育运动场地。此外，公园中设置有木制长廊、凉亭、LED灯，还有石雕、文化雕塑等各类展示村庄文化特色的景观小品，现已成为居民平时交往活动、生活休闲、锻炼健身不可或缺的绿色空间。

三是依托公园开展乡村文化建设。增强乡村公园对于历史文化和党建文化的宣传作用，丰富村民文化娱乐活动，开展文化展示、党建宣传、党日活动等。如怡忻公园作为党建文化主题公园，展示村庄党建和革命历史沿革，向居民和到访者宣传村庄发展历程和生态文明理念，讲述着村庄的文化记忆（图3-15）。

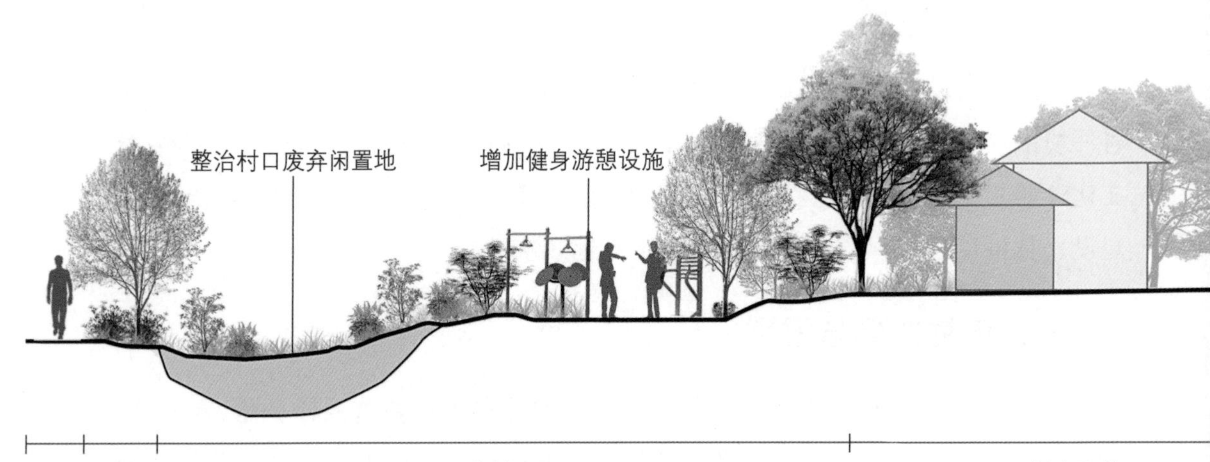

图3-15　忻州营村废弃闲置地改造为乡村公园模式

（二）化地势为优势，发展城市近郊生态观光产业

一是打造特优新农林产品。主要对应自身产业特色，依托村庄周边的生态园、现代观光农业示范田、牡丹园等资源，结合近郊区位优势，发展生态游憩产业和绿色农业，形成集粮田、菜田、果园于一体的田园综合体。通过大力发展无公害农产品、绿色食品、有机农产品、农产品地理标志“三品一标”农产品，种植几十种有机蔬菜产品、无公害产品，同时不断引进新品种、新技术，筛选适合本地区的优新品种。

二是营造特色大田生产景观。村庄通过稻、玉米、向日葵等各种应季的本地农作物，保留城市郊区的大田景观。结合波斯菊、鸡冠花、万寿菊、四季秋海棠、地被菊等花卉装点，营造色彩鲜艳、景色开阔的田园画卷。园区里适当设置收割机、板车等丰收时使用的农具，设计打造景观节点，用谷垛、南瓜、小麦、萝卜、稻草人等营造主题场景，烘托出浓郁的丰收氛围。

三是丰富乡村体验节事活动。村庄依托超大城市近郊的区位优势，利用现代农林产业基础，呼应城市居民的乡野田园体验需求，发展京郊绿色休闲旅游。从2018年秋天开始举办“中国农民丰收节”系列活动，为游人提供感受农田大地景观、参与亲子农事体验活动、观看传统民俗的专场演出、观赏非遗项目传承人手艺、品尝健康养生的传统美食等丰富多彩的节事活动，为城乡居民营造了回归田野的乡村体验机会。

五、成效评价

忻州营村通过将村庄废弃闲置地整治与公共绿地绿化相结合，建设游憩设施完善的乡村公园，宣传乡村党建文化，提升人居环境品质，呈现出绿意盎然、文化浓厚的乡村宜居风貌。同时，依托已有农林资源，打造以万亩良田、千亩菜园、百亩果园为一体的绿色生产格局，发展近郊乡村生态旅游，丰富本地居民就业机会、扩大经济效益，示范大城市近郊科学增绿、生态宜居、产业兴旺的乡村发展路径。

陕西裕盛村

产景融合，村景渗透，
绿色产业、绿色人居与绿化美化的互融互促

发展方向：乡村生态产业经济发展+聚落人居环境整治提升+乡村自然生态保护修复

一、基本情况

裕盛村位于陕西省西安市周至县哑柏镇，地处秦川腹地，南依秦岭，北濒渭水。310国道横贯东西，108国道纵贯南北，穿境而过，交通十分便利。村庄土壤肥沃平坦，气候温和，有利于各种绿化苗木的生长培育。

多年来，裕盛村积极引进乔木栽植技术，建成西北地区最大的苗木花卉繁育基地，为三北防护林建设提供了大量苗木。村庄紧邻林业院校和杨凌农业示范区，具有科技支撑苗木产业发展的地缘优势。1997年成立裕盛苗木花卉有限公司，2004年成立裕盛村苗木花卉合作经济协会，如今全村已有近20个绿化工程公司，发展农民合作经济协会会员300多人，逐步形成“绿化企业+协会+农户”的生产经营模式，并不断壮大苗木产业，成为辐射全国的苗木交易平台。裕盛村获评陕西省“一村一品”先进村、西安市“社会主义新农村建设旗帜村”等称号，2019年入选第二批“国家森林乡村”（图3-16）。

二、技术思路

在多年来发展苗木产业的基础上，依托林果资源开展乡村绿化美化，推动经济苗木产销研一体化，拉长苗木相关产业链，和林果观光旅游联合发展，实现多产业协同互利发展。本思路适用于具备良好苗木产业基础和绿化苗木市场前景的城郊乡村。

三、植物选择与配置

注重与庭院景观和公路景观廊道相结合，中上层以油松、侧柏、栾树、槐等高大乔木为主体，结合紫叶李、西府海棠等观花小乔木，形成多变的林缘；下层种植月季花、黄刺玫等花灌木，以及玉簪、萱草等多年生宿根花卉，丰富观赏灌木和地被种类。

四、典型模式

（一）做优“一村一品”，发展产销研一体的经济林果产业

一是建设景观化露天林果种植基地。裕盛村依托村域空间进行苗木生产，在居住组团外、道路之间规整分布经济林果种植区。基地道路两侧利用栾树等高大乔木、紫叶李等观花小乔木、月季花等花灌木打造富有层次变化的自然式线性景观。基地内部行列式栽植林木果蔬，结合植物生长特性局部采用套种形式，在保证经济效益最大化的同时提升景观效果。

二是实时展销多类型成品苗木。村庄西北部开设中国西部裕盛花木城，作

图3-16 裕盛村平面布局

为成品苗木实时展销场所，根据植物生长特性划分展销摊位。花木城内部充分利用温室内的墙面、地面、展示架、屋顶展示各种室内绿植及精品盆栽，局部展示花卉组团，形成景观丰富的温室小花园。

三是接受农林院校专业化定期指导。村委会定期聘请行业专家对村民进行培训和指导，内容涵盖苗木花卉种植技术、病虫害防治技术、园艺修剪、园林造景等，以打造精品苗木品牌为目标，全方位提高园艺技术。

（二）做精“一院一景”，营造花木果蔬丰富的居民庭院景观

居民庭院分布于村内两条主干道两侧，形成前院、内院与后院相联系的庭院空间结构。依托丰富的花木资源，遵循“一院一景”的建设思路，形成“前院门户空间，内院休憩空间，后院生活空间”的居民庭院绿化美化模式。

一是前院门户空间营造花园式街景立面。前院种植攀缘植物形成连续的立面景观，庭院内栽植玉兰、紫叶矮樱等观花小乔木，下层种植月季花、凤仙花等，空间较大的院落搭建廊架，栽植葫芦等观赏作物。

二是内院休憩空间塑造精致花园小景。内院利用假山石壁、方池白墙等传统园林造景元素，搭配萱草、菖蒲等质感柔软的地被植物，增加坐凳、棋牌桌等休憩设施，丰富院落生活情趣，营造精致的居民游憩活动空间。

三是后院生活空间打造乡村特色农家菜园。后院通过种植白菜、辣椒、番茄，点缀紫叶李、紫薇，依附院墙种植扁豆等攀缘藤本，形成可观可食的田园场景。院外为乔草结构的自然式种植，向林木种植基地过渡。

（三）做美“道路展廊”，打造展示村庄产业优势的公路景观廊道

依托裕盛村主干道北大街，利用道路分车绿带、行道树绿带和路侧绿带的种植展示苗木组合，形成贯穿全村东西的特色苗木展示廊道，以及“结构性道路分车绿带—装饰性行道树绿带—自然式路侧绿带”的路旁绿化美化模式。

一是道路分车绿带采用乔灌草搭配。通过“栾树＋松柏—月季花”“七叶树—玉簪”搭配，绿化美化分车绿带，塑造整齐美观的沿街观赏面。二是行道树绿带丰富草本花卉。种植栾树、槐等冠大荫浓的乔木作为行道树，其间摆放花箱，栽植凤仙花、三色堇、矮牵牛等花量大、观赏性强的草本花卉，塑造景观连续的人行道环境。三是路侧绿带突出自然式种植。路侧绿带以油松、侧柏结合栾树、槐等高大乔木组团，结合紫叶李、西府海棠等观叶观花小乔木，形成多变的林缘和自然式植物景观。在市场入口等处修筑廊架，种植紫藤等攀缘植物，并布置休憩设施，营造重要节点的绿化景观（图3–18）。

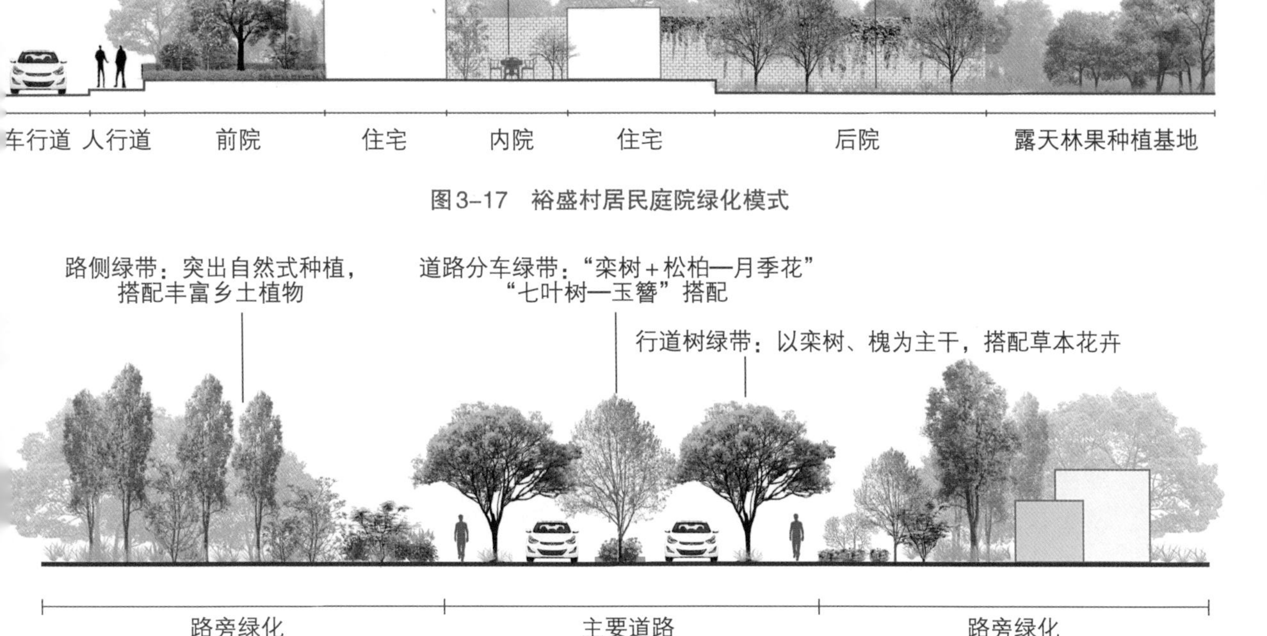

图3-17　裕盛村居民庭院绿化模式

图3-18　裕盛村公路景观廊道模式

五、成效评价

裕盛村以苗木生产销售作为支柱产业，以全域的林木苗圃作为发展基础，将露天林果种植与花木城分类展销相结合，依托高品质的绿化苗木售卖，拉长产业链，陆续带动了周边村落的林果观光旅游、小型农机市场、物流产业发展。苗木产品销往全国20多个省市，成为西北地区规模最大的苗木花卉种植经营集散地。

苗木产景一体化模式也给村庄带来了丰富的经济收益和社会效益，全体村民均不同程度地参与从事苗木花卉的生产和销售，苗木花卉产业链年收入和村民年人均收入可观。同时，裕盛村依托自身苗木资源开展乡村绿化美化，使人居环境提升与苗木生产的有机相融，将村庄发展为集苗木花卉售卖、观赏、旅游为一体的"乡村大花园"，特色苗木产业支撑绿化美化的同时，也让绿化美化成为产业发展的美丽窗口。

第六节 总体特征

温带半湿润的气候特征塑造了该地区的生态自然环境特点。由于远离海洋，湿润空气难以到达，冬季寒冷、夏季炎热、降水不丰、干燥少雨，该地区区域内连绵的丘陵山脉水土保持能力较差，因此需注重发挥绿化的水土保持和防风固沙功能。四季分明、雨热同步、光照充足的气候特征为农业生产提供了合理的生长周期与农业作息制度，使得该地区成为我国农产品主要生产区域。同时，该地区河流较多，但以季节性河流为主，水量变化的季节性差异大，面临潜在的洪涝隐患。另外，鲁中低山丘陵、汾渭谷地、黄土高原等特殊自然地貌单元形成了该地区独具特色的人文资源与传统民居风貌，深刻地影响着村域的文化景观形成。在气候及自然环境特征的影响下，温带半湿润地区的乡村绿化美化形成了以下三种主要特征和发展趋势。

一是积极改善生态环境，提升生态防护和涵养功能，主要包含水源涵养与水土保持、荒山生态修复等模式。区域内包含面积广阔的黄土高原与丘陵地貌，村庄绿化美化多注重生态功能的发挥。如以改善河道生态环境、提高荒山生态防护功能为目标，施行了河道梳理、栽植河流防护带、山体绿化、荒山绿化等措施，修复恢复自然风貌，提高造林绿化的生态防护功能。

二是以经济植物为绿化主材，实现生态与经济双发展，主要发展经济林果模式。重视经济植物在生态功能方面的作用，如利用丰富的林果资源为动物提供食源蜜源，吸引鸟类昆虫来此栖息，提高生物多样性。通过片植苹果、梨、桃、杏、胡桃等各类乡土特色经济林果，套种其他经济作物或观赏植物，在修复荒山、恢护区域生态功能的同时，推动绿色产业发展，实现了经济效益与生态效益相得益彰。

三是紧扣乡村绿色产业主题，绿化美化村庄环境，主要包含农家乐、乡村旅游、观光园、传统农业景观生态保护与修复等模式。生态景观与乡村产业一体化发展，依托绿化苗木、林木生产售卖，支撑国土绿化、乡村绿化和人居环境整治提升，也带动了相关产业和市场发展。此外，依靠发达的农耕基础，大力发展农林生产、加工业和相关配套设施建设，积极开展村内绿化美化，提升村容村貌，延伸乡村旅游产业链条，反哺农村特色产业发展。

此外，该地区注重农业肌理、遗产资源、古树名木和传统民居建筑等在内的人文资源保护，大力推动特色乡村文化品牌建设，不仅在潜移默化中提升了当地村民的文化认同感，也以文化品牌作为旅游宣传名片，带动乡村旅游业发展，促进了三产融合转型，提升了村庄的生态文化影响力和辨识度。

第四章

温带半干旱及干旱地区乡村绿化美化模式范例

第一节 区域概述

一、区域范围

温带半干旱及干旱地区包括中温带干旱地区、中温带半干旱地区、暖温带干旱地区和暖温带半干旱地区4个气候区。位于我国西北部地区，北界与蒙古、俄罗斯接壤，西界与哈萨克斯坦接壤，南至塔里木盆地，沿祁连山北麓至黄土高原，东侧沿太行山西侧向东北延伸至内蒙古中平原地区。范围约为北纬34°（甘肃天水）至49°（内蒙古满洲里），东经73°（新疆喀什）至124°（吉林四平）。行政区域上，包括内蒙古、甘肃、宁夏三省份大部分地区，新疆中北部，陕西中北部，山西中北部，河北西北部，吉林西部等地。

二、功能区划

（一）北方防沙带、黄河重点生态区（西北部）

根据《全国重要生态系统保护和修复重大工程总体规划（2021—2035年）》，温带半干旱及干旱地区属北方防沙带和黄河重点生态区的西北部区域。本地区是我国防沙治沙的关键性地带，是我国生态保护和修复的重点、难点区域，涵盖京津冀协同发展区和黄河高原丘陵沟壑水土保持生态功能区、浑善达克沙漠化防治生态功能区、呼伦贝尔草原草甸生态功能区、科尔沁草原生态功能区、塔里木河荒漠化防治生态功能区、阴山北麓草原生态功能区、阿尔泰山地森林草原生态功能区等国家重点生态功能区，包括京津冀协同发展生态保护和修复、三北地区矿山生态修复、黄土高原水土流失综合治理、内蒙古高原生态保护和修复、河西走廊生态保护和修复、贺兰山生态保护和修复、塔里木河流域生态修复、天山和阿尔泰山森林草原保护等生态保护和修复重点工程。

（二）甘肃新疆主产区、河套灌区主产区

根据《全国主体功能区规划》提出的“七区二十三带”农业发展战略格局规划，温带半干旱及干旱地区包含甘肃新疆主产区和河套灌区主产区，主产水稻、

小麦、甜菜、葡萄、哈密瓜和棉花等。建设以优质强筋、中筋小麦为主的优质专用小麦产业带，优质棉花产业带。有以河套平原、宁夏平原、河西走廊为代表的灌溉农业，引黄河水形成灌溉农业区。也有以新疆塔里木盆地、准噶尔盆地为代表的绿洲农业，利用冰雪融水和河水灌溉，修建灌区、坎儿井等。此外，温带干旱和半干旱地区还涵盖了我国内蒙古牧区和新疆牧区两大主要牧区，主要分布在内蒙古东部草甸草原和新疆天山北部草原等，是我国重要的畜牧业发展区。

三、资源概况

（一）气候条件

温带半干旱地区日照充足，冬季冷长，夏季温暖但较短，降水量偏低，多风沙。此区域远离海洋，年降水量在400毫米以下，受山地阻挡，大兴安岭以西、冀辽间山地和晋蒙间山地以北的降水量较其东、南侧明显降低。由于纬度较高，北部地势开敞，此区域是西伯利亚、蒙古寒潮南下的要冲，多大风天气，冬季盛行寒冷干燥的西北风，春季风沙活动频繁，冬季气温-24～-8℃，夏季气温20～24℃。

温带干旱地区空气干燥，从东向西、从南向北垂直变化明显，大部分地区年降水量在200毫米以下。区域内降水变率较大，湿润水汽受山地阻碍时容易形成降水，高海拔地区降水量偏高，如阿拉善高原年降水量约50毫米，河西走廊靠祁连山一侧为100～250毫米，博格达山海拔3000米以上地区年降水量超过600毫米。同时，区域内夏季干热，冬季干冷，气温日较差大，冬季气温-20～0℃，夏季气温多在20℃以上。

（二）地形地貌

温带半干旱地区是一个呈西南东北方向延伸的狭长地带，以高原地貌为主，兼有山地和平原，内蒙古高原、鄂尔多斯高原和黄土高原北部占据了本区的绝大部分，也包括大兴安岭北段东麓的呼伦贝尔平原、大兴安岭南端及其东西两侧的西辽河平原等区域。区域内风成地貌发育普遍，西部风蚀作用强烈，东部和南部风蚀与风积并重，形成了科尔沁沙地、呼伦贝尔沙地、浑善达克沙地、毛乌素沙地等。主要水系有额尔古纳河、黄河、洋河、闪电河、西辽河等，呼伦湖、查干诺尔、达里诺尔、岱海、黄旗海等较大湖泊，构造湖、熔岩湖、河迹湖、风成湖等各类湖泊数量众多。

温带干旱地区西部山地盆地相间分布，阿尔泰山脉、天山山脉、阿尔金山之间分布有塔里木盆地、吐鲁番盆地等，盆地内形成了洪积倾斜平原和河流冲积平原，水土条件优越，天然绿洲和人工绿洲得以发育。主要水系有伊犁河、额尔齐斯河、黑河、博斯腾湖、艾登湖等。

（三）土壤资源

温带半干旱地区的地带性土壤为栗钙土，其中呼伦贝尔发育有暗栗钙土、草甸土，鄂尔多斯分布有淡栗钙土、流动风沙土，前套平原一带还有带状延伸的绿洲土等。

温带干旱地区的地带性土壤为棕漠土、灰漠土，塔里木盆地分布有风沙土，其边缘及天山山间盆地形成灌淤土、棕漠土、盐土地区，阿尔泰山、天山、祁连山区发育有高山亚高山草甸土等。

（四）动植物资源

温带半干旱地区的地带性植被为典型草原，植被种类主要以禾本科、豆科和莎草科植物占优势，菊科、藜科和其他杂类草也占有重要的地位。同时还分布着草原植被、沙生植被、草甸的复杂植被组合，科尔沁沙地、毛乌素沙地等固定半固定沙丘上，以半灌木群落占优势，并含有沙生草本植物。由于缺乏天然隐蔽条件，草原动物主要有鸟类、啮齿类、有蹄类。大多数典型草原鸟类和高鼻羚羊等有蹄类动物冬季都会向南迁移，而旱獭、仓鼠等啮齿类动物则进入冬眠。丰富的草场资源也孕育出了丰富多样的畜种资源，如三河牛、河马、草原红牛、乌珠穆沁肥尾羊等。

温带干旱地区的植被类型以荒漠为主，西部和东部差异明显，主要植被有梭梭、红砂、沙生针茅、碱蓬、盐穗木、沙枣、柽柳、胡杨等。土壤水分较多地段，镶嵌有非地带性草甸或沼泽草甸。沿河流形成有胡杨、沙枣为主的荒漠和河岸林，依靠洪水或潜水供给，形成适应盐渍化土壤的森林、灌丛、草甸植物群落复合体。此外，区域内山地植被垂直分布明显，自下而上依次为山地荒漠、山地草原、山地森林草原、高山灌丛和高山草甸等。区域内的动物以啮齿类、有蹄类为特征，有双峰驼、鹅喉羚、沙蜥、西域沙虎等。

（五）人文资源

温带半干旱及干旱地区地域辽阔、人口稀少，加之冬冷夏热、干旱少雨的气候特征，人们往往逐水而居，人口稠密区多依水源呈点状、线状和片状分布，受畜牧业影响，形成分散且具有流动性的居住特征。民居建筑体大厚实、简朴实用，建筑材料大多就地取材，以石材或生土为主，辅以少部分木材，垒起厚墙达到防风保暖的目的，同时为院落营造出一个相对舒适的内部小气候。同时，该地区作为我国最重要的牧区，形成了方便牧民们游牧生活、易于拆卸迁徙的毡包。受气候等自然条件影响，聚落内部成片绿地较少、植物种类单一；聚落周围乔木林地、草地和灌木林地多。沿河岸湖旁和山麓分布的村庄，气候条件相对湿润，形成了绿洲农业和绿洲文化。

（六）产业资源

温带半干旱及干旱地区因有着深居内陆、昼夜温差大、空气湿度小等气候特点，所以林果的糖分累积和产量比其他地区更高。区域内的林果种类繁多，且品质佳，尤其新疆地区，更被誉为“瓜果之乡”，同时也是我国糖料作物及棉花的主要产区之一。陕西关中平原、河套平原等灌溉平原地区则将油粮作物、蔬菜种植与中草药、林果种植相结合。呼伦贝尔、锡林郭勒、科尔沁、鄂尔多斯、乌兰察布五大草原则发展畜牧养殖和饲用植物种植，肥美的草原孕育出了丰富的畜种，如内蒙古著名的三河牛、三河马。此外，部分地区依托地势较高、降水较少、云量稀薄、太阳能和风能资源丰富的特点，发展可再生能源。多变的地貌环境、丰富的文物古迹及多彩的民风民俗等自然人文景观，也成为此地区特有的旅游资源，依托革命遗产、草原风光、高原高山和少数民族村寨，该地区发展出红色游、民俗游、风景游、草原游、沙漠游等多种旅游类型，吸引了全国各地游客。

第二节《山区林区

宁夏龙王坝村

绿荒山、保水土、筑屏障、谋发展，
西海固生态修复治理与贫困逆转

发展方向：乡村自然生态保护修复+乡村生态产业经济发展

一、基本情况

龙王坝村坐落于宁夏回族自治区南部山区著名的红色旅游胜地六盘山脚下，位于西吉县火石寨国家地质公园和党家岔震湖两大景区之间，距离县城10公里，交通便利，旅游资源丰富。村中有多位90多岁的老人，是远离城市喧闹的原生态长寿村寨。

龙王坝村地处黄土高原丘陵沟壑地带，山高坡陡，雨水稀少，曾经水土流失严重。自2003年起宁夏全域施行封育禁牧，龙王坝村积极响应自治区政府的号召，展开生态修复工作。以规模化增加绿量为基础，全面开展荒山绿化、封山育林，提高植被覆盖度和森林覆盖率，对已有林地开展人工干预补植，实现村域生态环境的整体提升。

同时，龙王坝村大力发展林下经济和休闲农业，积极推动生态节水农业建设，将坡地改造为梯田，推广种植适应当地气候条件、耐寒耐旱的杂粮，田间种植着杏、油桃等经济林果，利用四旁绿化打造各家各户的小菜园，自给自足、相得益彰。

经过多年长期坚持不懈的努力，龙王坝村的饮用水源变得洁净，脆弱的生态环境得到逐步修复，为当地发展乡村旅游打下了坚实的基础。目前，龙王坝村已形成了聚落内部以传统三合院为主体，窑洞宾馆、民宿一条街等多种风格乡村民宿并存，聚落外部以塞上龙脊高山梯田、滑雪场等休闲度假场所为主体的村域风貌。在全村人的共同努力下，龙王坝村先后获得“中国最美休闲乡村”“全国生态文化村”“中国乡村旅游扶贫示范村”“国家林下经济示范基地”“中国乡村旅游创客示范基地”等荣誉称号，2017年被确定为央视《农民春晚》和《乡村大世界》走进西吉拍摄基地（图4-1）。

二、技术思路

加强生态环境建设，开展荒山绿化，精准提升山区林地质量和水土保持能力，为产业发展筑牢生态保障，为乡村旅游奠定生态基础。大力发展林下经济、休闲农业和乡村旅游，促进一、二、三产业融合发展，挖掘龙王坝村悠久的历史与深厚的文化底蕴，将生态建设与文旅产业发展统筹起来，探索龙王坝绿化美化与生态产业融合的发展方式（图4-2）。本思路适用于开展生态修复治理、提升人居生态环境质量，且具有一定历史文脉和民俗特色的乡村。

图4-1　龙王坝村平面布局

图4-2 龙王坝村生态修复与乡村旅游模式

三、植物选择与配置

龙王坝海拔较高，植物以适应当地气候条件的乡土植物为主，以侧柏、油松、山桃、山杏、云杉等为基调，以油桃、杏、油用牡丹、草莓等经济林果为特色，发展绿色经济。

四、典型模式

（一）以生态修复治理为核心，开展荒山生态修复

一是绿化荒山，保持水土，筑牢生态屏障。坚持治山、治水、治林、治田、治荒、治沙一体谋划，整体推进山水林田湖草沙系统治理。遵循自然恢复为主，人工修复为辅的原则，保护荒山原有植被。以水土流失区为重点，坚持工程、生物和管理措施并举，乔灌草种植齐抓。实施淤地坝除险加固、坡耕地

综合整治等水土保持重点工程，建立村庄周边水土流失综合防治体系，改善水土流失状况，有效提升水源涵养能力，增强山体防风防沙能力，筑牢乡村生态屏障。

二是科学间伐，精准补植，提升林地质量。20世纪80年代的造林成果存在种植密度大、林分单一等问题，易造成土壤酸化、水源涵养能力下降。村庄积极开展山区高密度人工林质量提升工作，确定适宜的种植密度，科学间伐，精准补植，最终形成多树种、多层次、可天然更新的森林生态系统。

三是生态护林，加强抚育，强化绿化管护。对生态林地执行严格的管护措施，聘用村民作为生态护林员，对管护区内的森林、湿地、沙化土地等资源进行日常巡护，尽可能控制人员、牲畜进入，减少人为或牲畜破坏，进一步强化绿化造林和管理工作的刚性，提升荒山造林绿化抚育与管理工作的能效和质量，保护林草资源的同时，解决了一部分村民的就业问题。

（二）将生态产业与文化建设融合，发展乡村旅游

一是植树造林，发展林下经济。成立了林下产业经济合作社，一方面大力植树造林，在绿化荒山的基础上，种植杏、桃等果树，使其带来经济效益的同时丰富景观效果。另一方面利用现有的林地发展林下经济，从最初的林下养殖，扩展到种植油用牡丹、草莓，结合采摘体验活动，逐渐发展形成了生态观光农业，提高了土地产出效益。

二是挖掘底蕴，加强文化建设。充分发挥龙王坝村位于火石寨国家地质森林公园、党家岔堰塞湖和将台堡红军长征胜利会师地三大景点之间的区位优势，发展红色旅游。围绕乡村旅游大主题，龙王坝村按照“农村变景区、农民变导游、民房变客房、产品变礼品”的发展思路，以“生态休闲立村、乡村旅游富村”为抓手，走出了一条独特的发展思路。活用梯田景观、篝火晚会、农家饭、窑洞等乡土元素，建成百亩梯田高山观光温室果蔬园、千亩油用牡丹基地、万羽生态鸡基地、农家餐饮中心、民宿一条街、滑雪场、山桃生态观光园、乡村科技馆等，村民通过将黄土窑洞建造成农家乐和民宿，助力黄土窑洞、农民耕地等特色文化培育和民族文化传承，实现庭院经济和文化旅游发展相结合（图4–3）。

五、成效评价

龙王坝村坚持植树造林、绿化荒山、保持水土，为山川披绿，筑牢生态屏

图4-3　龙王坝村庭院经济模式

障。同时，龙王坝村也是宁夏生态建设和乡村旅游建设的缩影，牢记青山绿水就是金山银山的理念，把生态建设放在首位，将林下经济、休闲农业与乡村旅游结合起来，大力发展有特色、有吸引力的休闲观光农业和乡村旅游业，推动农村一、二、三产业融合发展。在各部门的大力扶持下，积极建设美丽乡村，形成了传统三合院、多种风格特色民居并存的聚落风貌。村庄生态良好、环境优美、布局合理、设施完善，群众生活得到了明显改善，村容村貌焕然一新，焕发出勃勃生机。

第三节 平原农区

新疆思源村

南疆姑墨，产景思源，
天山南麓的生产景观与生态风景

发展方向：乡村生态产业经济发展＋乡村生态文化保护与传承

一、基本情况

思源村位于新疆维吾尔自治区阿克苏地区温宿县城郊结合处，村庄地貌平坦，无明显陡坎和急坡，适宜人口定居和农业生产，村庄下辖4个村民小组，周边拥有较多旅游资源，阿克苏北外环路、620专用线横穿村内，区位优势明显（图4–4）。

温宿是古西域三十六国之一姑墨国的所在地，历史文化悠久，“温宿”在维吾尔语中为“多水”的意思。思源村自然条件优越，地处天山山前潜水溢出带、库玛拉克河冲积平原，毗邻“天山第一峰”托木尔峰，地下水资源丰富。村庄自然生态良好，林木成片，果树葱茏，现状林木主要分布在水塘周边以及村内主要道路的两侧，各小队周边亦有林木包围，生活环境绿色生态。同时，村庄内的农田属于全国少有的富硒土壤集聚区，适宜高水平农业发展。塞外边疆，万亩稻田，丰富的天山雪水和冷泉、宝贵的富硒土壤、独特的西域风情和民族文化，造就了思源村独特的风貌特征和生态文化资源优势。

思源村以党建为引领，积极探索自治、法治、德治相结合的乡村治理模式，人文特色明显、民族团结稳定、活动丰富多彩，具有长远发展的潜力。2021年3月，思源村被司法部、民政部评为第八批“全国民主法治示范村”。同时，思

图4-4 思源村平面布局

源村也是2020年风景园林学会“送设计下乡”工作的服务地之一，设计团队深抓乡村提色，提升乡村景观风貌，助力乡村振兴发展。

二、技术思路

发展传统农业，利用丰富的光热资源，发展胡桃、水稻等传统特色种植业和林下食用菌种植，多渠道拓宽致富渠道。改善人居环境，在保留村庄景观风貌的同时，深入挖掘人文景观资源和边疆民俗文化，加强村庄基础设施建设，构建完整的区域旅游服务网络，打造具有边塞田园风光的和美乡村。本思路适用于位于平原农区、耕地规模大、建有农田林网、农林种植优势明显的乡村。

三、植物选择与配置

主要种植胡桃、苹果等经济林果和水稻等农作物，并利用村落内的大小水塘，种植荷花等水生植物，发展水产养殖。

四、典型模式

（一）以特色种植为核心保护修复传统农业生态景观

一是发展传统农业特色种植。发展胡桃、水稻等传统特色种植业，实施胡桃提质增效项目，管理参与项目建设的种植户统一，邀请专家进村开展水稻栽培、病虫害防治等专题培训，组织党员干部到邻近县市学习种植技术，通过学习提升科技致富能力。

二是发展林下种植和养殖业。结合该村林地资源，大力探索发展林下食用菌种植项目，并在阿克苏市、阿拉尔市附近开拓市场，带动更多群众脱贫增收。

（二）以风景廊道营造为核心打造乡村旅游系统

一是以乡土树种营造景观风景廊道（图4–5）。廊道景观营造遵循自然规律，优选乡土树种，展现乡土特色。在植物选择上，常绿树种与落叶树种相结合、速生树种与慢生树种相结合，种植彩叶、芳香的植物，充分发挥行道树遮阴、降噪、调节气温、净化空气、滞尘的功能。在植物景观营造上，种植常绿或落叶乔木形成林荫道，使廊道绿化与周边环境相协调，打造兼顾生态景观与经济效益的绿色长廊，在美化环境的同时增加农民收入。

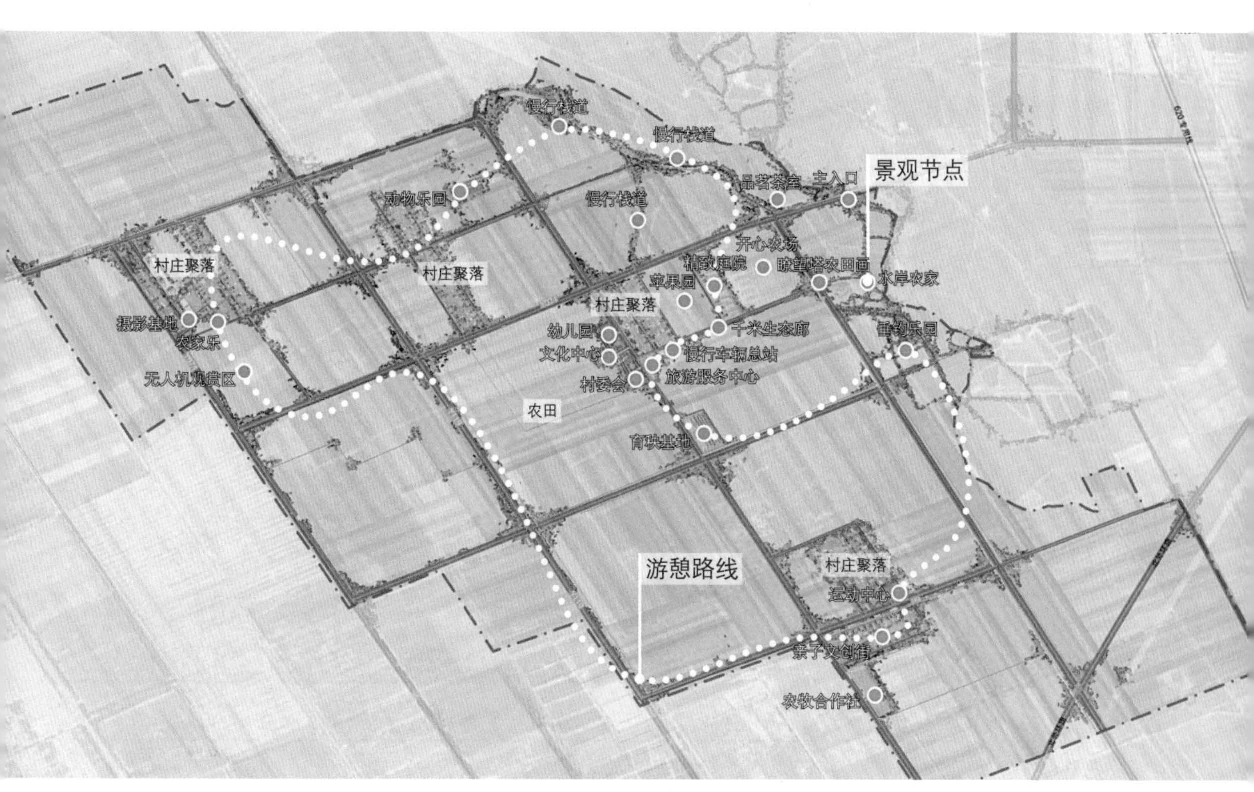

图4–5　思源村风景廊道布局

二是以风景廊道串联自然景观和文化资源。梳理村庄内外重要的自然和人文资源，串联展示乡村特色，建设景观廊道，增强村内与村外、村内各个区域的关联性。以园路、骑行道作为廊道载体，连接道路两侧村落、果园、田园等多种乡村景观，将其串联成环线，打造游憩景观带和生态慢行廊道，形成集骑行、漫步、观光为一体的乡村旅游标志性示范绿道。

三是以村庄禀赋促进村庄景点联动发展。均衡配置服务节点，促进村庄景点联动发展。构建乡村旅游综合体系，立足思源村自身生态资源优势，依托思源村独特的风貌特征和天山冷泉、极浅地下水、富硒土壤等珍稀资源，彰显旅游发展特色差异，充分利用现有建设用地开发人文和自然景观，以农家生活体验为主题开展乡村旅游，形成集农业采摘、亲子互动、农炊体验为一体的庭院经济模式，塑造多样旅游主题场景，实现景村联动。均衡配置旅游服务站点、停车场以及公共空间等设施，保障旅游服务设施全覆盖，构建“风景体验+乡村体验+配套设施”的乡村旅游服务（图4-6）。

五、成效评价

思源村地势平坦，湿地面积大，水资源丰富，适合农业发展，同时具有距离阿克苏市区和温宿县城较近的优势，现有特色种养殖业发展势头良好。村庄通过深抓乡村生态资源优势，以风景廊道为载体，以线串点，加强内外联系，打造多功能于一体的生态旅游风景绿道。同时，以线带面，以观景、娱乐、休闲、亲子、采摘等为基础，塑造多样旅游主题场景，争取“上级专项资金+引进社会资本”，带动村民积极发展餐饮、民宿等第三产业，促进乡村产业转型和农民增收。

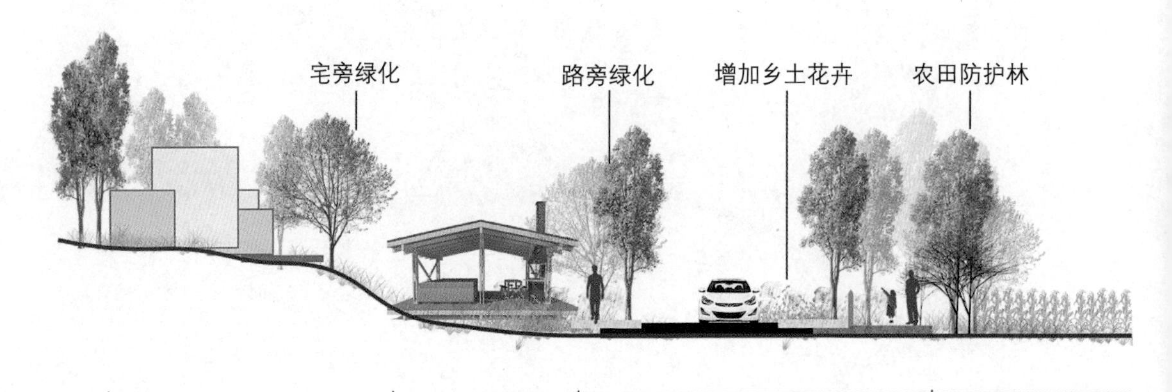

图4-6　思源村风景廊道模式

新疆托万克库曲麦村

整田、育河、护林、优居、改院，山水林田湖草与原乡风貌的和谐共融

发展方向：乡村生态文化保护与传承

一、基本情况

托万克库曲麦村位于新疆维吾尔自治区阿克苏地区乌什县阿合雅镇，南侧毗邻306省道。地处临河高地，紧邻托什干河，海拔约1400米，整体西南高东北低，地势平坦开阔。村内土地肥沃，托什干河道宽阔景观优美，滨河稻田连绵、近村果木成片。从村庄向北可远眺托木尔峰，山峰终年积雪，生态本底优渥，景观效果良好。

自2017年以来，村庄实现全村到户柏油路铺设全覆盖，基本完成土地平整，农田道路形成三横三竖网络，水利基础设施建设不断完善，新建文化长廊，配套健全篮球场、路灯等设施，通过富民安居项目全面提升村内住宅建筑及人居环境品质，积极发展农林产业和乡村旅游，推动产业的整体升级，实现农商文旅综合发展，有序推进托万克库曲麦村的全面振兴进程。2020年，托万克库曲麦村成为风景园林学会的“送设计下乡”工作选取对象之一，设计团队以“共同缔造”为原则进行规划设计，提高乡村环境品质（图4–7）。

二、技术思路

以保护自然山水本底为核心的传统农业生态环境修复途径。村庄外围通过梳理基本农田，保育河流廊道和优质林地，以林地涵养水源，以河流滋润农田，实现农田、河流、林地有机融合。同时村庄内部不断完善基础设施建设，优化村落、院落布局，提升生活品质，示范美丽宜居环境的营造路径。本思路适用于位于自然条件保护良好、拥有灌溉渠网和防护林网的农区乡村。

图4–7　托万克库曲麦村平面布局

三、植物选择与配置

结合生产功能特点，营造乡土经济植物景观。多种植苹果、胡桃、小麦、玉米、水稻、油菜、甜菜、大豆、丝瓜、旱芹等经济作物。

四、典型模式

（一）统筹村庄内外，优化生态本底，进行传统农业景观的生态保护修复

村庄外围农田、河流、林地等生态本底的保护与修复。一是整田，梳理农田肌理，严格保护基本农田。现状农田环绕村庄分布，梳理农田与村庄的布局关系，形成以农田为基底，农田与村庄有机融合的整体布局形态。二是育河，保育以托什干河为基底的河流廊道生态环境本底，梳理流经村庄的支流水系、坑塘、水渠，整体形成水系通畅、水网交织的渠网系统。三是护林，保护滨河林地、农田及村落中成片成带的优质林地资源，结合现有林地分布特点，优化

空间格局，形成林带环绕、林斑点缀的整体形态。

村庄内部村落、院落的布局优化和环境提升。一是对于村落空间，在保护好整体生态本底的基础上，延续现状村落布局形态肌理，利用村庄道路、田埂路形成纵横交错、便捷通畅的道路系统，整理优化村庄建筑布局，并结合农田、水系等特色资源整体打造阡陌纵横、良田为伴、池塘点缀、屋舍栉比的村落形态，形成特色独具的原乡村落风貌。二是对于院落空间，村民的院落空间布局为典型的“三区分离”布局形式，三区包括生活区、养殖区和种植区。在延续传统“三区分离”的院落布局模式的基础上，通过对葡萄架、果园的景观化改造，打造花木掩映、户美庭净的农家院落。

五、成效评价

托万克库曲麦村发挥优越的自然资源优势，村外依托本底，保育为先，村内优化布局，阡陌纵横。整田育河护林，结合农田、水系等特色资源，以林地涵养水源，以河流滋润农田，塑造沃田为底、水网为脉、林带环绕的村落特色。整体优化村庄建筑风貌，建设“美丽村落”“美丽院落”，提升村庄人居环境质量，使村民生活品质、幸福指数显著提升。在改善民生的同时，合理统筹山水林田湖草沙的系统治理，保育自然环境本底，留住村落风貌特色，适度发展特色乡村旅游，促进产业转型升级，切实提升村民生产生活的获得感和幸福感。

内蒙古联星光伏新村

绿色能源，富美庭院，
高光热地区的立体庭院经济

发展方向：乡村生态产业经济发展+聚落人居环境整治提升

一、基本情况

联星光伏新村由同联村和五星村整村搬迁新建而来，故取名“联星”。2014年，新村在内蒙古自治区巴彦淖尔市五原县隆兴昌镇建成，两个行政村的村民搬迁到新村。

过去的同联村和五星村处处是简陋破败的砖土结构房，如今取而代之的是一排排漂亮的光伏一体化住宅，近500户住宅的院子和屋顶上“标配”了太阳能光伏发电板，电池板下种植油用牡丹、中草药等经济作物。环村建设阻挡风沙的防护林带，村内景观优美，河边芦苇荡漾。住宅区外建设50兆瓦光伏电站和饲养规模达10万只的奶山羊标准化光伏养殖场，由林带隔开，四周的土地经过治理后形成2万亩现代化种植区，整个村庄展现着安居乐业的幸福景象（图4–8）。2016年联星光伏新村被评为“中国最美村镇”，2019年入选第二批“国家森林乡村”。

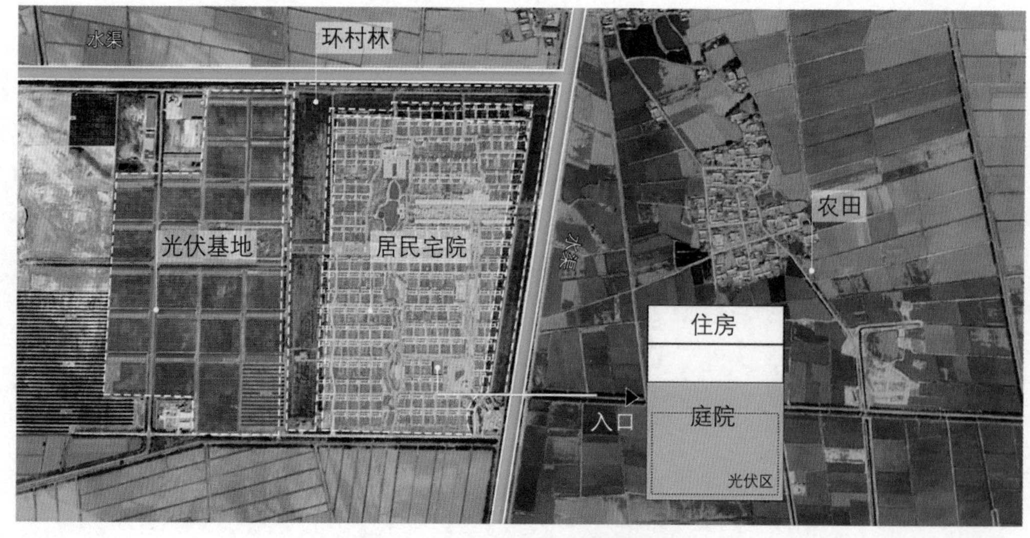

图4–8　联星光伏新村平面布局

二、技术思路

充分利用内蒙古地区日照充足且时间长的光能优势，发展新能源产业，建设光伏住宅。同时延续当地利用庭院进行种养的生产生活习惯，营造宅园结合、立体发展、绿色集约的乡村庭院，形成“光伏发电+庭院种养”的立体化庭院经济模式，打造独具地域特色的庭院景观，探索新能源技术与绿化美化结合的创新发展思路。本思路适用于太阳能资源丰富、庭院空间充足的乡村。

三、植物选择与配置

村中行道树选用金叶榆等观赏效果较好的树种，搭配玫瑰、八宝景天、地肤等花灌木与草本植物，形成具有季相变化的植物景观。

庭院绿化依据各家各户喜好，在光伏板下种植玉米、向日葵等经济作物，或草药花卉及各类果蔬等，如条带状种植白菜、葱等，间种番茄、辣椒、豆角、黄瓜等蔬菜。庭院中的植物或作物按种类规则种植，植物生长高度不遮挡影响光伏板正常发电。

四、典型模式

（一）“光伏发电＋庭院种养”的立体化庭院经济

联星光伏新村延续当地利用庭院种植果树、养鸡、养羊的生产、生活习惯，将光伏发电与庭院种养相结合。在居民住宅的屋顶、庭院上方安装太阳能光伏电板；利用光伏板下的土地种植玉米、中草药、蔬菜，饲养禽畜，在满足日常食用所需和能源生产的同时，形成不同的庭院景观风貌，也延续了当地的生活习俗。具体模式可以概括为：

一是光伏发电结合草药种植，利用光伏板下层空间，种植高低错落的中草药材，形成春季观花、夏秋采药的观赏经济模式。

二是光伏发电结合果蔬种植，在光伏板下种植辣椒、香瓜等瓜果蔬菜，注重经济作物与观赏植物搭配，满足饮食需要的同时具有一定的观赏性。在此基础上还可打造家庭餐饮业，推出特色餐饮。

三是光伏发电结合农作物种植，适当调节光伏板高度，利用光伏板下层空间种植玉米、向日葵等具有一定高度的作物，打造色彩丰富、可食可观的庭院景观。

四是光伏发电结合禽畜养殖，上层密布的光伏板有一定的遮风避雨效果，下层空地可饲养鸡、鸭、羊、兔子等家禽家畜，发展成家庭农场，增加庭院的观赏性与互动性（图4–9）。

五、成效评价

在内蒙古自治区“十个全覆盖”和“六位一体”村庄建设要求下，联星光伏新村原本简陋的砖土房、杂乱的院子转变成光伏一体化住宅。通过在住宅屋顶、庭院上方安装太阳能光伏电板，建设30兆瓦光伏发电(年可发电量5100万度)，每户每年能获得可观的发电收入。此外，还有光伏板下层的庭院经济收入、土地流转收入、合作社种养殖收入等。光伏庭院经济的发展，在获得高效清洁能源和经济效益的基础上，营造出绿色整洁的宜居生活环境，改变了原本裸土庭院的景观效果，带动了联星光伏新村整体环境的全面提升，推动了农村社区化和就地城镇化进程。

面对新形势，联星光伏新村积极践行新发展理念，科学把握发展庭院经济的基础和条件，利用生态能源，发展立体化庭院经济，打造独具特色的庭院生态景观。以生态农业为基，以创新创造为径，以脱贫致富为目标，以产业提升为宗旨，从实际出发，突出乡土特色，宜种则种、宜养则养、宜商则商，一同实现了安居梦和增收梦。

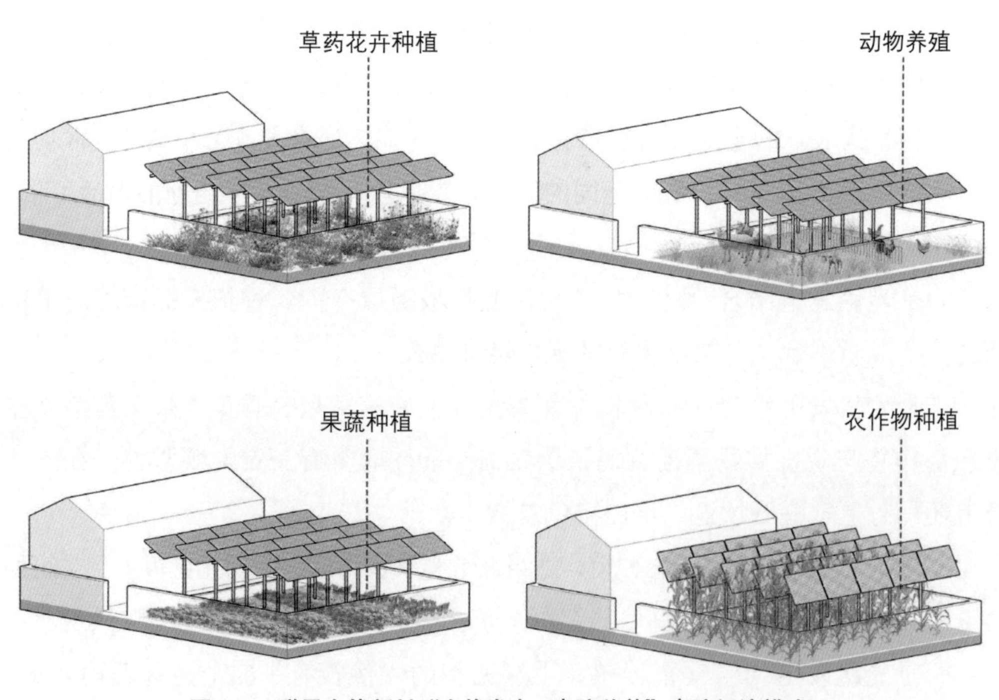

图4–9　联星光伏新村“光伏发电+庭院种养”庭院经济模式

内蒙古旧地村

沙水相伴，稳筑屏障，
沙漠南缘与黄河灌区间的防风固沙最前线

发展方向：乡村自然生态保护修复

一、基本情况

旧地村位于内蒙古自治区巴彦淖尔市磴口县城南部，地处乌兰布和沙漠东缘，海拔约1050米，北离县城10公里，东距黄河1公里，回族人数占一半以上，是一个回汉混居的民族村。当地四季分明，干旱少雨，光照时间长，主要经济来源为种植业和养殖业，以小麦、玉米、番茄等作物和瓜果蔬菜种植为主导产业。

旧地村位于沙水相依之地，西侧临近乌兰布和沙漠东缘，在防沙治沙示范工程开展前，沙尘暴发生频率高，飓风黄沙遮天蔽日，对周边村庄和相关农业工业生产造成了严重危害。东侧临近黄河，土地盐渍化较重，被称为“无希滩”，意思就是没有希望的地方。常年沙尘暴的风蚀让这里的土地愈发贫瘠，水土流失严重，耕种作物难以存活，恶劣的生态条件严重制约了村庄的经济发展。

改革开放伊始，磴口县重点围绕防沙治沙，推行生态环境建设，确立了创建黄河中上游生态建设第一县的目标，以乌兰布和沙漠防沙治沙示范工程为试点，开展造林绿化工作。磴口县几十年如一日坚持建设防风固沙林，统筹山水林田湖草沙系统治理，改善生态人居环境。2000年国家支持西部大开发后，该县进一步加快乌兰布和沙漠造林绿化步伐，在乌兰布和沙漠东缘建设起长140多公里、平均宽度500米的防风固沙林带，逐步走出一条“坚持沙区生态环境保护不动摇，生态效益与经济效益并重”的发展新路子。连片的绿洲为河套灌区农业生产安全提供了生态保障，旧地换新颜，“无希滩”变成了希望的田野。2019年，旧地村入选第二批“国家森林乡村”（图4–10）。

图4-10　旧地村防风固沙林平面布局

二、技术思路

以区域生态环境整体提升为核心，在沙漠边缘建设防风固沙林，形成防沙治沙固沙的生态屏障，保护耕地免受风沙侵袭，保障村庄生态安全，改善人居环境，促进经济发展。本思路适用于荒漠化问题显著、受风沙影响严重的乡村。

三、植物选择与配置

栽植抗旱性、抗风蚀性、耐沙埋能力好的树种，与自然植被相结合种植，形成防风固沙系统。通常自然植被约占60%，以沙蒿、白刺为主；人工植被占40%，为柽柳、花棒、梭梭、沙枣等。流动沙丘选用沙拐枣、梭梭、花棒和大籽蒿造林，在丘间地或有灌溉条件的沙地选用蒙古羊柴和沙枣。栽植过程中，多将苗木栽植在沙障正中位置，株行距2米×3米，一穴2株。

四、典型模式

（一）营建防风固沙林，提升村落整体人居环境

一是利用带状林地形成防风屏障。防风固沙林在旧地村和乌兰布和沙漠之间，呈南北向带状分布，村域内林带宽度约2公里，长度4公里，沿村庄边界

向村内和沙漠蔓延，在村子西北侧形成防沙屏障。二是设置沙障，有效固沙，为林木的生长创造条件。造林当年或前一年采取沙障固沙，沙障材料为尼龙网片或麦秸、芦苇等，沙障规格为1米 ×1米，尼龙沙障地上高度15～20厘米，入土5～10厘米，人工将30～40厘米长的细竹竿以1米 ×1米矩形排布插入沙土中，深度10厘米，将尼龙网片裁剪成宽20～30厘米的条带，用铁丝固定在竹竿上，形成网状沙障固定流沙，保护种苗。三是早期人工栽植，通常在每年春季采用机械与人工结合造林，将苗木栽植在沙障内部，后期依靠植被自生过程逐渐形成规模。春季机械与人工结合造林，将苗木栽植在沙障正中位置。造林后采取禁牧手段，苗木可逐步生长形成具有一定宽度和长度的防风固沙林带（图4-11～图4-13）。

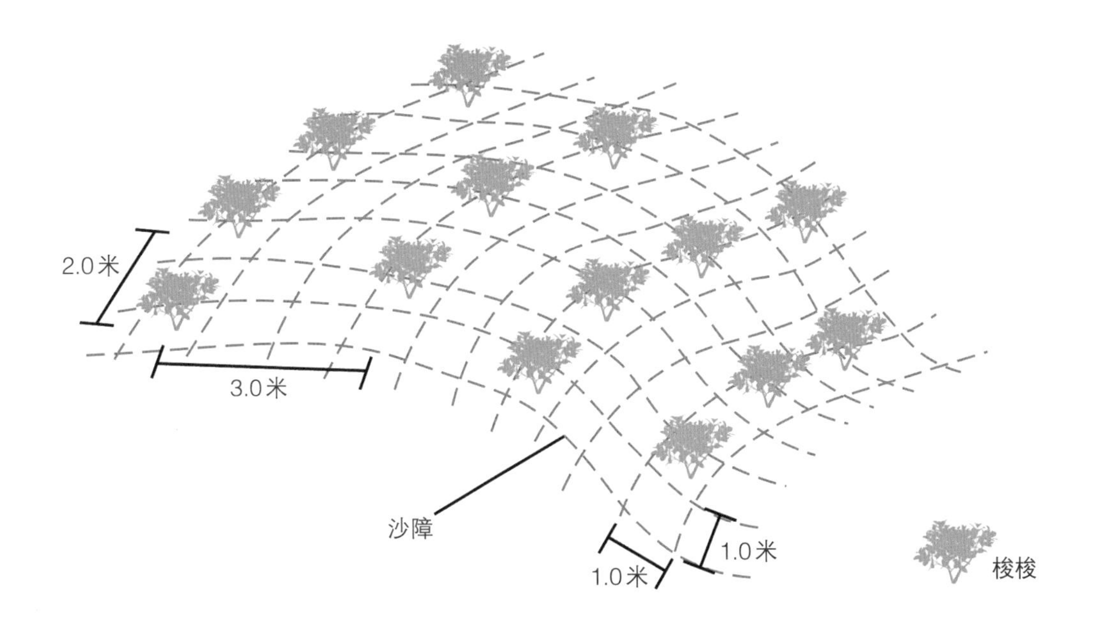

图4-11 乌兰布和沙漠固沙造林模式

图4-12 旧地村西侧防沙治沙实景

图4-13 旧地村委会旁小微绿地实景

五、成效评价

旧地村几十年来坚守治沙防沙前线，秉承宜林则林、宜草则草、宜灌则灌的原则，几代人长期建设防风固沙林。防风固沙林在旧地村、磴口县西面形成了一道“生态屏障”，庇护保护村庄和农田，减少风沙危害，改善人居生态环境，控制了沙漠向河套平原的蔓延和扩张。绿化成果不仅极大地改善了村民的生产生活条件，优化了农业和畜牧业的种植和生产环境，提高了作物产量。也保护了河套平原的铁路干线、乡镇，为河套地区村庄发展提供保障支撑。在这样的生态屏障保护下，村党支部结合疏浚南支沟、打造深井、修建循环渠，改造了中低产田，建成了盐碱地水稻项目。同时，旧地村通过生态搬迁、防风固沙生态项目等切实改善了居住环境，为村民提供一个宜居的美好家园。旧地村几代人坚持不懈以固沙治沙作为脱贫攻坚的根本，以防风固沙林建设为抓手，统筹山水林田湖草沙系统治理，最终给这个过去沙水相依的“无希滩”镶上了“绿边框”，推动了村庄脱贫致富、安居乐业的发展进程。

第四节 平原水乡

甘肃顾家善村

古树与繁花相映，流水与巷陌交织，
黄河水乡花村的人居生态景观

发展方向：乡村生态产业经济发展＋乡村生态文化保护与传承

一、基本情况

顾家善村位于甘肃省白银市水川镇中西部黄河之滨，村庄紧临黄河，并冲积形成“老龙滩”，土壤肥沃，水资源充足，林木覆盖率达70%。在黄河水的哺育下，顾家善村烟柳碧树、小桥流水，红花香草、白墙灰瓦，成为镶嵌在黄河岸边的“江南水乡”。

顾家善村先民于500多年前从江苏迁移而来，大家遵循“万事莫如为善乐，百花争比读书香”的古训，家家户户、房前屋后、墙里墙外，目之所及，繁花锦簇。顾家善村传承发扬自古以来的生态文化，结合花卉产业发展，树立了村庄特有的“花文化”品牌，营造独具特色的花园式农村景观，并因此得名“花村”的美誉。

近年来，白银区大力发展全域旅游，顾家善村作为白银市、区重点打造的精品美丽乡村之一，以“水乡花村”为特色，从一个普通的黄河沿岸小村，转变为美丽乡村建设的崭新名片，激活乡村旅游“一池春水”，开启乡村振兴“无限风光”。2019年入选第一批“国家森林乡村”，2021年入选第三批“全国乡村旅游重点村”（图4–14）。

图4–14　顾家善村平面布局

二、技术思路

充分发挥村庄的生态文化底蕴和独特的“花文化”特色，利用路旁绿地空地进行多层次、立体化的绿化美化。结合街巷、庭院中的古树名木、乡土大树保护，进行公共绿地和庭院绿化，生动展示村庄的生态文化底蕴。构建乡村生态风景廊道体系，结合黄河堤坝两侧的河流景观，营造功能性、景观性、地域性并存的临黄生态风景廊道。本思路适用于小气候良好、古树名木资源丰富，具有一定植物文化和生态文化特色的乡村。

三、植物选择与配置

村庄街巷中四旁绿化基础较好，保护了柳、槐等诸多古树、大树。以此为基础，栽种槐、苹果、桂花、梨等具有较高观赏与经济价值的树种。下层种植乡土灌木和多年生草本花卉，营造出大树参天、草木葱茏的村落环境。墙面通过搭建攀爬架等方式栽植色泽艳丽的藤本花卉、地锦和有一定高度的造型绿植，与高大古树相结合，形成乔灌草搭配的多层次绿化景观。公共绿地绿化方面，在面积较大的绿地中种植月季花、牡丹、芍药等，形成花卉主题园。庭院种植以牡丹、菊花等在本村有较长栽培历史的花卉为主，搭配藤本月季花、大丽花，以及葡萄等经济植物，形成花果飘香的庭院景观。此外，黄河岸边主要种植毛白杨，建设护岸林，保持河岸水土。堤顶路上列植侧柏，下层种植玉簪和各种地被植物，营造出“人在林中走”的植物景观，形成自然优美的临黄风景廊道。

四、典型模式

（一）利用街巷边角空间的立体化路旁、宅旁、水旁绿化

一是路旁利用花卉盆栽美化边角地，在主要巷道、广场等硬质铺装为主的空地上，摆放观赏价值高的时令花卉盆栽，或利用木质花箱种植宿根花卉，营造街巷花卉景观。二是宅旁利用悬挂花箱、乡土装饰开展墙面立体绿化，在居民宅院的外墙上，悬挂花箱、轮胎或乡土器具，种植乡土花卉，营造出“景在村中、村融景中”的花村氛围。三是沿引水渠边缘种植丛生或垂吊草本花卉，在引黄河水入村的水渠两侧，种植具有观赏价值的宿根草本花卉，沿水渠边缘下垂铺开，与路旁、宅旁绿化复合形成立体化、多层次的视觉效果，营造出“人在花中走”的路旁、水旁景观（图4–15）。

图4–15　顾家善村街巷立体绿化模式

（二）多功能复合的古树、大树保护

一是将古树、大树保护与公共绿地、文化节点营建结合，在绿地较集中的村委会场院或小游园中，以古树、大树作为主景，周边适当栽植乡土灌木花卉形成过渡带，以便控制人为干扰和影响，保护古树及其周边的环境。

二是将大树保护与路旁绿化结合，在道路两侧的狭长绿地、水渠两侧、古树周围点缀草花，营造出流水人家的特色街巷景观。或在大树旁摆放盆栽，与墙面绿化相结合，注重乔灌草植物多层次搭配，营造出更为多元立体的绿化景观。

三是利用分散街巷边角空间完善公共空间的功能，在大树周围设置桌椅设施和文化墙等小品，营造出富有村落历史文化感的街巷休憩空间和文化节点（图4–16）。

四是庭院或花园内古树、大树外围，搭配桌椅等休闲设施，营造特色庭院或花园。院落中的古树名木以柳和槐居多，大部分因户主喜好所种植，具有纳凉遮阴、美化庭院的作用。更为难能可贵的是顾家善村村民有喜植牡丹的传统，村内庭院中有大量珍贵的牡丹大树，开花时美艳动人，有极高的药用价值。花卉与果树的种植使得顾家善村处处洋溢着花果飘香的花园景象，将村子自古以来热爱花草自然、重视人居环境的底蕴充分融入乡村生态文化建设。

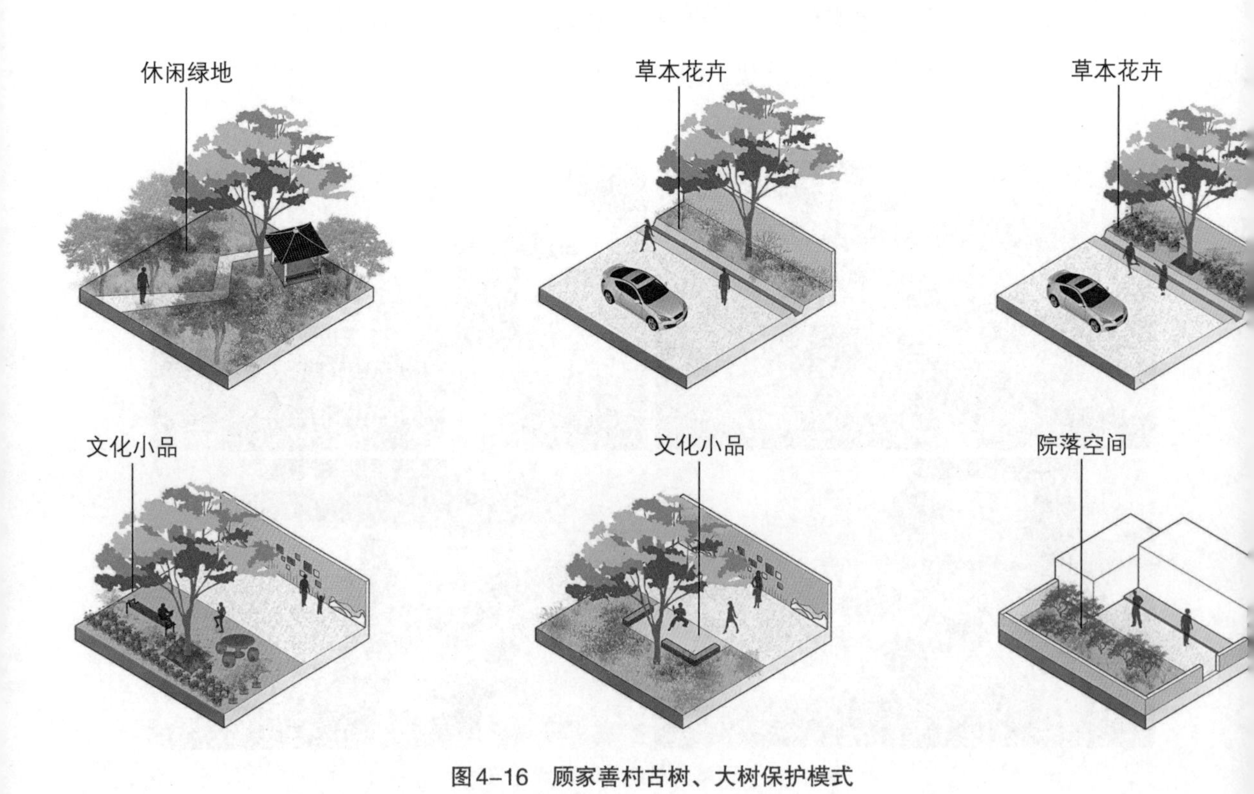

图4–16　顾家善村古树、大树保护模式

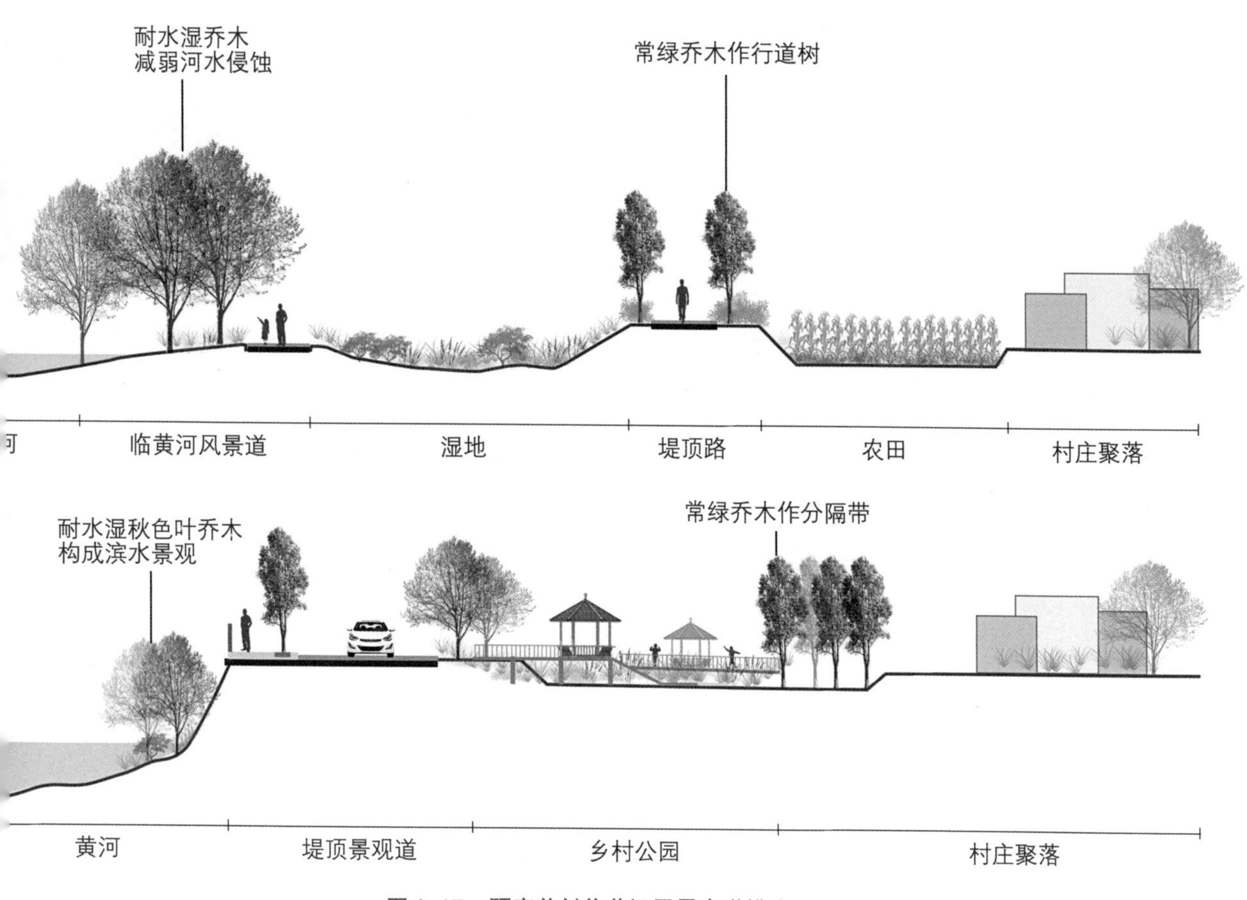

图4–17　顾家善村临黄河风景廊道模式

（三）功能与景观互融的河流景观廊道营造

沿黄河边建设河流景观廊道，串联黄河沿线村庄，提升廊道防护功能，营造地域景观特色。在大堤与堤内滩涂区域，种植耐水湿的高大乔木以减弱河水对堤岸的侵蚀，在提升防洪能力的同时，提升景观品质。大堤靠近树庄一侧以营建特色景观环境为主，打造连续的绿色带状空间，将农田、村庄、湿地、林地与各类小微绿地、景观设施连接起来，形成宜游宜赏宜停坐的临黄河风景廊道（图4–17）。

五、成效评价

顾家善村着力挖掘自身传统生态文化资源，积极保护传承古树、大树、花卉等植物文化，充分利用四旁空间开展乡村绿化美化，打造生态环境建设与乡村经济发展深度融合的临黄花村。村中不仅保护有200多棵百年树龄的古树，还传承着村民自古以来爱花养花、植绿护绿的美好习俗。以优秀民风习俗为源动力，顾家善村发展木槿、橡皮树等特色花卉产业，家家户户种植花卉林果，打造出美丽的乡村花园景象。此外，村庄依托黄河沿岸的风景资源和自身文化优势，建设成兼具功能性与观赏性、展现地域特色的临黄风景廊道。如今的顾家善村古树参天，百花争艳，“村在林中，院在树中，人在园中，园在花中”的自然生态景观吸引了大量游客前来游玩，进而扩大了花卉产业的知名度与影响力。顾家善村充分发扬村民“爱花种花”的民俗文化，结合绿化美化让优秀传统再次鲜活起来，带动乡风民风向善向美，实现了农村生态环境建设、人居环境改善、乡村经济发展“齐步走”的宜居宜业和美乡村新面貌。

甘肃上车村

黄河奇峡，古树融村，
黄河上游中国第一古梨园的生态文化保护复兴

发展方向：乡村生态文化保护与传承

一、基本情况

上车村位于甘肃省兰州市皋兰县什川镇，距离县城21公里，素有“中国第一古梨园”的美誉。村庄地处陇西黄土高原，三面临河、四周环山、气候湿润，林木覆盖率56%，保存有古梨树5000余棵。古梨树高大粗壮、枝繁叶茂，置身其中犹如“天然氧吧”，形成黄河奇峡、古树融村的特色景观（图4–18）。

什川地脉花最宜，梨花尤为上车奇。当地自明朝开始栽植梨树，世代以梨树为生，当地果农将种梨树称为种“高田”，意思是“高空中的田地”，作为黄河上游一种特殊的立体化农业模式，什川古梨园入选第一批“中国重要农业文化遗产”，并被国内外专家认为具有世界农业文化遗产价值。同时，随梨树种植发展起来的“天把式”梨园管护技艺已被列入省级非物质文化遗产名录。

全村以林果业为支柱产业，同时依托梨花旅游节、金秋采摘节，培育出了一条以梨花、梨园、生态游为主打品牌的乡村旅游经济产业链。先后获得“全国生态文化村”“全国乡村旅游重点村”等称号，2019年入选第一批“国家森林乡村”（图4–19）。

图4–18　上车村古梨树实景

图4–19　上车村空间布局

二、技术思路

保护修复干旱地区传统生态景观格局和绿洲农业，延续村庄独特的梨树种植技艺，发展林果业和庭院经济，实现古树名木保护与生态价值转化共赢。本思路适用于古树名木资源丰富，或林果、林木特色突出且种植规模较大的乡村。

三、植物选择与配置

古梨树构成了村庄植物风貌基底和骨架，在乡村绿化美化的植物选择和配置方面注重以古梨树形成的绿色骨架为底，搭配种植梨、苹果等其他春季开花果树，形成早春“千树万树梨花开”的花海景观。在林下边缘、庭院、路旁种植月季花、牡丹等观赏花卉，或油菜花等经济作物，既营造夏秋凉爽舒适的庭院环境，又达到植物景观层次、色彩、季相丰富的观赏效果。

四、典型模式

（一）“聚落＋绿洲”的传统农业景观与聚落生态环境协同保护修复

一是保护传统农业景观，与村庄相融相生。严格保护环村古梨树群和村内散点分布的古梨树，修复黄河沿岸的种植区域。保护村庄周围的山水生态基底，以及民居、街道与古梨园自然错落，灌渠、田道贯穿其中的田园风貌。目前，环村古梨树群仍然以发挥生产功能为主，盛产的软儿梨和冬果梨是村内的重要经济来源。

二是传承独特种植技术，展示生态文化底蕴。在保护古梨树农业景观的同时，沿用古梨园刮树皮、吊树、弹花儿、堆沙、抹泥防虫、煨烟防霜等一整套传统种植技艺，形成果树管护、水果生长、保存、贮藏等多个环节的技术体系，传播独特梨树种植文化，实现自然文化和非物质文化传承交融的村庄生产景观。

（二）多措并举的古树名木多元保护机制

一是建档立卡挂牌保护。为精准掌握古树位置和状态，2012年皋兰县启动一树一档、一树一卡机制，开展古梨树建档立卡、编号挂牌等保护工作。同时，也对古梨树进行信息采集，补充完善古梨树影像资料，建立古梨树电子信息管理平台。二是设立生态保护补偿资金。为了鼓励村民们自发保护古树，皋兰县设立了古梨树生态保护补偿基金，聘请村民担任管护人，制定“谁管护、谁负责”古梨树保护管理原则。三是完善古树名木管理制度。为保护上车村珍贵的古梨树资源，2017年皋兰县专门成立了古梨园保护中心，具体负责古梨园的保护管理工作。2018年古梨园保护中心与当地果农签订《什川古梨树保护协议》，古梨树管理逐渐步入专业化、规范化轨道。2019年甘肃省正式实施了《兰州市什川古梨树保护条例》，进一步加强对古梨树的法规保护。

（三）分类施策发挥古梨树和古梨树群生态文化价值

一是环村古梨树群集中展示生产生态文化。在保证梨树生长环境、保留原有梨园风貌的基础上，设置梨园小径，成为古梨园生产和生态文化的集中展示窗口。二是结合村内散生古梨树保护开展四旁绿化。宅旁、道路绿化多与分散的古梨树相结合。为古梨树保留足够生长空间的同时，在树下种植乡土地被植物等，院落或道路外缘种植当地果树，形成美丽宜居的聚落环境。三是结合古梨树发展庭院经济。在保证古梨树保护范围和周边生境条件完好的基础上，沿园内小路适当布置餐饮设施和休闲设施，发展梨园农家乐，使游客可以走进农家小院，感受人与古树共生共荣的地域风情（图4-20）。

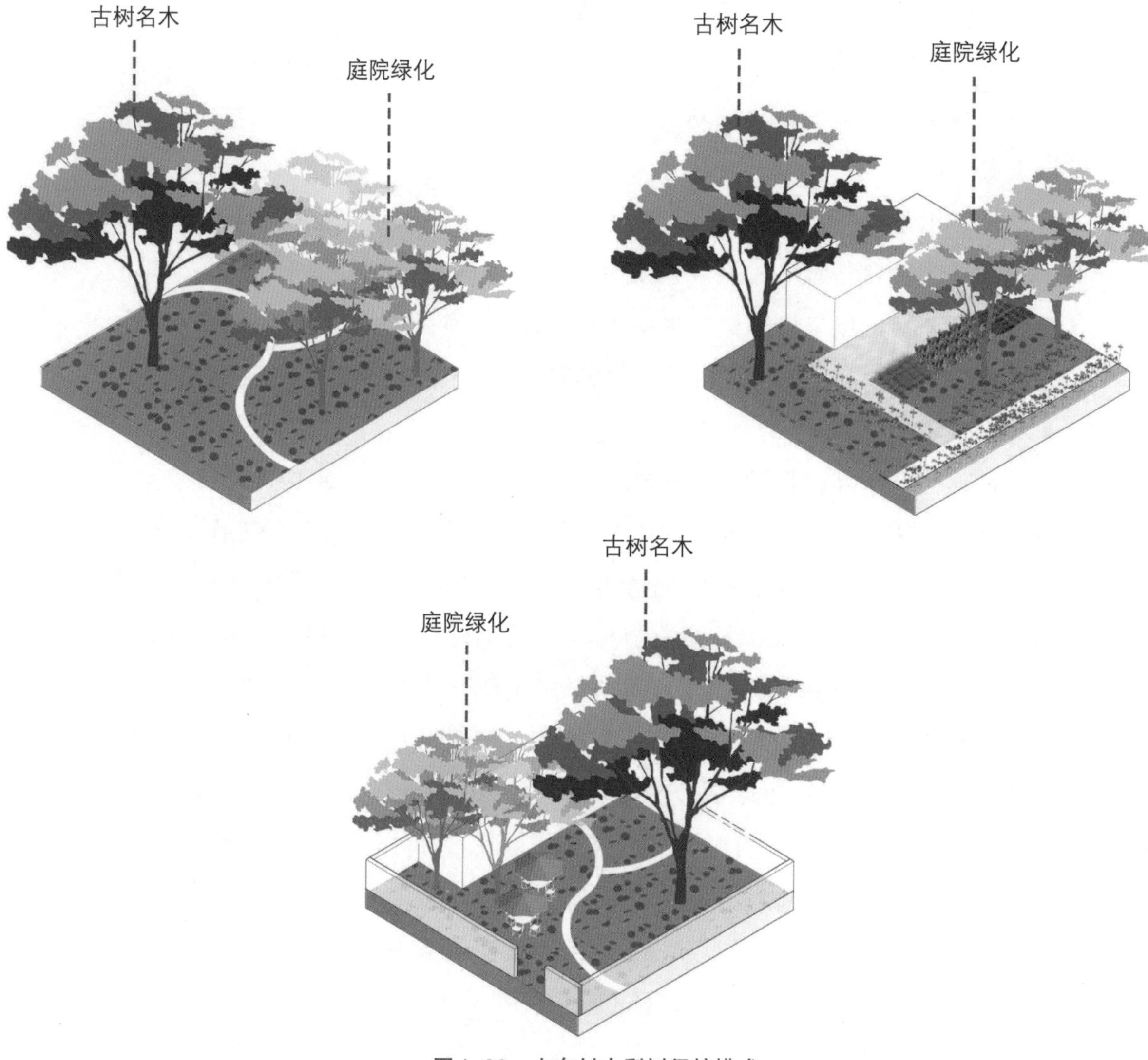

图4-20　上车村古梨树保护模式

五、成效评价

上车村将从明、清时期留存至今的万亩梨园作为村庄重要的农业文化遗产，长期坚持保护环村古梨树群，以及宅前院后、村边路边散生的古梨树，彰显传承古梨树的生态、经济和文化价值。在保护古树资源的同时，以村庄生态文化保护传承激发千年古梨村的新发展潜能，推动传统农耕向生态经济转型，不断探索乡村生态文化转化传承的宜居宜业和美乡村发展路径。

第五节 城郊结合

内蒙古富强村

塞上江南，增蓝添绿，
湿地保育、生态经济与绿色人居的协同发展

发展方向：乡村自然生态保护修复+乡村生态产业经济发展+聚落人居环境整治提升

一、基本情况

富强村位于内蒙古自治区巴彦淖尔市临河区狼山镇，地处“塞上江南”内蒙古河套平原，海拔约1000米，冬季寒冷，夏季炎热。共辖7个村民小组，以汉族为主，蒙、回、满等少数民族也聚居于此。

富强村位于巴彦淖尔市北郊，距临河城区仅12公里，附近有京藏高速公路穿过，具备一定的交通区位优势。富强村水系较为丰富，以镜湖和永济渠为主。其中，村内镜湖湖泊面积有353公顷，位于村庄东北侧，邻近G6、G7国道，通过环湖公路与村庄相连。永济渠引自黄河，自富强村东侧流入，为村庄产业发展提供了充足的水源保障。

在内蒙古自治区扎实推进新农村、新牧区建设和临河区建设美丽乡村的背景下，富强村一方面于2015年开始推进村庄内部亮化美化建设，包括民居改修、乡村绿化、产业升级等，另一方面充分利用干旱地区尤为珍贵的湿地资源、河套地区特色的地域文化和丰富的农业资源，大力发展乡村旅游和设施农业。富强村先后入选“十大最美乡村”“全国文明村镇”“中国乡村旅游模范村”和第二批“国家森林乡村”。

二、技术思路

充分依托河套平原湿地资源和旱区水乡的生态优势，进行湿地保育。利用独特的区位和立地优势，发展绿色惠民产业，融合民俗文化发展庭院经济，拓展特色农家乐体验和乡村生态旅游。村内小微绿地、四旁绿化相结合，形成全域发展、内外结合、点面互动的宜居环境保护营造路径。本思路适用于城市近郊具有一定资源特色的乡村。

三、植物选择与配置

湿地植物配置烘托自然野趣，水域一侧保护自生植物、搭配观赏植物，由芦苇、紫穗槐等植物组成形成“水生草本—耐水湿灌木—小乔木”的复合林带。另一侧进行园林化种植，形成“观赏花卉—花灌木—乔木”的种植结构，主要配置模式为“圆柏—槐—山桃+金叶榆—沙地柏+八宝景天+黑麦草”等（图4-21）。

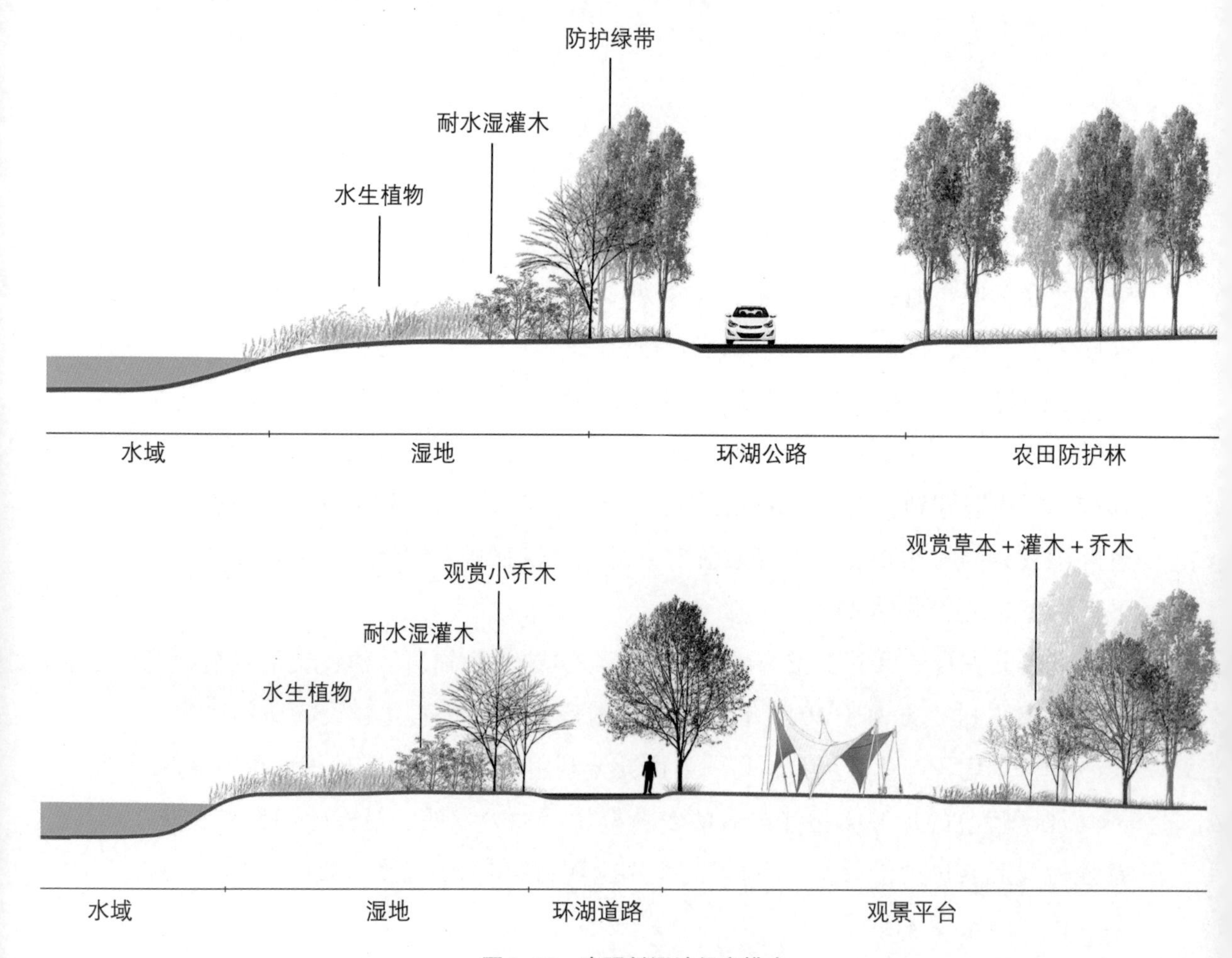

图4-21　富强村湿地保育模式

在农家乐庭院植物配置中，采用经济作物与园林观赏植物结合的方式，如低矮草本、藤本植物和果树，点缀开敞的庭院空间。常用的藤本植物为地锦、葡萄、豆角等，草本植物包括园林观赏花卉和蔬菜，如鸡冠花、千日红、矮牵牛、芫荽、白菜等，适当点植观赏果树，如枣、石榴。

小微绿地植物配置采用耐干旱、易成活的乡土树种，运用常绿植物点缀冬季环境，营造美丽宜居的村庄氛围。主要配置模式为“圆柏+槐—旱柳—榆叶梅+金叶女贞—波斯菊”。

四、典型模式

（一）保育修复湿地湖泊，系统治理区域生态环境

发挥干旱地区独特湿地资源的优势，保育修复湿地资源。一是建立“湖长制”，推进镜湖湿地保育与修复。镜湖是在天然湖的基础上后经人工修复形成，原本利用降水补水、灌溉退水，现在利用黄河水补水，水体水质明显提升。在镜湖湿地保护区，以保护和改善镜湖生态环境为主要目标，建立镜湖区、农场、分场三级“湖长制”。湖长负责组织镜湖的管理保护工作，牵头推进镜湖突出问题整治、水污染综合防治、湖泊巡查保洁、生态修复、保护管理，保证水环境质量改善、水生态系统功能健全、水事活动依法有序，实现镜湖水清、岸绿、景美。二是保护自生植被的同时营造良好湿地景观。镜湖周边设立环湖公路，环湖公路与水域之间设置一定宽度的防护林带。水域一侧以湖泊、湿地保育修复为主，保护湿生、水生植物，营造水源涵养林。另外一侧在防护林的基础上考虑景观效果，配植具有观赏性的乔灌木，并提供游憩观赏的场地。三是利用乡村风景资源开展游憩活动。利用现有的自然条件资源，适度开发水上闯关、水上滑板、水上飞人等对镜湖污染、破坏少的水上活动。在湖边建设自行车绿道、观景平台，提供相应的休闲活动场地。

（二）集约利用庭院空间，发展多类型庭院经济

一是内院农家乐型。两侧房屋之间的内院空间种植观赏效果好的果蔬，或结合廊架进行立体绿化，为发展露天餐饮营造精致美好的小环境。二是前院观赏经济型。房屋前的前院空间、边角地布置小型种植池，种植观赏价值高的蔬菜或花卉，营造农家乐露天环境。三是后院经济种养型。在房屋后的后院空间，种植绿色蔬菜结合家禽养殖，为餐饮农家乐提供绿色新鲜食材。四是前院农家乐后院经济种养型。包括屋前、屋后两个院落，前院空间布置小菜园，种植观

赏价值高的瓜果蔬菜，后院空间种养结合，提供农家乐的绿色食材。五是院外公共空间+前院农家乐+后院经济种养型。此类型多位于村口等重要公共空间，将庭院与公共空间结合使用。前院空间结合院外公共空间，共同提供农家乐的露天餐饮环境；后院空间种养结合，提供农家乐所需食材（图4–22）。

（三）营造乡村公园与小微绿地，实现多尺度增绿

充分利用村域内多种绿地空间，营造多功能、多类型小微绿地，丰富居民生活，为游客提供生态游憩、民俗体验的场地。一是村内集中公共绿地。将村内较为集中的公共绿地，作为村民日常游憩、文化娱乐、人际交往的活动场所，塑造丰富的地形，并顺应地形种植小灌木，沿边界设置座椅、石凳、木质凉亭等休息设施。二是四旁边角绿地。在道路转角或宅基地之间的空地，以草地为基底，点缀灌木、常绿乔木和落叶乔木，进行精细化种植，适当植入休憩设施，形成转角花园、口袋公园，提供村民就近游憩交往的绿色空间。三是村旁乡村游园。在村庄外围、主入口附近，以村子周边草地、林地和荒地为基础进行改造，利用村边原有的乔木林下，设置小路、木质凉亭，形成可进入的、安静的林中空间，营造乡村朴野的自然气息。四是村口休闲广场绿地。利用村委会、农家乐前及停车场等硬质铺装空间，种植乡土灌木划分并柔化场地硬质边界，场地内部搭配彩叶灌木和乔木种植，结合廊架设置遮阴休憩空间。在旅游旺季，可与周边农家乐结合，提供露天餐饮环境（图4–23）。

五、成效评价

富强村发挥区位和资源优势，进行核心湿地保育与修复，打造干旱地区的

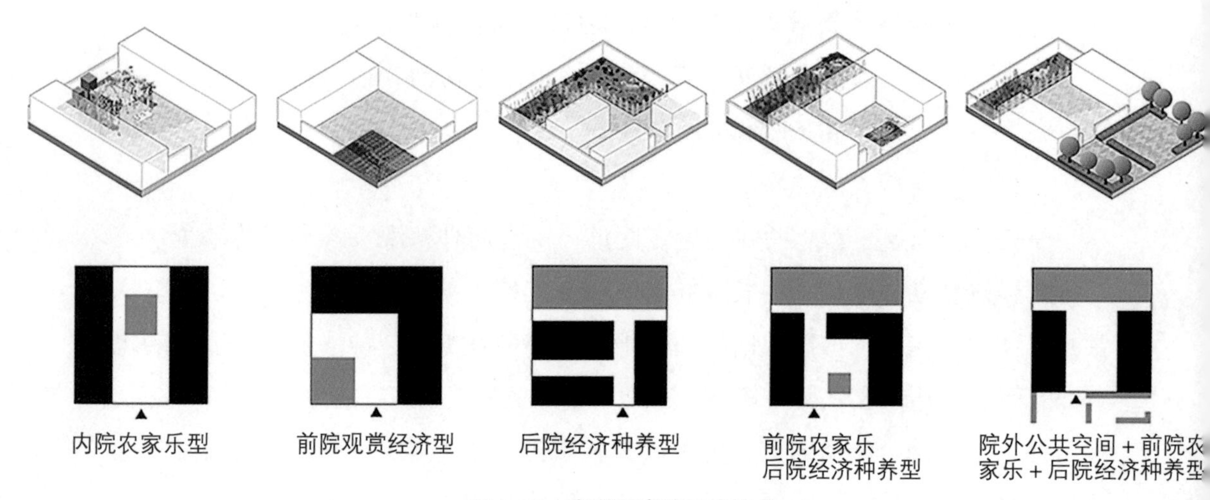

图4–22　富强村庭院经济模式

图4-23　富强村乡村公园与小微绿地模式

特色水乡，形成村域生态景观。富强村优美的湿地风光以及农家乐、采摘园、民俗活动等民俗旅游产业，形成了生态和文化特色，在保护珍贵湿地资源、传承河套地区农耕文化的同时，推动了乡村经济多元化发展。聚落内整洁美丽，为村民居住、农家乐旅游提供了美好的环境基底。自2015年起，富强村实施村庄绿化，建设文化大院、文化广场、游园、骑行驿站等，并在村内营造一系列舒适美丽的小游园，如今以村容村貌“绿、净、亮、美”而远近闻名。美丽的环境带催生了城市近郊生态旅游发展，也带动了农村经济的发展，村民通过乡村旅游、特色餐饮人均年收入增加上万元，很多人依靠旅游发展脱贫致富，实现了生态产业发展红利的共赢共享。

内蒙古万丰村

乡土植物，地域风貌，城市近郊的河套原乡风景营造

发展方向：聚落人居环境整治提升

一、基本情况

万丰村位于内蒙古自治区巴彦淖尔市临河新区城关镇，海拔约1040米，全村辖16个村民小组，冬寒夏热、四季分明。村庄地处黄河河套灌区，降水量少，蒸发量大，主要依靠引水灌溉发展农业。同时，万丰村位于城区南郊，紧邻市区，北侧为黄河湿地生态公园，毗邻黄河河套文化旅游区，该旅游区是展现黄河文化、草原文化、河套文化的旅游观光休闲度假基地，水利和农耕文化底蕴极为深厚，因此万丰村具有较为突出的区位优势和丰富的旅游文化资源。

村庄结合村民小组的土地征迁，进行村容村貌整治，在保持村庄总体格局不变的情况下，融入河套文化元素，突出地域特色和文化特色。2019年，万丰村入选第二批“国家森林乡村”。

二、技术思路

以道路景观提升为载体，依托现有资源优势，展现河套文化和乡土生态特色，利用乡土花草丰富道路绿化景观，打造与湿地公园呼应的景观廊道，进行生态、文化展示，塑造地域特色的门户景观。本思路适用于地处城郊并且周边景观文化资源丰富的乡村。

三、植物选择与配置

道路两侧以新疆杨为行道树，搭配种植榆叶梅、紫丁香、玫瑰等灌木和苜蓿、马蔺、波斯菊等乡土花草地被，展现具有地域性特色的乡村生态风貌。

四、典型模式

生态功能复合的路旁绿化与道路景观提升

依功能形成多种类型的道路景观。一是村庄内部道路形成植物景观视觉通廊，连接村庄主入口和村内公共活动空间，注重观赏、游憩和生态功能。在道路两侧生长着笔直高大的新疆杨，塑造了强烈的竖向界面和景观进深，形成具有地域特色的视觉通廊。二是村庄外围道路种植乡土花草地被，设置较宽的绿化带，注重生态防护功能，丰富村内绿量。三是路旁设置雨水花园，树下采用叠石、铺设沙砾的方式塑造了弹性的雨水收集空间，形成良好生态景观的同时起到蓄水作用，提升生态韧性功能；另外一侧搭配种植灌木，提供步行、停坐空间（图4-24～图4-26）。

图4-24　万丰村村口和路旁绿化模式

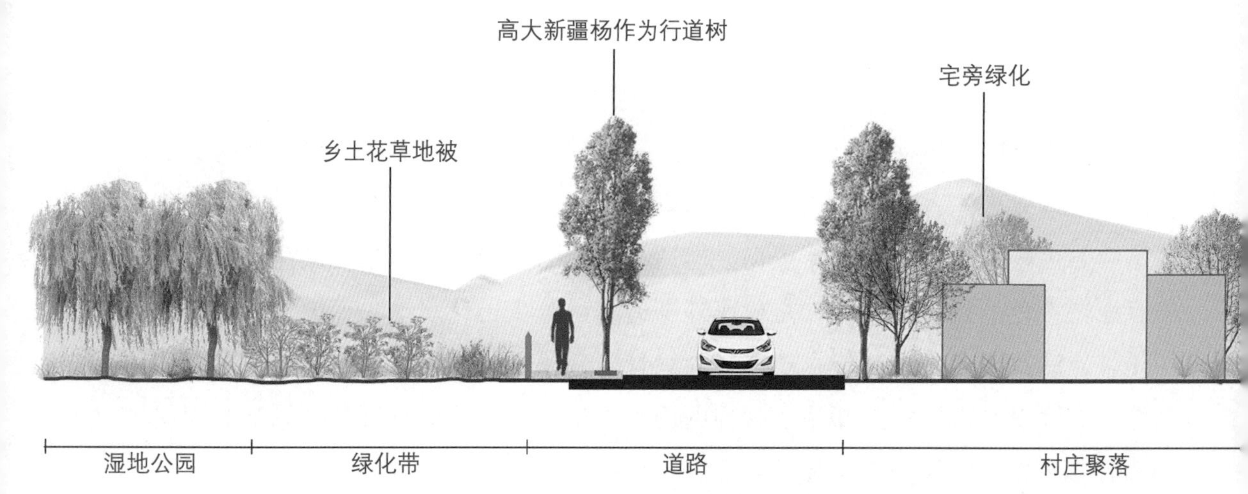

图4-25　万丰村道路绿化模式

图4-26　万丰村环村道路绿化模式

五、成效评价

万丰村将河套文化元素融入到村庄改造的细节之中，结合村内原有高大杨树完善了村内道路绿化美化，塑造具有乡土文化特色的地域景观风貌。不仅为居民生活空间树立一道绿色天然屏障，抵挡风沙扬尘、降低噪音，营造美丽宜居的聚落环境。同时，绿化美化主要道路，连通村庄与村庄北侧的黄河湿地生态公园，提高了居民生活环境质量和村容村貌。

第六节 总体特征

我国温带干旱和半干旱地区日照强，云量少，光热条件良好，但多风沙，水分不足，因此发挥植被抵挡风沙、保护农田和人居环境的生态防护功能，对于此地区尤为重要。温带干旱和半干旱地区的乡村绿化美化主要有以下发展趋势。

一是以防风固沙林构建、湿地与廊道的生态修复为主导的生态保护与修复，主要包含防风固沙林、湿地保育、荒山生态修复、河流景观廊道等模式。注重村庄全域的生态保护和修复，培育防风固沙的环村林体系。在满足生态防护需求的基础上，依托防护林带和灌溉渠系林网，搭配种植经济果树、园林树种、草本花卉等，提高环村生态景观风貌，营造良好的生产生活环境。

二是以农村旅游和经济林果为主导的乡村生态产业经济发展，主要包含乡村旅游、庭院经济等模式。充分整合和利用当地的特色产业资源，结合乡村绿化美化发展庭院经济、林果采摘、花木生产、生态旅游等绿色产业，同时优化提升村庄风貌。

三是以聚落景观和人文环境为主导的乡村生态文化保护与复兴，主要包含传统农业景观生态保护修复和古树名木保护模式。注重保护古树名木、农业遗产、地貌景观等多样的自然人文资源，延续农业肌理、古树品种、耕种技艺、民俗文化等生态文化，结合绿化美化，丰富村内文化活动空间，促进乡村文化的传承和展示。

四是以四旁绿化和庭院绿化为主导的乡村人居环境整治提升，主要包含宅旁绿化、路旁绿化、水旁绿化和乡村公园与小微绿地等模式。充分利用村庄聚落及其周边的边角空间和各企事业单位场院开展绿化美化，种植易管护的乡土植物，展现本地植物景观特色，满足居民日常游憩活动需求。同时，将庭院绿化与庭院经济结合，种植果蔬、花木，发展庭院种养、农家乐、光伏发电等适应于当地特色和村民生活习惯的庭院经济形式，促进生态宜居与生活富足的协调共荣。

第五章

亚热带湿润地区乡村绿化美化模式范例

第一节 区域概述

一、区域范围

亚热带湿润地区包括北亚热带湿润地区、中亚热带湿润地区、南亚热带湿润地区3个气候区。位于我国东南部地区，北至秦岭—淮河，南至雷州半岛与云南南缘地区，西至台湾岛中北部。其中，北界是我国南方和北方的地理界线，东面为东海海域。陆地范围约为北纬21°（广东阳江）至33°（陕西汉中），东经100°（四川阿坝州）至121°（台湾宜兰）。行政区域包括上海、浙江、江苏东南部、安徽南部、陕西南部、河南南部、甘肃南部、重庆、湖北、湖南、江西、贵州、福建、广东、广西、云南中北部、四川东南部、西藏东南部、香港、澳门、台湾北部。

二、功能区划

（一）长江重点生态区、南方丘陵山地、海岸带

根据《全国重要生态系统保护和修复重大工程总体规划（2021—2035年）》，亚热带湿润地区包括长江重点生态区、南方丘陵山地带、海岸带。本地区是我国经济最发达、对外开放程度最高、人口最密集的区域，是推动长江经济带发展战略和川滇生态屏障所在区域，实施海洋强国战略的主要区域，具有世界同纬度带上面积最大、保存最完整的中亚热带森林生态系统，是我国南方的重要生态安全屏障，也是我国重要的动植物种质基因库。包含川滇森林及生物多样性生态功能区、桂黔滇喀斯特石漠化防治生态功能区、秦巴山区生物多样性生态功能区、三峡库区水土保持生态功能区、武陵山区生物多样性与水土保持生态功能区、大别山水土保持生态功能区、南岭山地森林及生物多样性生态功能区、海南岛中部山区热带雨林生态功能区等国家重点生态功能区，包括长江上中游岩溶地区石漠化综合治理、三峡库区生态综合治理、洞庭湖和鄱阳湖等河

湖湿地保护和恢复、武陵山区生物多样性保护、南岭山地森林及生物多样性保护、武夷山森林和生物多样性保护、湘桂岩溶地区石漠化综合治理、北部湾滨海湿地生态系统保护和修复等生态系统保护和修复重点工程。

（二）长江流域主产区、华南主产区

根据《全国主体功能区规划》提出的“七区二十三带”农业发展战略格局规划，亚热带湿润地区的大部分区域属于长江流域主产区和华南主产区，是我国粮食、茶叶、桑蚕、果品的主要产区。建设以双季稻为主的优质水稻产业带，以优质弱筋和中筋小麦为主的优质专用小麦产业带，优质棉花产业带，“双低”优质油菜产业带，以生猪、家禽为主的畜产品产业带，以淡水鱼类、河蟹为主的水产品产业带，以优质高档籼稻为主的优质水稻产业带，甘蔗产业带，以对虾、罗非鱼、鳗鲡为主的水产品产业带。

三、资源概况

（一）气候条件

北亚热带湿润地区热量条件较优，水热同季，四季分明，年降水量大多在600～1600毫米，但降水量季节分配不均，其中70%以上的降水集中在4～9月。年均气温为12～17℃，最冷月平均气温0℃以上，最热月平均气温约27℃。

中亚热带湿润地区气候温暖湿润，年降水量在1000～1600毫米，年均气温多在15～20℃，1月平均气温5℃，除云贵高原和山地区域外，7月平均气温达28℃，绝对高温常超过40℃。

南亚热带湿润地区气温高、湿度大、降水多，四季无冬，但有低温天气。年平均降水量约为1600毫米，一般在1200～2200毫米，区内不少地方的年降水量超过2500毫米，降水强度大。年均气温多在16～22℃，1月气温为9～14℃，7月气温为21～28℃。

（二）地形地貌

北亚热带湿润地区位于中国秦岭—淮河以南，大巴山和长江中下游平原南缘以北，主要包括秦巴山地、淮阳山地、汉江谷底、南阳盆地、长江中下游平原、江淮平原等，平原、丘陵、山地各占1/3左右。区域内水系发达，河流湖泊密布，径流较丰富，是中国淡水资源的宝库，有长江中下游及支流、淮河及支流等主要河流，太湖、洞庭湖、巢湖、洪泽湖等湖泊位列中国五大淡水湖。

中亚热带湿润地区东临东海，西接青藏高原，延伸至喜马拉雅山南麓，主要包括江南丘陵、四川盆地、云贵高原、粤桂北部和浙闽沿海山地丘陵等。以山地、丘陵、盆地地貌为主，发育有丹霞地貌、岩溶地貌、花岗岩低山等。区域内河网密集，多属长江水系，有岷江、沱江、嘉陵江、乌江、澜沧江、怒江、闽江、九龙江等，水量和径流丰富，汛期较长。有中国第一大淡水湖鄱阳湖，以及滇池、洱海等云贵高原湖泊。

南亚热带湿润地区北起南岭和武夷山，南至雷州半岛北缘，临南海，区域内中低山、丘陵、河谷、盆地相间，有台湾中北部山地平原、粤桂低山平原等，珠江、南流江、钦江等河流沿海入海处形成冲积三角洲平原。此外，岩溶地貌风景如画，火山和温泉分布较为密集。

（三）土壤资源

北亚热带湿润地区的典型土壤类型为黄棕壤和黄褐土，山地土壤具有明显的垂直分异特征，有黄棕壤、棕壤、草甸土等类型。此外，受成土母质、地下水和人为耕作的影响，形成了水稻土、沼泽土、潮土等多种非地带性土壤。

中亚热带湿润地区的地带性土壤是红壤和黄壤，500～900米以下的低山、丘陵多属红壤，黄壤大多见于较高山地，中国水稻土也在本地区集中分布。由于区域内土壤抗蚀力弱，降水强度大，容易导致水土流失和土壤资源退化。

南亚热带湿润地区的地带性土壤为赤红壤、砖红壤等，有机质含量高。

（四）动植物资源

北亚热带湿润地区的地带性植被为常绿落叶阔叶林，以落叶阔叶树为主，杂生常绿阔叶树，是落叶阔叶林和常绿阔叶林的过渡类型。主要树种有壳斗科、樟科、桦木科、槭树科、山茶科、冬青科、杜鹃科、山茱萸科等。经济林包括毛竹、油茶、油桐、柑橘等，板栗、柿、桃、梨等温带果树也能栽培。

中亚热带湿润地区的地带性植被为常绿阔叶林，但由于本地区人类活动历史久、影响大，原始植被保存甚少，现多以马尾松、杉木、竹类为主的人工林或次生林较为常见。居民点附近、河湖沿岸常见枫杨、垂柳、小叶杨、合欢、桑、楝等阔叶乔木林。

南亚热带湿润地区以常绿阔叶林为主，上层树种繁多，优势树种以栲属、楮属为多，中层优势树种以樟科为主，下层灌丛生长甚密且种类繁多，如桃金娘、石斑木、栀子、蕨类等，各层间藤本植物和附生植物十分常见。

亚热带湿润地区整体野生动物种类丰富，是中国生物多样性的重要组成部分，有大熊猫、金丝猴、朱鹮、扬子鳄、中华鲟等世界著名的保护动物。在南亚热带湿润地区也有长臂猿、懒猴、花白竹鼠、孔雀、太阳鸟等热带代表性动物，以及分布于北方和华中的多种雁、鸭类、云雀、河麂、藏酋猴等。

（五）人文资源

亚热带湿润地区覆盖面积广，少数民族众多，有吴越文化、海派文化、八闽文化、岭南文化、巴蜀文化、黔贵文化、滇云文化等多种多样的文化形态。区内保留了较多的传统村落古建筑、古文化遗址、革命纪念地、少数民俗风情和特产风味佳肴等人文资源。其聚落形式和居住环境也大不相同，有江南水乡民居、徽派民居、川西石屋、福建土楼、贵州吊脚楼等各种形式。同时，也保留了风水林、风水树等独具特色的村落生态文化。区域内保留有武当山、庐山、青城山、三清山、梵净山、峨眉山、武夷山、黄山等名山名岳，丹霞、喀斯特等特殊地貌，也有西递宏村、福建土楼、开平碉楼、丽江古城、哈尼梯田等传统聚落和文化景观。既有江南水乡的青砖黛瓦、云贵高原的少数民族村寨，又有客家土楼围屋的古朴风韵，融入我国南方的河谷山川、山林湖畔，展现着多样化的自然人文景观。

（六）产业资源

亚热带湿润地区优越的自然条件为双季稻、药用植物、油料植物等多样农业、林果业的发展提供条件，是中国的主要粮食、茶叶与蚕桑的重要生产基地，农业主要以旱作与水稻为主。经济林包括多种树种、竹类和果品植物等，有柑橘、甜橙、柠檬、荔枝、龙眼、杧果、凤梨、香蕉等多种水果，果树品质优越，产量与质量优良。也有樟、楠、楮、杉木、毛竹等优良的用材植物，油桐、乌桕、油茶等木本油料植物，杜仲、厚朴等贵重药材。此外，茶、木薯、甘蔗、玉米等经济作物种植分布广泛。区域内丰富的自然景观、人文景观、地貌和植被条件，成为重要的陆地自然旅游资源，森林风光、火山地貌、名山胜景、民俗风情成为乡村生态和文化旅游发展的内驱动力。

第二节 《 山区林区

福建常口村

青山绿水就是无价之宝，
以山水为门户，以生态为基底

发展方向：乡村自然生态保护修复+聚落人居环境整治提升

一、基本情况

常口村位于福建省三明市将乐县高唐镇，紧邻闽江支流金溪河畔，地处武夷山脉东南麓，与省道204线毗邻，距将乐县城15公里，东临顺昌，西接泰宁，南连明溪，北毗邵武。全村森林覆盖率超过90%，依山傍水，碧波如镜，倒映着青翠的河山（图5–1）。

1997年4月，时任福建省委副书记的习近平来到常口村调研，在村民家中和大家一起喝擂茶、拉家常，凝望着村对面的青山说道："青山绿水是无价之宝，山区要画好'山水画'，做好山水田文章。"20余年来，常口村牢记总书记的殷切嘱托，不断践行生态文明事业，坚定画好"山水画"的决心。

然而，如画的青山绿水也曾经面临过消失殆尽的危机。2003年，一家木筷厂提出以20万元收购村里的天然林，对于当时的村庄发展是一笔可观的收入，有了这笔钱可以解决村里很多问题。"不能赚了一时的钱，毁了子孙后代的山"，村委会带领村民反复讨论后，还是决定咬牙拒绝，保住了2000多亩青山茂林，为子孙后代留下了村庄生态优先、绿色发展的根基。

如今，常口村将守护住的山水画卷视为珍宝，以金溪为主脉（图5–2），以水系与路网为骨架，统筹山水林田湖各要素。同时，依托良好的生态环境，发

图5-1　常口村鸟瞰

图5-2　常口村金溪风景林

展出脐橙、芙蓉李、烟叶等特色农林作物种植，云衢山漂流等乡村旅游产业。常口村先后获得“全国文明村”“全国乡村治理示范村”“省级园林式村庄”和“省级生态村”等荣誉称号，2019年入选第一批“国家森林乡村”（图5-3）。

二、技术思路

以“绿水青山就是金山银山”的文化内涵展示为核心，打造蓝绿交织的门户景观、生态品质优异的滨水景观和丰富多样的庭院景观。本思路适用于生态本底保护良好、植被丰富、山清水秀的乡村。

三、植物选择与配置

常口村在当地主管部门的支撑下，委托国内规划设计机构完成了森林康养规划。规划基于五感体验构建了以乡土植物群落为特色的生态康养型植物景观体系。如使用红千层、鸡冠刺桐、锦绣杜鹃、夹竹桃、龙船花、叶子花、鹅掌柴、常春藤、假连翘、鸳鸯茉莉、剑麻、水鬼蕉、南天竹等，打造色彩丰富的植物群落；使用虎尾兰、芦荟、银叶菊等，打造触觉植物群落；使用火龙果、金橘（学名：金柑）等，打造味觉植物群落。

图5-3　常口村平面布局

四、典型模式

（一）以风景林保育活态展示“两山论”思想理念

一是严格保护村口面对的风景林和金溪山水画卷，生动展示绿水青山是无价之宝的生态理念。二是对村口的村规古碑进行保护修复，牢记并传承总书记来考察时的殷切嘱托，树立新时代的“村规碑”，通过72字的村规民约提升居民凝聚力和生态认同感，引领和谐家庭、保护生态等社会新风尚。三是利用休息廊架与植物景观营造了丰富的空间体验，建设村民活动广场，打造蓝绿交织的村口休闲空间，提供舒适宜人的门户滨水环境。

（二）以高品质生态建设为目标的河流景观廊道营建

常口村以提升滨水生态韧性为目标，构建金溪弹性生态景观带，展示该地区作为“两山论”孕育地的高品质生态环境（图5-4～图5-6）。具体建设内容一是构建生态友好型的滨河弹性湿地，采用复合多层驳岸设计，河流两岸保留自然生态空间，种植水生植物，设置生态岛，为水生动物、两栖动物、禽类栖息生境营建和动植物迁徙授粉提供适宜环境。二是践行从乡土中来，服务于乡土的环保绿色理念，构建乡村滨水景观带，使用乡土植物和乡土建造材料，构建了滨水景观带的乡村景观本底。三是注重风景林保护，形成自然景观的视觉焦点和绿色背景。四是构建沿河流的多功能复合慢行廊道空间，依托贯穿常口村前的金溪滨水景观带，完善慢行空间，增设多类功能节点，丰富欣赏绿水青山的慢行体验。

图5-4　常口村生态景观结构

（三）以丰富居民活动为目标的单位场院景观塑造

常口村内已建设、改造完成了类型丰富的公共休闲空间，逐步实施公共空间的景观提升，优化了配套公共服务设施等，包括绿地、菜圃、广场、健身场地。同时，还建设完成了篮球场、皮划艇训练基地等健身娱乐场所（图5-7）。

五、成效评价

青山绿水是无价之宝。常口村以“青山—绿水—人居”绿化美化为特色，通过保护保育绿水青山这一“两山论”活态文化符号，营造滨水弹性生态景观带，丰富村内外公共空间和康养游憩功能，践行绿色发展理念，打造生活幸福的绿色家园。常口村牢记嘱托，饮水思源，立足山、水、田的资源优势，坚持走绿色发展道路，守住绿水青山，写好山水文章，画好和美画卷，村集体经济收入和农民人均可支配收入大幅提高，将“生态饭碗”越端越稳。

图5-5　常口村河流景观廊道模式

图5-6　常口村金溪生态景观廊道

图5-7　常口村街角宅旁小菜园

四川宝山村

集体致富，全面小康，
西部第一村的生态价值培育与普惠共享

发展方向：乡村自然生态保护修复+乡村生态产业经济发展

一、基本情况

宝山村位于成都平原西北部彭州市龙门山脉中段山区，海拔1000～4200米。由于地处青藏高原与四川盆地的自然分界线东麓，龙门山脉形成的巨大天然屏障，使东南暖湿气流随地势爬高凝结成雨，造就了宝山村雨量充沛、四季分明的气候条件和丰富多样的动植物资源。村庄森林覆盖率达到90%，毗邻四川龙溪—虹口国家级自然保护区，该保护区的主要保护对象有大熊猫、川金丝猴、珙桐等珍稀濒危野生动植物及其森林生态系统。

然而20世纪70年代前，“山上光秃秃，水土常流失，石头滚滚落，日子提心过”是宝山村的真实写照。在村党委的带领下，宝山村人改土造田，并把植树造林作为改善生态环境和发展林业经济的一项重大举措，确定“山顶林戴帽，二环果缠腰，平地建粮仓”的发展格局，组织村民对高山和浅山地区进行长达数十年的绿化造林活动。40多年来，宝山村人团结一致、锲而不舍，已培育形成了万亩山林的生态本底，同时通过坚定不移地发展集体经济、走共同富裕道路，成功推动村庄从早期粗放式的“资源内耗”工业发展向“以工促旅”全域绿色发展转型。

目前，宝山村已形成了集“水电开发、矿山开采、林产品加工、旅游开发”等为一体的产业发展格局。将乡村绿化美化作为改善村域环境、提升乡村生活品质、助力乡村振兴的重要抓手，提出“领秀天府，幸福宝山”的发展愿景，积极建设“村美、家富、业兴、人和”的美丽乡村。宝山村现先后获评“全国百强村”“全国造林绿化千佳村”“国家水土保持生态文明工程”“全国乡村治理示范村”“中国美丽休闲村”等称号，2019年入选第二批“国家森林乡村”。

二、技术思路

从长远角度谋发展，开展荒山造林，修复破损植被，改善山林生态机制，并基于此构建森林康养体系、开垦良田。两者协同发展，实现生态建设与生态经济的共促共赢、长足发展。本思路适用于生态潜力良好，但因产业发展遭到生态破坏的乡村；或自然基底条件较差，希望通过生态治理扭转环境和经济发展劣势的乡村。

三、植物选择与配置

宝山村以“山顶林戴帽，二环果缠腰，平地建粮仓”为总体发展策略，在山顶以生态保护与修复为核心，大面积保留原生植被，适当补植乡土植物；山腰发展经济林，选择种植胡桃、梨等经济林果，陡坡梯田选择连片种植茶、白及、月季等；村庄聚落所在区域，以提升生态防护功能和景观效益为核心，利用种类丰富的乡土植物营造出春赏蔷薇、秋季观枫的植物景观效果（图5-8）。

四、典型模式

（一）以天然林保护与人工林营造结合的荒山生态修复模式

一是明确发展格局，依据总体布局进行荒山绿化。在20世纪70年代，宝山村就确定了“山顶林戴帽，二环果缠腰，平地建粮仓”的发展格局，在中高

图5-8　宝山村生态景观结构

山和浅山地区开展造林绿化。海拔1500米以上为中高山植被保护带，设立大熊猫原生态栖息区；1300～1500米为中山生态产业带，发展林木经济和特色农业；1300米以下为人居旅游经济带，营造村民居住和旅游度假的良好环境。其中荒山生态修复主要集中在海拔1300米以上山地，通过天然林保护、人工造林和局部节点景观化营造相结合，不断提升生态绿量及景观质量（图5-9）。

二是进行良田开垦与植树造林，绿荒山，筑屏障。在村委会的带领下，村民们把植树造林作为改善生态环境和发展林业经济的一项重大举措，通过长达数十年坚持不懈的国土绿化活动和人工生态修复，使得荒山大面积复绿，有效减少了山体滑坡、山洪暴发、泥石流等自然灾害的发生。有了良好的生态本底，宝山村开始改土造田，通过土地改良把地力贫瘠、水土流失的乱石坡改成稳产高产的好良田。

三是植被修复与优化提升，构建“绿色银行”。2008年汶川特大地震骤然来袭，宝山村距离震中的直线距离仅有30余公里，房屋、农田、林地、山体都受到严重的破坏。借助灾后重建的契机，在山下统一规划13个村民聚居点，山上

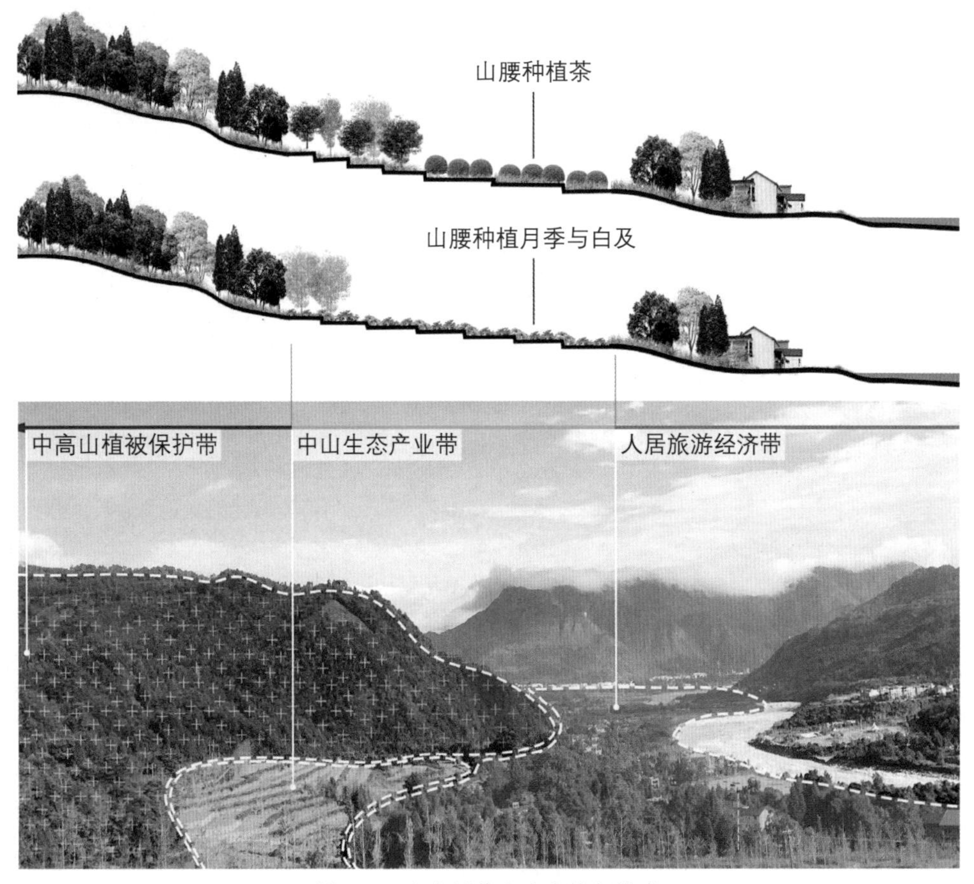

图5-9　宝山村荒山生态修复模式

维持荒山造林和生态修复区域。对生态涵养保护区进行灾后植被修复和质量提升，重建了宝山的“绿色银行”。并以集体经济为载体助推乡村旅游发展，逐步将传统的农林资源转型为生态旅游资源。

（二）通过社区共享机制构建森林康养体系

一是保护自然基底，奠定森林康养基础（图5-10）。宝山村通过荒山绿化、

图5-10　宝山村森林康养模式

生态修复，已极大改善山林生态环境。目前区域内生物多样性丰度高、自然生态状况良好、空气质量好、负氧离子浓度高，为宝山村发展森林康养提供了优质的自然资源。

二是依托良好自然基底，构建多层级森林康养游线和森林康养节点。依托村庄西部森林资源，群山峻峰、峡谷深涧等独特的地形地貌资源，在低山生态产业带构建森林康养步道，结合周围环境特征设置康养节点。靠近自然保护区外围，基于低影响开发策略布置鸟语林等节点，降低对保护区生态环境的影响，提供安静的自然体验和森林康养环境。在低海拔的山林地区，结合林下生产布置百草园、中医药科普园等，提供自然景观结合林下经济的康养体验活动。在村庄聚落内，结合居民日常生活设置生态农场、书画院等，提供多类型休闲游憩和养生养心体验。

三是完善社区协作和生态价值共享机制，实现森林康养与人居环境相互协调。村内建设社区医疗服务中心，与森林康养和度假设施形成良好的协作机制，在保障村民卫生医疗和健康福祉的同时，可为游客提供基本医疗、慢病管理、健康管理等综合服务，建立村民保健医疗与森林康养产业发展的协同机制，实现生态价值的普惠共享。

五、成效评价

从20世纪70年代的荒山修复到2008年的汶川地震灾后重建，宝山村始终坚持长远发展眼光，保护生态环境，提高人居环境。将村庄全域的自然本底条件作为村庄的宝贵财富，领先践行生态文明建设，成功探索出山区特色花园式社会主义新农村的建设发展路径。森林康养、生态游憩等生态产业现已成为宝山村支柱型产业，带动乡村旅游、交通运输业等相关产业发展。山青水美、美丽宜居的村庄环境，以及依托生态产业实现的普惠福利，为当地人提供了丰富多元的就业机会，吸引着大批本地青年回乡就业创业。切实体现了良好的生态环境对区域经济、社会发展的推动作用，也实现了生态保护修复反哺乡村振兴发展，生态价值转化成村民和美生活的共同富裕路径。

贵州南花村

三生共融，保护优先，
传统苗寨的山水林田村格局保护与发展

发展方向：乡村生态产业经济发展+乡村生态文化保护与传承

一、基本情况

南花村位于贵州省黔东南苗族侗族自治州凯里市三棵树镇，地处苗岭山麓的巴拉河畔，冬无严寒，夏无酷暑，雨热同季。村庄形成于明代，分为上寨和下寨，上寨位于半山腰，下寨沿河而建，村民均为苗族。南花村生态环境良好，村内植被资源丰富，古树林立，有秃杉等珍贵树种，森林覆盖率达68%。村内主要产业为种养殖业、旅游业。

南花村面朝巴拉河下游河谷，西面和南面邻近水源，背靠东部山体，形成并延续了苗族典型的“山水林田村”空间格局。其中，东部山体作为村落空间的大背景，为整个聚落提供庇护。山脚下的河水提供饮水与农田灌溉水源，是聚落生产生活的重要资源。林地分布在山顶、梯田周边、河谷两岸、村内空地，起到生态涵养、美化环境等作用。田地位于村寨周围，沿等高线从村庄东北部山坳向河谷较平坦区域分布。村落民居最初建造在交通便捷的山脚河谷地带，背山面水，坐东朝西，随着人口增长，聚落沿等高线逐渐向东部扩张，后由于东侧山体较陡，聚落逐渐沿着河流和等高线走向朝东南侧发展。

南花村凭借良好的自然和人文条件，成为贵州省苗族风情旅游示范点，逐步完成了南花花桥、新芦笙场、苗家祭坛、村寨步道的改造提升，南花村旅游设施也得以完善。先后入选第四批“中国传统村落”和第二批“国家森林乡村”（图5-11）。

二、技术思路

以传统聚落环境和传统农业环境保护为核心，保护并修复“山水林田村”传统聚落格局，依托现有资源特色巧妙置入森林康养体系和传统文化节点。本

图5-11　南花村传统聚落格局

思路适用于具有传统聚落与农业环境特征的山区乡村，以及拥有传统民俗文化、植被条件良好的乡村。

三、植物选择与配置

南花村背靠的山体上分布有大面积马尾松和杉木林，以及部分常绿阔叶林，这些林地为苗族提供重要的生态屏障，具有涵养水源、稳固水土、提供栖息地和美化环境的作用。村寨内部吊脚楼之间坡度较陡的区域，保留原有的自然植被或古树名木，巷道旁较为平坦的四旁地、边角地种植蔬菜水果、观赏花卉等。

四、典型模式

（一）保护修复“山林—村落—梯田—河流”传统聚落格局

一是保护风水林、风景林，延续少数民族村寨传统文化基因。南花村周边有风水林、风景林等，通过制定禁止砍伐开垦林地等村规民约，保育森林资源和动植物栖息地，延续水源涵养和水土保持功能，维系了村民的生活、生产条件。同时，村庄重要的祭祀场地依风水林或古树名木而建，构成了当地的少数民族文化象征。

二是保护护村林，使村庄与自然和谐相融。河流两岸与建筑之间的林地既防止河流发生洪涝对村庄产生侵害，又避免人居活动对河流的过度影响。因此，南花村保留聚落外围、河流两岸、梯田周边林地空间，对起到稳固水土和庇护田地的作用。在空间上，从外向内，逐渐从自然山林、护村林向聚落内部过渡，由自然转向人工，使建筑与自然山林和谐相融。

三是绿化屋旁巷角，因地制宜丰富植物景观。受地形地势条件限制，房屋与巷道之间、高差平台间形成很多陡坎和零碎空间。村庄利用植被现状条件较好的区域，保留具有自然野趣的野花野草，大树周围边角空地营造公共活动空间，村民则在房前屋后的边角坡地上种植蔬菜、水果、观赏花卉等，保留了原有植物与村落自然交错的景观肌理。

（二）保护延续“林田共生、林水循环”的传统农业生态环境

南花村传统农业以水田稻作为主，沿山坡或山坳处分布，包含大部分的坡田和少部分的冲田。坡田位于适宜开垦的坡地，沿山脚拾级而上直到山腰或山肩，随山形水势而宽窄不一，形成层层叠叠的腰带状稻作景观。冲田分布在山坳夹沟中，以山溪水灌溉，但因山高水冷，不利于稻谷生长，分布较少。林地、农田和水循环共同构成了村落的传统农业生态环境，延续着当地的生态智慧。

一是保护林田共生的景观格局。村庄生产环境由自然、近自然林和山地稻作共同构成，其中林地作为骨架连接各个自然空间，农田遍布较为平坦的土地，坑塘散布其中，共同组成林田复合生态系统。这里不像其他地区建成了规模化、机械化的农田种植环境，而是延续了林地田地相互涵养、共存共生的传统耕种机制，也成为苗寨生态文化的鲜活展示。

二是维持林水循环的生态机制。南花村的水循环以地形地貌、植被和水系为载体，雨水通过林地的水源涵养功能一部分转化为地下水储存，一部分通过地表径流从山林流入农田、水塘或河流。分布在梯田中上部的水塘，起到蓄积雨水、迟滞水流之用，兼具防火和灌溉功能。水田储存和吸收水源，多余的雨水沿着地表径流流入河谷。河谷地带通过蒸发或植物蒸腾形成水汽又凝结成雨水，落回到森林之中。通过保护这种基于自然本底的农林生态系统，延续了村落的生态循环机制，维系着人与自然的和谐共生的生态智慧（图5–12、图5–13）。

图5-12　南花村传统农业环境生态保护修复模式

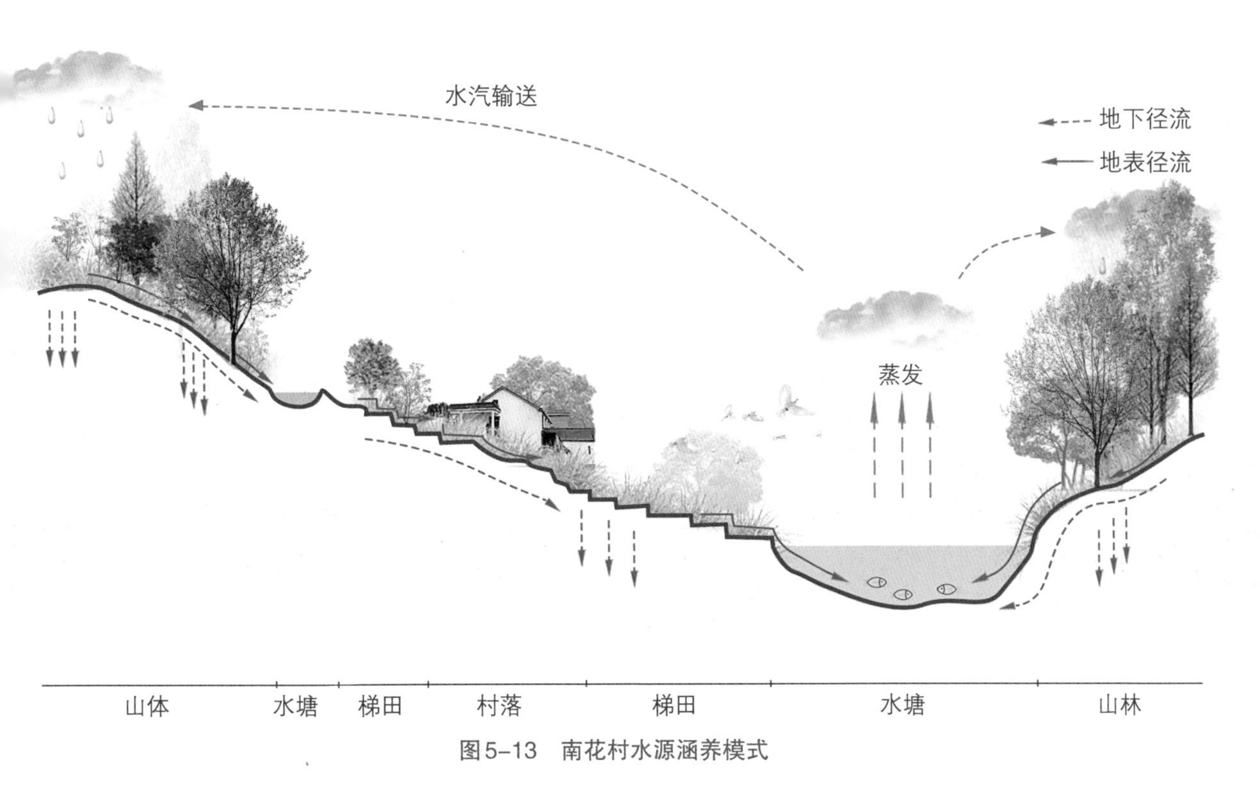

图5-13　南花村水源涵养模式

（三）适度建设“林文交映”的苗寨传统文化游线

一是融于山林的森林游步道。南花村山上林地保存完好，古树散布其中，林地中保留有芦笙场、游方坡、夫妻树等文化节点。利用聚落后山、芦笙场周边可达性较好的林地区域，以原有小径为基础，用块石和鹅卵石等自然材料铺设低影响、小尺度的森林游步道。

二是串联节点的文化游线系统。南花村保留并整合村内文化要素或聚落公共空间要素，主要包括以粮仓、水塘、水景为主的生产要素，寨门和桥组成的交通要素，芦笙场、议事亭、游方坡、福音教堂等文化场地，通过森林游步道加以串联，整合起村落中的各类节点、场地，构建可游、可赏、可感知体验的苗寨文化游线（图5-14、图5-15）。

五、成效评价

长久以来，南花村苗寨居民在适应环境、改造环境的过程中，营造出“山水林田村”的自然格局和“山林—村落—梯田—河流”的苗寨聚落环境特征。通过全面保护传统苗寨的自然生态风貌，维持山形水势和生态循环机制，传承保护生态文化，适度植入森林游步道等设施，在保护传统村寨空间格局、自然资源、人文历史遗迹完整性和原真性的同时，传承了村庄的生态、生产、生活文化，延续着苗寨聚落人与自然和谐共生的传统智慧，为同类型具有典型自然环境和生态文化的传统村落提供参考和借鉴。

图5-14　南花村森林康养步道

图5-15　南花村芦笙场

贵州红渡村

乌江南畔，万亩梯田，
喀斯特地貌地区的山水林田机制保护

发展方向：乡村自然生态保护修复＋乡村生态文化保护与传承

一、基本情况

红渡村位于贵州省遵义市余庆县大乌江镇，坐落在乌江边上，原名岩门，因1935年1月红军在村中龙渡口率先突破乌江、北上遵义而改名红渡。红渡村整体地势东高西低，四周群山连绵起伏，有典型的喀斯特地貌景观。天河岩洞坐落于村落东部半山腰、自然林地与万亩梯田的分界线上，常年流水不断，是红渡村的重要景观节点。水源涵养林位于岩洞四周的坡地，所涵养汇集的水源在岩洞内汇聚成溪，顺山谷流下，滋养下方万亩梯田。红渡村拥有贵州十大梯田之一的红渡梯田，梯田分布在海拔300～900米，最大坡度达50°，层层叠叠、高低错落，从山脚盘绕到山顶。近年来，红渡村依托良好的生态环境、宜人的气候，以及乌江峡谷、绝壁风光和红色旅游资源，形成“龙头企业＋农户＋合作社＋村支部”的乡村旅游和红色旅游发展模式，成功走出一条脱贫致富的新路。2019年，入选第二批“国家森林乡村”。

二、技术思路

以水源涵养林和传统农业景观保护为核心，对喀斯特地貌孕育的“溶洞—水源涵养林—梯田”景观系统进行整体保护，利用特色红色文化、生产文化创造景观名片的经济价值。本思路适用于喀斯特地貌地区、林地和梯田资源丰富的乡村。

三、植物选择与配置

水源涵养林的植物选择有根量多、根域广、林冠层郁闭度高、林内枯枝落叶丰富等特点，采用马尾松、湿地松、杉木、木荷、枫香树、红桦、化香树、

海棠花等乔木，野山楂、胡枝子、夹竹桃等灌木，芦苇、菖蒲、芒等草本。树种搭配选择2～3种优势树种，7～12种伴生树种和1～2种下木层树种，下方梯田种植油菜花、水稻等传统农作物。

四、典型模式

（一）岩洞周围的水源涵养林营造

一是营造复层混交水源涵养林。岩洞及周边林地是饮用水源一级保护区，为村民生活和农业灌溉提供用水保障。在岩洞周围营造水源涵养林，通过乡土树种混交，中幼龄林抚育等措施，提高林地质量和生态功能，加强梯田上方的水源地保护。二是保护森林景观效果。岩洞上方山顶的森林由天然林和次生天然林构成，向洞口四周蔓延，山顶的密林、半山的岩壁、顺流而下的溪流与下方层层叠叠的梯田构成了色彩、质感变化丰富的乡村景观风貌（图5-16、图5-17）。

图5-16　红渡村水源涵养模式

（二）山下梯田的传统农业景观保护与修复

红渡村充分发挥红渡梯田的旅游资源价值，保护修复特色农业景观。一是塑造梯田风景吸引力。红渡村鼓励村民种有机水稻，以及油菜花等观赏价值较高的农作物，形成统一的梯田景观。充分发挥梯田大地景观的旅游吸引力，打造春季黄色油菜花，夏季绿色稻秧，秋季金色稻谷，冬季银色水田的“四色梯田”名片。二是创新梯田风景艺术性。红渡村依托广阔壮丽的梯田基底和红军横渡乌江的红色旅游资源，打造“稻梦空间”“稻田脚印”等一系列创意景观，一紫一黄两个共占地15公顷的巨大的“大脚印”，寓意当年红军路过此地的“红色足迹”，吸引大批摄影爱好者和普通游客前来打卡、摄影（图5–18）。

图5–17　红渡村天河岩洞

图5–18　红渡村梯田创意景观

五、成效评价

红渡村将红色文化和壮观的梯田景色作为两张“金名片”，红绿融合，带动乡村生态、产业振兴发展。通过严格保护水源涵养林，维持梯田“林—水—田”的生产循环机制；在保护传统梯田农业生态景观的同时，营造季节性梯田创意景观。此外，红渡村引进加工企业，对红渡梯田的水稻进行订单生产和收购，制作成旅游商品，实现企业和农民的经济双赢。红色基因和生态文明相互交融，激发了传统梯田景观的新生活力，带动了当地经济发展。梯田景观也吸引了部分外出打工者回乡耕作土地，一边种田一边参与旅游服务和乡村建设，为解决产业发展、空心村、留守儿童、空巢老人等问题带来新的转机。

广东渡头村

群山之地，客家围屋，
粤中古村的生态修复与风貌传承

发展方向：乡村自然生态保护修复＋乡村生态文化保护与传承＋乡村生态产业经济发展

一、基本情况

渡头村位于广东省惠州市龙门县地派镇东南部，平均海拔500米，年均气温23℃，一年四季气温变化不大，雨水充沛。渡头村拥有200余年历史，古村落四面环山，西邻增江，距离天堂山水库仅3公里，自然环境优美。除此之外，渡头村村民以客家人为主，完整保留了见龙围古炮楼等遗存，历史人文资源和古树名木资源丰富。

由于渡头村山多地少，种植传统农作物收成并不理想，通过多方努力，2019年建成马古栗（学名：烟斗柯）示范基地，利用林地积极发展特色种植产业。与此同时，开展文化遗产保护工作，发展古村遗产游，带动周边村民增收致富。目前，渡头村已实现村庄四旁绿化及村庄范围内荒山荒地的应绿尽绿，林木覆盖率达72%，主要经济产业为乡村旅游、经济林果种植。2019年，渡头村入选第一批“国家森林乡村”（图5-19）。

二、技术思路

绿化村庄外围荒山，改善山林生态环境，依山发展林果业经济，带动村民增收。延续古村风貌，保护古树名木，复兴山区古村落文化遗产，实现村庄文化保护、生态建设与林业经济生产的协同发展。本思路适用于传统村落或拥有文化遗产、古树名木的乡村。

三、植物选择与配置

渡头村周边山体保留原有植物特色，乔木主要为樟、天竺桂等当地常见山

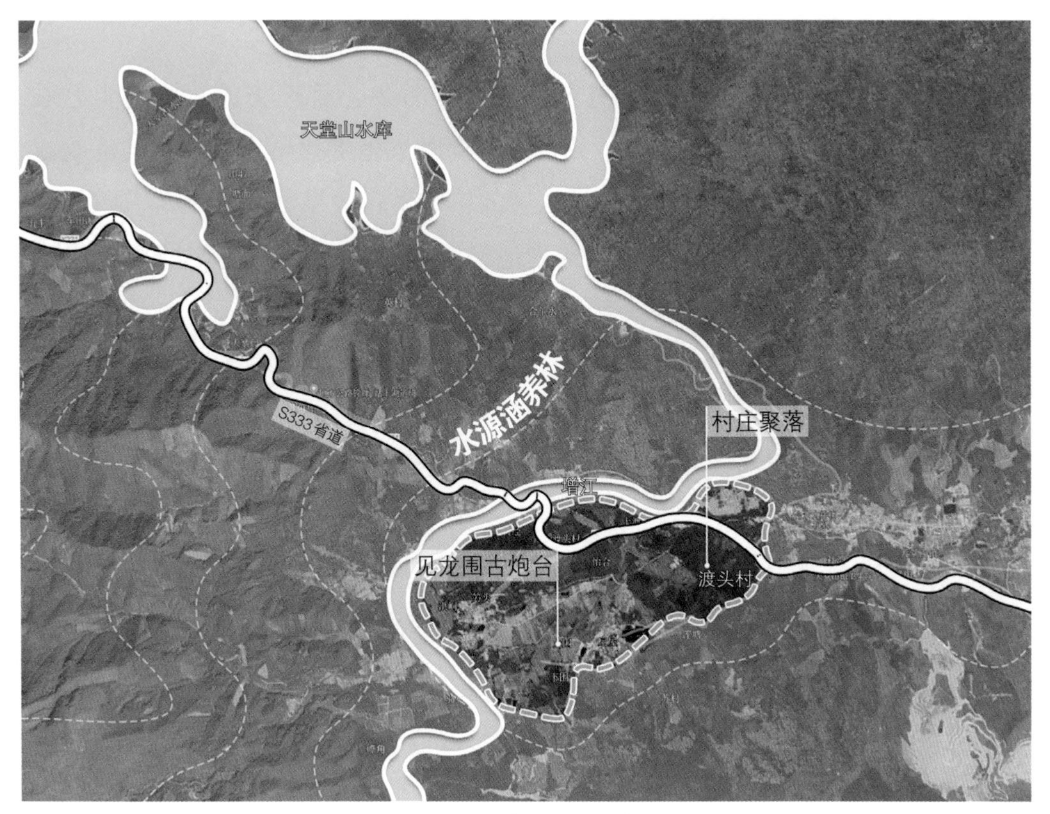

图5-19　渡头村平面布局

体绿化树种，灌木以灰莉、鹅掌柴为主，植物景观具有明显的地域乡土特色。在山坡上的马古栗、五指毛桃（学名：粗叶榕）种植示范基地周边，栽种樟、水杉、鹅掌柴及野生草本等，并在马古栗行间位置套种喜阴灌木五指毛桃，营造富有层次感的植物景观效果。河岸两侧片植水杉、毛竹、樟等植物形成护岸林。村内及村周边以古树资源为中心，向外种植龙船花、番木瓜、洋紫荆（学名：宫粉羊蹄甲）、龙眼等乡土植物，营造地方特色浓郁、景观优美的居住环境。

四、典型模式

（一）开展荒山生态修复，提升生态防护功能

渡头村采用多种乡土树种绿化村庄外围荒山，修复废弃闲置地，改造低效林，丰富山地植物多样性。

沿河流两侧山坡上，片植水杉、毛竹、樟等植物形成护岸林，保持水土、涵养水源，创造优美滨水植物环境。同时，组织动员群众定期清理河岸垃圾，将河湖管护工作与农村人居环境整治工作相结合，努力营造“河畅、堤固、水清、岸绿、景美”的水生态环境。

（二）种植特色经济林果，兼顾经济与生态效益

渡头村通过市场行情调研，选择种植病虫害少、管理粗放、抗灾能力强、有发展潜力的马古栗，进行山体绿化，林下套种五指毛挑可有效提高经济效益，充分发挥生态保护功能，营造富有层次感的植物景观效果（图5-20）。通过建设马古栗、五指毛桃种植示范基地打造当地经济林果特色、带动周边村民增收致富的同时，绿化荒山、美化村域自然环境的双重效益。

（三）营造乡村古树公园，传承古树生态文化

渡头村共有古树15株，包括600余年树龄的秋枫、龙眼等。村庄将古树作为重要生态文化资源进行严格保护，划定古树群保护范围，修建古树公园，保障古树群原生环境，保护古村重要的植物文化（图5-21）。

（四）丰富居民庭院绿化，延续古村风貌特色

为了协调渡头古村落和周围新村的景观风貌和环境协调，新村、古村在植物配置方面基本保持一致，引导村民利用房前屋后荒地种植龙船花、番木瓜、洋紫荆、龙眼等乡土植物，减少裸露土壤，营造乔灌草层次分明、地域特征显著的植物景观。

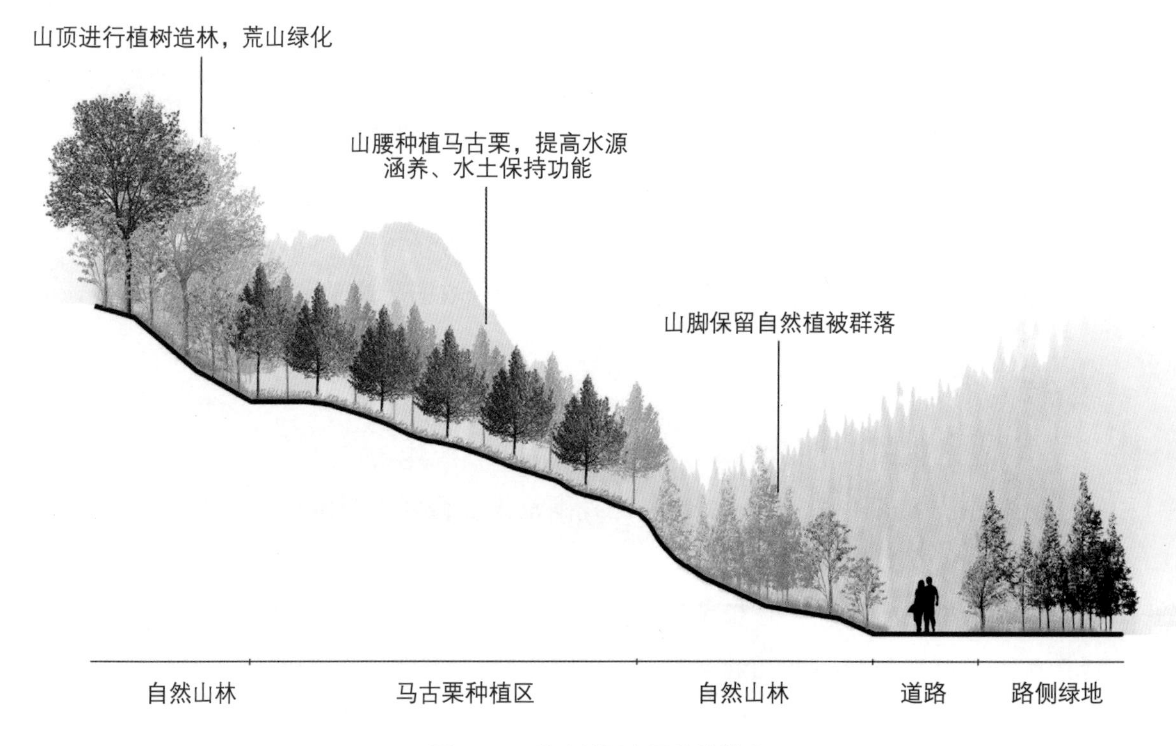

图5-20　渡头村马古栗种植模式

图5-21　渡头村古树公园模式

五、成效评价

渡头村通过改造原有低效树种，种植水杉、毛竹等乡土树种，推进了村域荒山荒地的绿化工作。充分利用自身环境资源优势，把握国内外市场需求，发展马古栗、五指毛桃种植产业，采用上乔下灌立体套种方法，高效利用土地资源，增加林木经济附加值，促进了“大山经济”的发展。同时，渡头村积极推进人居环境整治工作，全力保护当地生态环境资源，鼓励村民开展宅旁绿化美化。高度重视当地历史文化资源与古树名木资源保护，通过开展以文化和生态遗产保护为前提的乡村旅游，实现了乡村生态和经济的协调共进。

四川道台村

生态经济双循环，
川中柠檬之都的绿色产业发展

发展方向：乡村生态产业经济发展

一、基本情况

道台村位于四川省资阳市安岳县思贤镇，在安岳县东南，距县城约13公里。村庄地处四川盆地中部的浅丘地带，坐落于丘间洼地之中，地势东西南部较高，洼地较宽缓呈梯形，其间有小块平坎。基于当地生态资源特色，道台村在村庄四周丘顶种植生态林，在低缓丘坡及洼地种植经济林果，发展循环经济。

安岳县是“中国柠檬之都”，县内优越的生态条件为林果产业提供了良好的种植基础，柠檬产量达全国第一，安岳柠檬也被认定为国家地理标志产品，县内几乎每个村子都种植柠檬、柑橘，道台村也不例外。道台村通过因地制宜发展优势特色柠檬产业，建设柠檬、柑橘采摘园与水产养殖场垂钓等吸引游客。此外，积极探索高效循环农业发展模式，将传统农业与乡村旅游有机结合，打造独具柠檬特色的道台村农旅融合示范点，提升了生态环境，发展了乡村旅游。获评“省级文明村”“省级四好村”“省级人居环境示范村”“省级新农村生态农业观光旅游核心区”等称号，2019年入选第二批“国家森林乡村”。

二、技术思路

发展特色柠檬、柑橘产业和水产养殖业，形成经济林果和观光园的循环经济模式，实现生态资源的循环利用，并衍生出林果采摘、垂钓等体验项目，促进乡村旅游发展，带动村庄经济增长。

三、植物选择与配置

道台村柑橘林周边散植月季花，林下种植黄精等观赏性较好的草药花卉，

形成乔灌草结合的植物配植模式。池塘边高耸的斑茅等野生草本，形成色彩斑斓、自然朴野的池岸景观。本思路适用于生态资源丰富、具有一定经济林果产业特色的乡村。

四、典型模式

（一）依托经济林果发展循环经济

依托村庄周边良好的生态环境，大片种植柠檬、柑橘，利用林下空间养殖家禽或种植黄精等草药，发展林下经济。丘顶种植的生态林所涵养的水源汇聚到洼地，使果林得到充分灌溉。林下散养的鸡群可以吃害虫及杂草籽，减少病虫害及杂草滋生，节省部分饲料；其排泄物可为果树提供肥料，或收集起来作为鱼的天然养料；鱼塘的淤泥又可作为柑橘的肥料，部分农户还利用鱼塘的开阔水面无土栽培鱼腥草。

道台村发挥地域特色，将桑基鱼塘模式在本地转化创新，因地制宜构建循环体系，使得林果业与养殖业的各生产环节互补互动、共生共利，实现乡村生态资源的节约高效利用（图5-22）。道台村所形成的循环经济发展模式，将农、

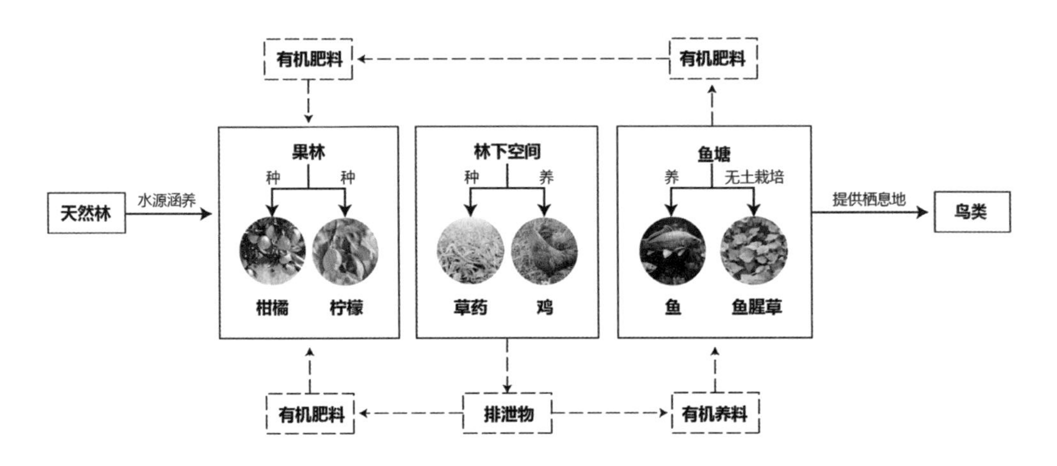

图5-22　道台村循环经济模式

林、渔业与自然相连，通过果林、家禽、鱼塘之间能量的循环转换，形成林、地、水的生态循环机制。生态鱼塘所创造的良好生态环境又为白鹭等鸟类提供栖息地，促进了区域内生物多样性。通过构建“柑橘经济—林下经济—生态鱼塘—无土栽培”的生态循环经济模式，实现了乡村生态资源的高效利用。

（二）依托优势产业发展乡村生态旅游

道台村依靠良好的林果种植与鱼塘养殖基础，大量种植柠檬、柑橘、血橙等优质水果，并养殖了黄辣丁、鲢鳙、鳜鱼、鳕鱼等特色水产，吸引本地及外来游客采摘或垂钓。此外，建成环形旅游道，栽种日本樱花、银杏、白兰等风景观赏植物营造生态观光园，适度发展乡村旅游，提高村民的直接收入。

五、成效评价

道台村构建“柑橘经济—林下经济—生态鱼塘—无土栽培”的生态循环经济模式，促进生态资源高效利用，并结合产业特色发展乡村旅游，带动居民增收致富。生态循环经济模式最大程度地实现土地的集约化利用，同时大大减少村民的种养殖成本，各类产品的品质也得到了一定的提高，节约资源，环境友好。该模式使道台村农业生产步入了可持续发展的良性循环轨道，带动了村庄经济发展的同时，也更好地推进了农村资源高效利用和农林产业的现代化发展。

安徽金竹坪村

大别山区，守绿换金，
以生态环境作为生态地标的承载基础

发展方向：乡村生态产业经济发展+聚落人居环境整治提升

一、基本情况

金竹坪村位于安徽省六安市霍山县太阳乡，地处大别山主峰白马尖的北坡，大别山国家风景道穿境而过，交通便利。村域范围内有白马尖、双龙井、华祖庙等自然和人文资源，文化旅游资源丰富。村庄所在大别山区是安徽省的重要生态屏障和水源涵养地，具有优越的气候条件，生态资源丰富。依托良好的生态条件，金竹坪村盛产的霍山黄芽与霍山石斛，被认定为中国国家地理标志产品（图5-23）。

图5-23　金竹坪村平面布局

近年来，金竹坪村以大别山森林资源和茶产业特色为依托，以国家大力推动森林康养产业发展为契机，发展康养旅游，结合居民庭院绿化美化工作，促进金竹坪村整体环境品质提升。金竹坪村“守绿换金”，是大别山区“两山”实践创新基地绿色发展的缩影，近几年金竹坪村陆续入选第二批“国家森林乡村”“全国乡村旅游重点村”、2020年度“安徽省美丽乡村重点示范村”。

二、技术思路

保护原生资源及特色产业环境，依托森林资源发展森林康养、特色农林种植，推动生态经济发展。以游客、居民的实用需求为导向，开展单位场院景观改造和居民庭院绿化美化。本思路适用于具有特色农林产品且森林资源丰富的乡村。

三、植物选择与配置

保护珙桐、水杉、银鹊树、香果树、鹅掌楸、大别山五针松、小勾儿茶、金钱松、银杏以及杜鹃等森林植物；因地制宜发展林下经济，林下种植霍山石斛、赤灵芝、茯苓、天麻等中草药。

四、典型模式

（一）保护原生自然资源禀赋，发展森林康养

依托白马尖原始森林，充分保护和修复自然资源，发展康养旅游，包括大别山主峰白马尖国家4A级景区、大别山国家地质公园（六安分园区），以及猪头尖、雷打尖、双龙井、龙门大瀑布等自然景观。村内发展农家乐为游人提供长期疗养居住的环境，农家乐周边种植草本花卉、灌木，布置一些农家器具改造的标识、景观小品等，形成“山好、水好、风景好、食材好”的森林康养乡居（图5-24）。

（二）依托生态条件，发展特色茶产业和中草药种植

金竹坪村依托当地中草药资源，发展特色林下种植。种植霍山石斛、赤灵芝、茯苓、天麻、杜仲等几十种中药材，以及山核桃、香菇、木耳、山野菜等土特产品。林下种植的霍山石斛作为珍贵的中药材，具有较高的康养疗效，石斛炮制技艺、霍山黄芽制作技艺是省级非物质文化遗产。村庄结合霍山石斛和其他中草药资源优势，打造九仙尊石斛养生谷等生态体验节点，为游人提供森林养生体验环境（图5-25）。

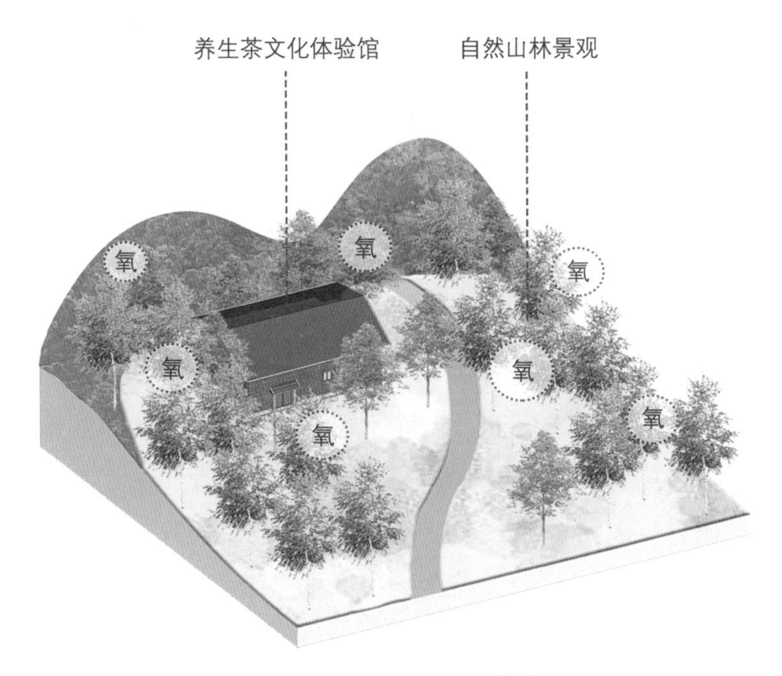

图5-24 金竹坪村森林康养模式

图5-25 金竹坪村霍山黄芽种植园模式

（三）营造对外开放、复合功能的单位庭院景观

依托党群服务中心广场绿地，形成具有办公、游憩、景观等复合功能的公共开放空间。旅游旺季和节庆期间，可为旅游活动提供场所。党群服务中心绿地毗邻主干道路，将道路景观、建筑前景观与自然山林景观统一考虑，不设

围墙，空间开放，视线通透，以地被点缀置石，辅以蔷薇科等不同种类的观赏植物。

五、成效评价

金竹坪村保护原有自然资源禀赋，以霍山黄芽及霍山石斛为重点保护与修复其生长环境，并基于此开展森林游憩、度假、疗养、保健和养老等活动，带动了金竹坪村的康养旅游业的发展，拓宽了茶叶、中药材等产业的销售渠道。九仙尊霍山石斛旅游养生文化谷、金竹坪旅游综合服务区、洪家畈生态农业和汤家湾休闲生态园的建成，为当地居民提供了更多就业机会，也为周边游客提供了更优质的服务。霍山黄芽、霍山石斛种植与森林康养产业成为金竹坪村发挥森林生态价值的抓手，推动优美生态资源的可游、可赏、可感知、可体验，成为了大别山秀丽风景中的一处和美乡村。

台湾大雁村

日月潭边，生态客家，
自然农林与文化体验相结合

发展方向：乡村生态产业经济发展

一、基本情况

大雁村位于台湾地区南投市南投县鱼池乡北部，村域内林木资源丰富，距离鱼池乡境内名闻遐迩的观光景点日月潭约10公里，交通便捷可达。大雁村原为高山族群邵族人与布农人狩猎区，大部分村民由福建泉州、漳州等地移徙而来，客家文化底蕴深厚。村庄坐落在山谷之中，溪流环绕，拥有深厚的农林牧渔资源和得天独厚的山林环境，景色秀丽，动植物种类繁多，生态资源丰富。大雁村早期以种植水稻为主，20世纪40年代阿萨姆红茶兴起，村民纷纷改种红茶，此后红茶种植逐渐成为鱼池地区的主要产业。此外，当地土质适合制陶，早期有制陶产业，后因塑胶制品问世而落寞。

大雁村成立大雁休闲农业区，推动有机红茶种植，推广当地特产阿萨姆红茶和农特产品，成立陶艺教室，将陶土开发成旅游纪念品等，使得大雁村成为一处喝红茶、玩陶土、体验生态的好去处。近年来，大雁村依托环境资源，着重保林造林，减少砍伐，在维护天然景观的同时，逐步发展生态观光与民宿，积极打造森林康养步道体系，拓宽社区道路，营建亲水公园，修建环溪休闲步道，丰富自然农林和客家文化体验环境（图5-26）。

二、技术思路

依托天然山水资源，在最大限度保护山林环境的基础上，修建水上步道和森林步道，发展亲近野生动植物的自然研学线路，开展环境教育。作为台湾阿萨姆红茶的最大产区，发展自然农法红茶园。依托特色林业资源，开展生态研究，进行产品研发，发展休闲体验、客家特色森林民宿等产业，本思路适用于临近景区且森林资源丰富、有一定文化特色的村庄。

图5-26　大雁村涩水社区平面布局

三、植物选择与配置

村落周边山林整体植物景观以原生树种为基底，保留当地的特色植物，山体绿化以台湾杉、南洋杉、樟、榕树等乡土树种为主。村内植物景观丰富，植物多样性突出，地域特征显著。乔木主要有槟榔、栎、榕树等，灌木主要以茶为主，草本地被主要有大花惠兰、金线莲等。住宅周围乔草搭配种植，乔木以槟榔和栎为主，常见草本植物包括文心兰、金线莲、蕨类等。

四、典型模式

（一）依托自然资源建设康养步道，将森林康养和学术研究相结合

制定“永续发展”的工作目标，通过育林、保林、减伐、净水等多种途径保护其自然资源。在此基础上，利用溪谷、流瀑、林木等当地生态资源，发展森林康养等相关产业。

一是在保护生态环境的前提下建设康养步道。最大限度地保护当地山林环境，建设森林步道时，道路全部绕开树木“插缝”建设，灵活调整道路的方向和宽度，努力保障森林生态环境不因工程建设遭受毁坏。建成后，步道在林中穿梭，人们漫步其间，欣赏不断变化的湿地、溪流与森林自然景观。

二是与莲花池试验所合作，将森林康养与植物体验相结合。在莲花池试验所中，游客可以在专家的指导下种植属于自己的植物微景观，或利用植物资源制作独一无二的植物手工艺品，包括兰花DIY、竹炭制品、竹编工艺品等，使村落自然农林与文化体验相结合，也促进森林类农林产品快速产出可观的经济收益。

（二）依托自然和人文特色，发展乡村生态旅游

一是发展以阿萨姆红茶特色的农林生产观光。作为台湾阿萨姆红茶最大产区，村民们以“依循自然法则，维护土壤生机，拒绝任何污染土壤的添加物”为种植标准，应用自然农法来经营维护茶园，打造阿萨姆红茶新品研发及示范园区、阿萨姆红茶种植观光园等。在此，游客们可以欣赏茶园的美丽风光，亲身体验红茶采摘，学习简单的红茶制作工艺。近年来，当地村民在积极改良研发高品质红茶的同时，也开始努力尝试使用红茶制作健康料理，生产阿萨姆系列农业康养产品（图5-27）。

二是发挥当地特色植物资源的名片效应。涩水社区后山密集分布了数十万株桫椤，又称树蕨，有着“植物活化石”之称。这片森林被当地林务局定名为

图5-27　大雁村红茶产业园模式

"侏罗纪公园"，吸引了大量游客前来参观。此外，当地政府及村民共同建设了水上平台、栈道与枕木步阶等游览设施，水边种植栎、榕树等具有地域特色的高大乔木，烘托出安静清爽的林下空间。珍稀植物和特色乡土植物共同成为了村庄的"绿色名片"，增加着村庄的生态知名度和吸引力。

三是使用乡土植物营造客家人居景观。在继承客家传统文化的基础上，深入挖掘村庄传统风貌，保护村内土角厝传统建筑形态，建设民宿、有机药园。民宿周边注重乡土植物的保护和栽植，以栎、槟榔等乔木作为基调树种，搭配金线莲、大花惠兰等草本植物，以保留村庄的生态人居特色。

五、成效评价

大雁村全力保护当地生态环境和生物多样性，积极呼吁村民自发开展自然资源保育与特色植物栽培工作。在此基础上，因地制宜营建森林康养景观和体验设施，创新推动当地传统农林业转型发展。大雁村以保护家乡自然和人文资源为前提，积极发展特色生态产业，着力平衡生态保护同经济社会发展的关系，充分发挥良好生态环境的经济价值，也为当地村民提供了更多的增收途径。

第三节 平原农区

浙江大陈村

美丽田园乡居，精巧保绿增绿，
江南第一古村落的生态文化景观复兴

发展方向：乡村生态产业经济发展＋乡村生态文化保护与传承＋聚落人居环境整治提升

一、基本情况

大陈村位于浙江省衢州江山市大陈乡，地处距市区西北10公里的山麓上。村庄三面环山，回龙溪似玉带从村中穿过，村落山环水潆，依山就势（图5-28）。

图5-28　大陈村平面布局

大陈村山川秀丽，土田肥美，林木葱郁，白墙黛瓦，拥有“江南第一古村落”的美誉。现保存有古民宅、古祠堂、古戏台、明清古建筑、青石板路等古迹和诸多文物保护单位。

曾经的大陈村周围遍布荒地，村内垃圾遍地。2005年，大陈村率先开展了“清洁家园”行动，通过整治村庄环境，进行生态治理，成为了远近闻名的“清洁村”。近年来，大陈村持续开展乡村绿化美化，修缮历史建筑、古道、古民居，着力推进生态建设产业化、产业发展生态化，大力发展乡村生态经济，使古村落重新焕发活力。先后获评第五届“全国文明村镇”、首批“全国乡村旅游重点村”等称号，入选2018年“浙江省‘一村万树’示范村”名单，2019年入选第一批“国家森林乡村”。

二、技术思路

利用乡土植物和材料进行传统村落四旁绿化，结合古树名木保护营造村庄公共文化节点，充分发挥传统村落、传统农业的文化价值。本思路适用于文化遗产、古树名木丰富，需要结合资源保护开展绿化美化的村庄。

三、植物选择与配置

大陈村的古树名木主要有樟、苦槠、枫香树、皂荚和黄连木等，树龄在200～400年不等，古树保护范围外栽植桂花、月季花、杜鹃、红叶石楠等乡土植物。因地制宜营造生产景观，如以果林、花田、荷塘为特色，形成色彩斑斓的四季田园；坡地种植杨梅、枇杷、梨、柚子、桃等经济林果；水田、水塘结合生产景观种植水生作物；开阔平缓的田地种植油菜等观赏价值高的作物。此外，利用墙壁悬挂、墙顶栽植等方式栽植秋海棠、叶子花、金鱼草、野菊等，形成美丽质朴的乡村街巷景观。

四、典型模式

（一）充分利用乡土植物和乡土材料开展路旁宅旁绿化

利用乡土植物提升街巷宅旁景观。一是古巷路旁绿化。结合村庄环境整治，拆除违建、危房，为狭长的古巷创造出了一定的绿化空间，利用拆违地栽植乡土灌木、草花，装点古巷景观。二是宅旁空地绿化。鼓励村民在房前屋后空地、自家庭院种植花草树木，丰富美化生活环境。三是重点区域与周边环境分类提升。将村口、汪氏宗祠等重要古建周围、主要旅游线路以及停车场周边作为重点绿化区域，如在村口建设生态停车场，将停车空间与林荫空间有机结合；采用乡土树种、珍贵树种作为行道树，形成游客进村的迎宾景观等。同时，在村民生活区注重提升人居环境质量，种植具有观赏性和经济性的花草植物，营造温馨宜居的生活氛围（图5–29）。

利用传统材料进行节点立体绿化。一是使用乡土材料作为种植容器。村内以立体绿化与盆栽结合的方式进行绿化美化，利用旧石盆、木箱、水缸、石坛等作为种植容器，烘托乡村风情。二是灵活巧妙布置立体绿化。将种植容器灵活设置在挡土墙上、大树下、座椅旁、道路转角等处，栽植花卉绿植，充分利用有限的绿化空间，营造立体丰富、心思巧妙、古朴别致的花草景观（图5–30）。

（二）结合古树名木保护，打造村庄文化节点

加强古树名木保护与储备。一是散生古树挂牌保护，将古树名木作为与古建筑同等重要的绿色遗产，在保护古建筑的同时，完整地保留村内古树。二是古树群外围扩绿，在保护村中古樟树群的基础上，继续扩大古树群外围林地面积，形成绿色缓冲。三是增加古树储备，将大树作为增加古树名木的资源储备，培育大陈村宝贵的绿色文化遗产。

围绕古树打造村庄公共文化节点。一是保护古树生长环境。清理古树周边杂草，设置必要的保护设施，确保古树名木的生长环境。二是提升古树外围景观。在古树保护范围外，适度搭配乡土植物，并以花卉盆栽、盆景作为点缀，增加科普牌、停坐空间、文化墙等设施，营造富有乡愁记忆的公共景观节点，为村民提供休憩、交往的绿色环境。

图5–29　大陈村路旁宅旁公共空间绿化模式

图5–30　大陈村路旁立体绿化模式

（三）营造农林观光体验园，传承传统聚落的田园乡愁

以经济作物为特色，营造田园乡居生态景象。一是种植当地人喜闻乐见的经济植物。种植杨梅、枇杷、梨等当地水果，以及油菜等观赏性强的经济作物，结合路旁水旁绿化美化，打造生态田园新景象，将传统农业空间转变为具有观光休闲价值的生态农庄。二是拓展田园生产的多元体验活动。依托田园生产功能，拓展儿童田间体验、休闲农庄、农家乐等功能，拓展游憩、居住、科普等多元体验方式。三是提高管护管理专业实力。大陈村聘请了专家通过直播方式为村民讲授观光林果的种植技术、庭院绿化技术，加深村民的专业技能和生态保护知识。由专门机构对大片休闲体验农田进行集中运营和精细化管理，提升乡村生态发展的软实力，打响大陈村优质林果采摘与生态田园休闲招牌。

五、成效评价

大陈村改善修复生态环境，巧用传统材料与乡土植物进行四旁绿化，统筹古建筑、古树名木、农田资源的保护和可持续利用，在提升人居生态环境品质的同时，形成以汪氏宗祠为核心的传统村落文化体验环境。随着绿化美化工作的开展，村庄环境更为舒适宜人，郁郁葱葱的古树群记载着大陈村民爱绿护绿的历史记忆，建设成为名副其实的绿色村、幸福村。近年来，围绕“文化大陈、幸福乡村”目标，大陈村大力推进乡村振兴，通过打造乡村观光休闲旅游项目，有效解决了本村及周边的就业问题，村集体和村民致富道路不断拓宽，实现了乡村人居生态环境、村民经济收入和生活质量的共同提升。

安徽山口村

淮河第一峡，守岸护田村，淮上津要的护岸固堤与水土保持

发展方向：乡村自然生态保护修复

一、基本情况

山口村位于安徽省淮南市凤台县刘集镇，两面环水，水陆交通方便。山口又名硖山口，古称硖石口，传说是大禹治水时开凿的山峡。由于地势险要，水流湍急，被誉为“淮河第一峡”，治水历史可以追溯到远古时期。自古以来淮河流域洪涝旱灾频发，由于受人为活动、自然因素和历史因素的影响，水土流失严重。同时，由于峡山口上游紧连的东风湖，实行限制堤防高程，一旦达到一定水位，需强制破堤行洪，减少淮河干堤的压力和峡山口的泄洪压力。因此，山口村沿淮河岸线、淮河干堤营造水土保持林，形成防护林网，改善水流冲击造成的水土流失。村东建设承包田防护林，完善防护林网结构（图5–31）。

山口村依托淮河岸线进行水环境治理工程，积极实施千万亩森林增长工程、农村环境整治、美丽乡村建设和增绿补绿三年行动，整治沿河码头堆场和滩涂地植树造林，实现村域内应绿尽绿，森林覆盖率提升至46.2%，主要道路、河流绿化率达97.8%，2019年入选第一批“国家森林乡村”。

二、技术思路

依托自然本底条件开展农田防护林和水源涵养与水土保持林建设，通过退耕还林工程和林业增绿增效行动，形成多重防护林带，改善区域生态环境质量。适用于林田资源丰富，毗邻水域且易发生洪涝灾害的乡村。

三、植物选择与配置

结合周边自然生态环境，以防护林为主，丰富植物配置，主要种植樟、栾

图5-31　山口村防护林平面布局

树、槐、中山杉、落羽杉、桂花、枇杷、桃等乔木，以及紫薇、月季花、红叶石楠等灌木。

四、典型模式

（一）构建功能多效的淮河岸线防护林

第一道淮河岸线防护林。在堤顶路与水域之间形成第一道防护林，防止水土流失以及泄洪时洪水泛过公路破坏农田。靠近水域一侧形成“水生草本—耐水湿灌木—小乔木”的种植结构，保育修复湖泊、湿地；另外一侧形成“观赏花卉—花灌木—乔木”的种植结构，提高观赏游憩功能。第二道淮河干堤防护林。在农田与建筑间形成第二道防护林，实施水土保持林营造、次生林改造等措施，封育保护现有植被，与第一道淮河岸线防护林共同作用，严防水土流失与洪涝灾害。第三道承包田防护林。在淮河岸线、淮河干提之间，沿河、渠和公路两侧建设农田防护林网，多行或单行带状种植，形成两道防护林之间的防护林网（图5-32）。

（二）结合防护林构建经济林果体系

山口村在防护林的树种选择上主要考虑了乡土树种与经济树种。选择樟、栾树等乡土树种，适应当地的气候、土壤、水源等自然环境，有效减少水土流失。在生态修复要求较低，且土壤等条件较好的地区，结合防护林种植中山杉，发展特色产业，增加村庄居民收入，实现经济与生态双重效益。

五、成效评价

山口村结合淮河岸线水环境治理和多项防护林工程的建设，有效提升了区域生态环境质量。通过实施“林长制”，提升管护措施和成效，森林资源得到有效保护，杜绝了“年年造林不见林”的现象，实现了“造一片、活一片、成一片”的目标。同时，利用河滩地、拆迁码头和废弃地建设了耐湿树种资源库，在做好种质资源保存的同时，为中山杉种植培育产业提供了支撑。良好的生态本底也带动了乡村旅游的发展，村里建设了集住宿、餐饮于一体的农家乐，每年为村民带来了可观的经济收入，实现了经济与生态双重收益。

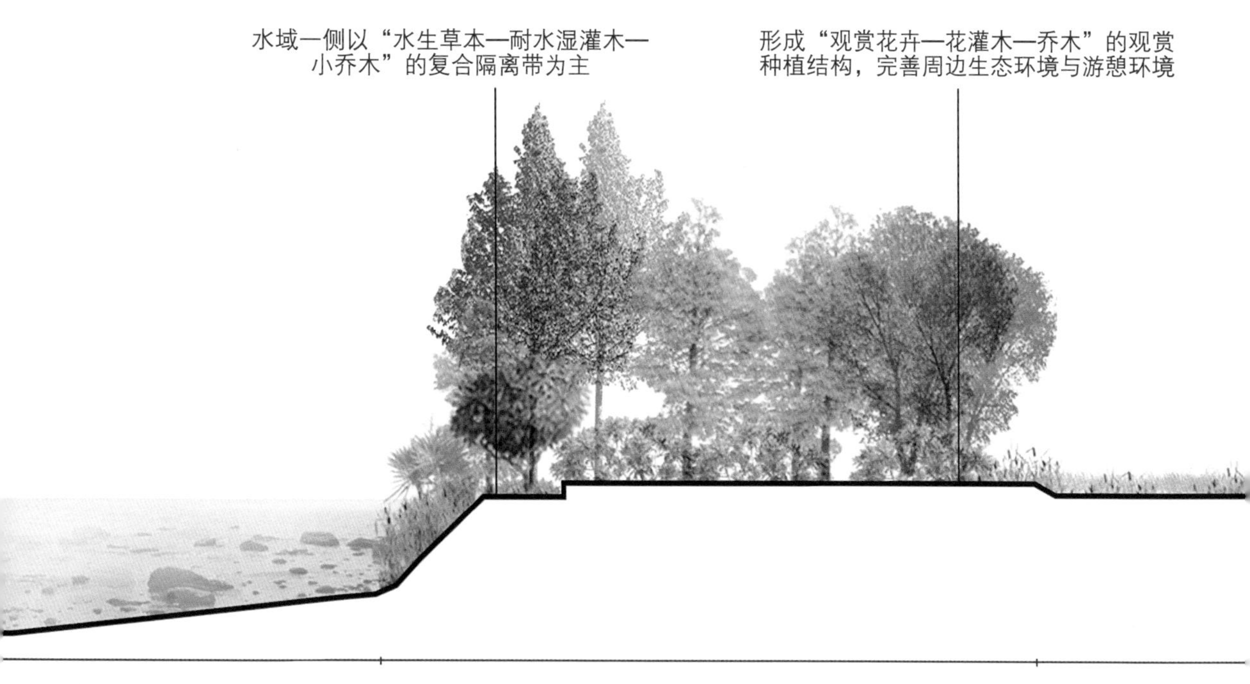

图5-32　山口村淮河岸线防护林模式

台湾打帘村

以产业塑景观，以产品促发展，台中花乡的公路花园与园艺观光

发展方向：乡村生态产业经济发展

一、基本情况

打帘村位于台湾地区彰化县田尾乡北部，所在田尾乡以花卉生产和公路花园著名。1973年开辟公路花园园艺观光区，花卉年产量与种类居全台湾之冠，有“台湾花乡”之称。

田尾乡是台湾最早开始种植花卉的地方，但随着岛内南北大型花市的兴起，田尾乡作为花卉批发重镇的优势逐渐滑落。于是，1971年尾田乡开始建立公路公园，1973年省政府正式将该区规划为公路公园园艺特定区，成立彰化县田尾公路花园协会，利用路旁原有的花木美化公路，打造公路公园。1981年将公路公园正式更名为“公路花园”。

2002年，田尾乡将公路花园拓展为“田尾乡休闲园区”，发展观光休闲旅游。打帘村与溪畔村、丰田村、北曾村、田尾村等村庄在田尾乡公所和田尾公路花园协会的联合下，成立了田尾乡公路花园景区，成为台湾地区花卉生产销售的中心产区。沿路不仅有花卉树木卖场与种植区，还开设休闲农场等一系列乡村体验场所。围绕景区旅游发展，打帘村开展了庭院绿化美化，大力发展农家休闲旅游和设施农业，提升村内基础设施建设水平（图5-33）。

二、技术思路

村庄依托产业特色和公路基础设施，建设花卉特色乡村景观廊道，沿公路发展花园、农场、苗圃、园艺中心等观光园，形成公路花园的发展模式。同时，打造鱼菜共生、资源循环的休闲生态农场，建设菜园、果园、鱼塘结合的生态餐厅，实现乡村绿色发展与村民创收共促共赢。本思路适用于交通便利、具有园艺产业特色的村庄。

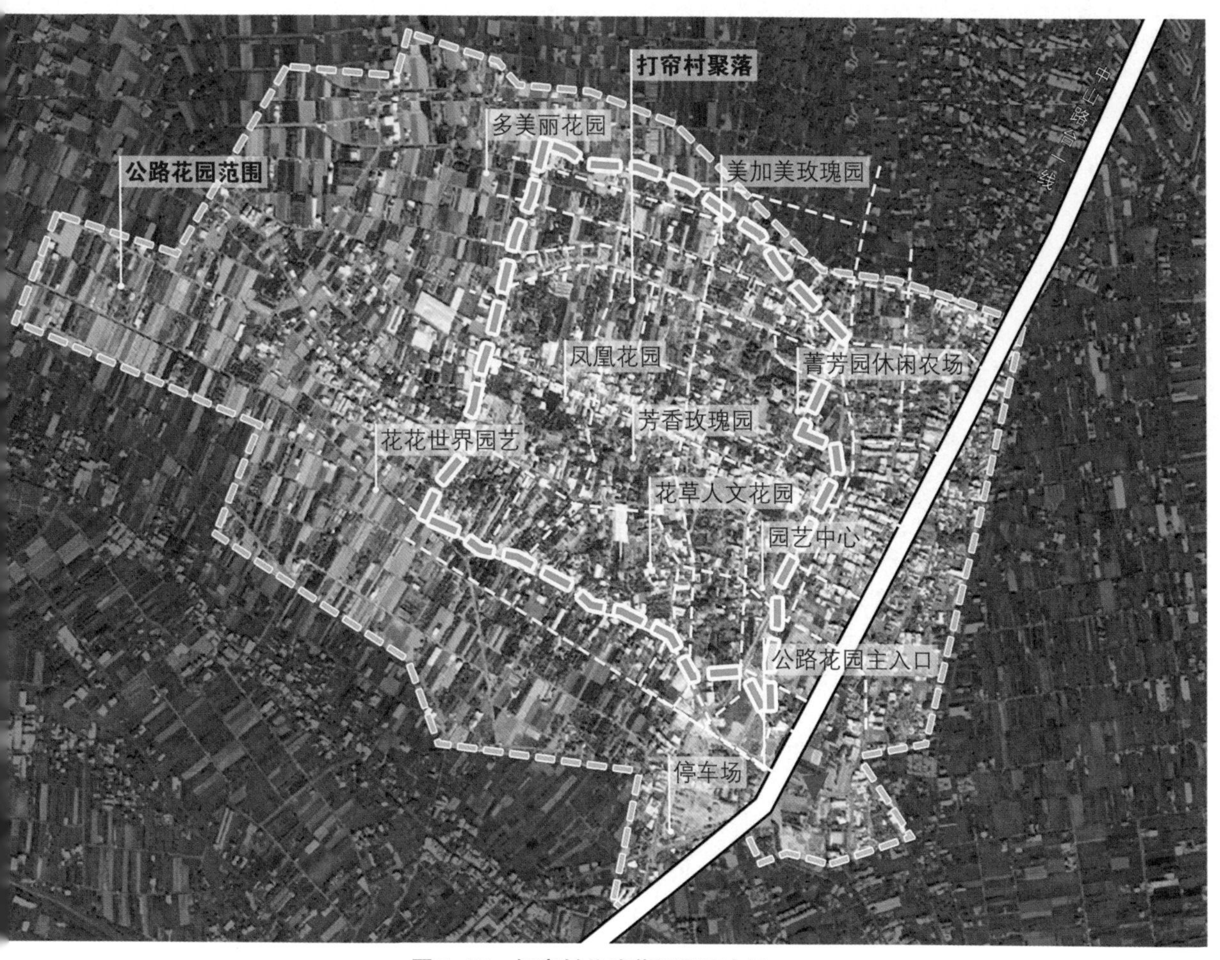

图5-33　打帘村公路花园平面布局

三、植物选择与配置

打帘村整体视野开阔，植物景观特色和层次鲜明。远景多为成片规则式种植乔灌木，如番石榴、白兰、洋蒲桃、沙田柚等；近景多为栽植草本花卉形成花海景观，如香石竹、向日葵、非洲菊、薰衣草、洋桔梗等。路旁种植乡土树种，如榕树、椰子、台湾相思等乔木，以及胡椒木、朱槿等灌木；庭园内部则多采用乔灌草复层植物配置模式，如“凤凰木—酒瓶椰子+千年木—水鬼蕉”“蓝花楹—龙牙花+胡椒木—仙茅”等；部分花园设计成主题盆景园，如叶子花盆景园、榕树盆景园等。

四、典型模式

（一）建设乡村景观廊道串联花园节点

依托田尾乡一号省道，绿化美化公路沿线。将公路两旁的艺圃花圃规划为田尾公路花园，注重公路沿线及节点景观的绿化美化，打造线性景观廊道。连接景区与村庄的公路两侧植物景观优美，在沿线设有多种特色乡村体验活动，为游客提供便捷易达的旅游服务功能和良好的园艺风光，吸引游客停驻游玩。

共建公路花园景区，丰富多彩园艺体验。打帘村公路两旁汇集了亦农亦商的花圃、苗圃和园艺店面，箐芳园休闲农场、凤凰花园、花草人文花园、园艺中心、芳香玫瑰园、美加美玫瑰园等各式花卉苗木交易苗圃沿村庄道路分布。既方便游客沿途欣赏绚烂的乡间美景，感受沿路花香，采购花木，又能通过游园观光，领略各具特色的造型花木、奇花异草、花海彩林等景色，为游客带来美好的乡村旅游体验（图5-34）。

（二）花木产业结合乡村旅游发展

从田园到民宿，创新园艺观光体验。随着游人大量涌入，传统的基地苗圃模式逐显陈旧，当地村民创新性地引入园艺DIY活动、亲子农场、生态餐厅、网络销售、订单生产、活动展销等现代化园艺经营模式，方便游人深入体验花卉风情，使打帘村经历了从田园观光到农家民宿和乡村旅游的发展转型。民宿入口处多布置休闲小庭院，形成与公路之间的视线屏障，庭院外围种植台湾栾树、榕树、樟等高大乔木，保证内部庭院私密性。庭院内部多布置叶子花、真柏、绿岛榕等造型盆景，从民宿二楼可眺望欣赏当地特色的菊花田、鸢尾花田、观赏草花田等。

鱼菜共生，营造生态休闲农场。打帘村所在的田尾乡地处浊水溪冲刷的下游平原一带，气候温和、土壤肥沃，水道纵横，为园艺产业、乡村绿化美化提供了良好的生态本底。位于打帘村的菁芳园休闲农场，遵循生态环保、低碳节能原则，建设生态共生池饲养各式淡水鱼种，种植水土保持植物、培育温室多彩花卉，成为一个结合菜园、果园、鱼塘的生态餐厅。园区的植物种类多样，季相变化丰富。生态池旁配置色彩绚丽的鸢尾，营造出春季的烂漫景色；夏季百日草、月季花热情绽放，水面莲花似玉；秋季落羽杉营造庭院秋色，冬季还有瀑布般的绿色攀藤植物（图5-35）。

五、成效评价

打帘村所在的田尾乡致力于园艺产业，建设集花卉生产、休闲旅游、观光度假于一体的公路花园，依托良好自然资源、交通优势及特色花卉产业，形成田尾乡公路花园，营造了极具影响力的“台湾花乡”。打帘村将生态农业与旅游

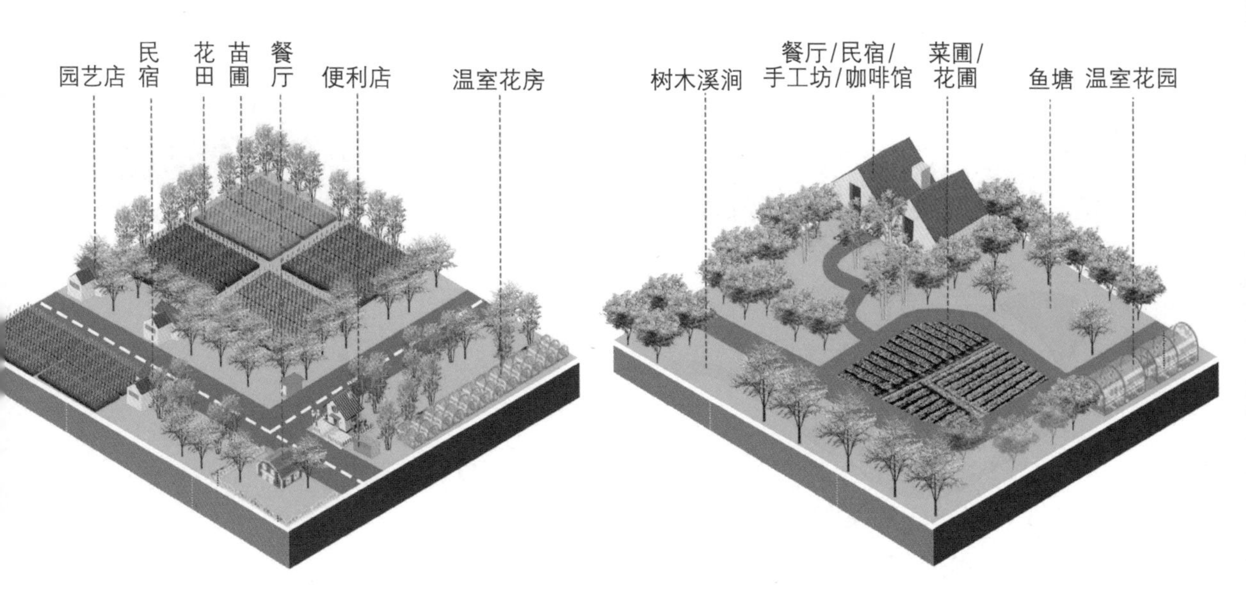

图5-34　打帘村公路花园模式

图5-35　打帘村生态农场模式

观光结合，沿公路建设花园、花圃，沿途尽享乡间美景。为适应园艺市场需求，打帘村四时有景，不受花季限制。园艺景观产业的快速发展让村民认识到绿化美化的重要意义，当地花农不断钻研种植技术，进行植物品种改良和更新，满足多元化的客群需求。大批年轻人返乡创业，同时导入新的经营手法和生态理念，提供寓教于乐的农场观光以及新奇别致的民宿体验，促进了当地休闲观光和乡村旅游发展。

第四节 平原水乡

浙江耕读村

治污扩绿，增彩延绿，
环境治理与绿化美化协同推进

发展方向：乡村自然生态保护修复+乡村生态产业经济发展+乡村生态文化保护与传承+聚落人居环境整治提升

一、基本情况

耕读村位于浙江省衢州江山市贺镇，包含耕读、大石山底、竹青坞3个自然村。耕读村西侧浅山丘陵以东分布着农田及海棠湖，自然环境基底优美，远有层峦叠嶂，近有碧波粼粼。

2008年以前的耕读村以水泥工业、采矿业和畜牧产业为主，水体污染严重，空气粉尘弥漫，是一个因味道重、环境差远近闻名的“水泥村”“养猪村”。2006年耕读村制定了《江山市耕读村发展规划》，开始环境整治和乡村绿化工作，多年来通过大力开展植树造林、绿化荒山，修复生态环境，营造了水清景美的村庄风貌。

2010年，耕读村成为江山市首批“中国幸福乡村”。2013年年底，耕读村启动秀美耕读景区创建国家3A级旅游景区工作，2019年入选第一批“国家森林乡村”。

二、技术思路

从生态环境修复出发，采用“生态修复+生产景观+耕读体验”的乡村绿色发展模式，恢复因村庄产业发展而遭到破坏的生态本底条件。结合村口古树名木保护复壮、宅旁路旁的小微绿地建设，科学扩绿、护绿，实现村庄宜绿则绿、应绿尽绿。本思路适用于自然基底条件良好，但生态环境在村庄建设过程中遭受破坏的乡村。

三、植物选择与配置

滨水采用湿生植物修复河道，营造自然生态的植物景观，路旁采用规则与自然结合的种植形式。在植物种类的选取上，乔木主要有油松、白皮松、樱桃、枇杷、桃、枣、杨梅等；灌木以金橘、红花檵木、小叶黄杨和紫叶小檗为主；地被植物为燕麦、向日葵、花生等。村落植物以古枫香树为景观塑造核心，植物种类包含枫香树、桂花、银杏、红豆杉、柚子、冬青等乔木，小叶黄杨、红叶石楠、红花檵木、女贞等灌木，以及韭莲、沿阶草等草本植物。

四、典型模式

（一）水环境修复与乡村特色产业结合的生产景观重塑

修复水体。同步开展环境整治、土地整治和乡村绿化美化，还原水乡生态风貌。通过“五水共治”，进行治水治污、拆猪场等工作，将生活污水截污纳管，控制污染源。从峡口水库引进活水，改善湖水水质。对海棠湖湿地进行人工清淤，利用湖底淤泥修复废弃水泥厂、采石场，恢复经济作物的种植环境。重新挖通湖底的古泉水，开辟出天然泳场，在湖中放养淡水鱼类，设计草坡驳岸，还原海棠湖湿地的原生态自然景象（图5-36）。

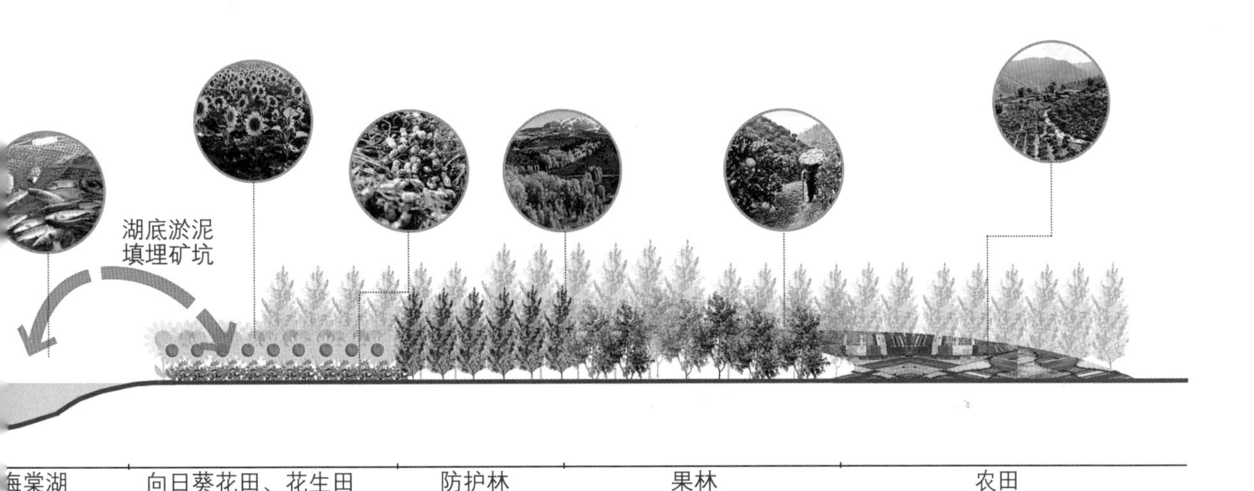

图5-36　耕读村生态修复与经济林果模式

建设生产景观，发展经济林果生态种植。在生态修复的基础上，采用无公害栽培技术，种植樱桃、枇杷、桃、枣、杨梅、金橘等优质果树。利用周边农田，种植燕麦、向日葵、花生等，形成农林复合的生产景观。

策划体验，丰富水乡耕读游憩类型。通过引入社会资本，发展乡村生态产业，并开展绿化美化建设。通过集中承租湖塘水库以及周边的部分农田、山场，发展耕读村秀美景区。景区内开设了儿童耕读农场，提供种植瓜果蔬菜的亲子活动，形成了集农业观光、果品采摘、垂钓、种植、养殖、休闲娱乐于一体的水乡耕读体验环境。

（二）应绿尽绿、复层立体的街巷生活景观营造

耕读村本着“宜绿则绿、宜建则建、应绿尽绿”的原则，利用村口古树、村内路旁空间、边角地、空闲地扩充乡村绿量，构建形式多元的小微绿地体系，丰富村民的绿色活动空间（图5–37、图5–38）。

图5–37　耕读村宅旁绿化实景

图5–38　耕读村路旁绿化实景

复壮村口古枫香树，保护文化符号。村口的枫香树是耕读村绿化美化的源头，通过实施一系列古树保护复壮措施，这棵濒死的古枫香树如今已枯木逢春。结合古枫香树保护，在古树外围营造纳凉绿地，为居民提供休闲空间的同时，保护延续村庄的精神文化象征。

丰富街巷绿化层次，充分增绿延绿。利用村内的小微绿地种植一大批优良绿化苗木，注重乔灌草花藤搭配和立体绿化，形成高低错落、层次丰富、茂密葱郁的绿色空间。同时，村内整体实施院墙整治，利用灌木、攀缘植物、悬挂盆栽进行立体绿化，形成古朴且生机盎然的街道景观。

注重道路景观视线，路旁绿化融于乡野自然。村庄主要道路两侧通过规则式行道树种植，结合乔灌草复合搭配，营造干净整洁的村容村貌。充分保留从道路看向远方田园山林的自然透景线，越远离道路，种植形式越自然，直到与周围的森林融为一体，形成由规则到自然的植物景观过渡，使村庄绿化与自然环境、村容村貌与田园风景和谐相融。

五、成效评价

耕读村以生态本底修复支撑生产景观重塑，以古树名木保护引领生活文化传承，以绿化美化促进生产生活生态的协调共荣。通过全村上下共同不懈努力，海棠湖生态得到修复，湖旁生态农田生产效益良好，村域范围内绿化美化工作取得了显著成效。村里还制定了村规民约保护生态环境，严禁村民乱砍滥伐和移栽出售村内树木。村民生态文明意识普遍提高，自觉维护绿地系统，常年参与绿地养护。

如今，耕读村绿满山头，古木擎天，郁郁葱葱。村子四周林带环绕，村里花圃、乡土地被、行道树木簇拥着座座农家老屋新楼，面貌焕然一新。不仅村庄颜值大幅提升，村民也收获生态经济带来的绿色实惠，通过发展农家乐，解决了村内近八成劳动力的就业问题，每年为耕读村带来丰厚的直接经济收益，真正把看得见的“绿水青山”转变成了摸得着的“金山银山”。

浙江清漾村

清漾古村，书香水乡，
生态文化融合发展的江南水乡古村落

发展方向：乡村生态文化保护与复兴+聚落人居环境整治提升

一、基本情况

清漾村位于浙江省衢州市江山市石门镇，迄今已有近1500年历史，是江南毛氏发祥地，毛泽东祖居地，全村300多户，大多为毛姓（图5-39）。

清漾村文物古迹、村落格局保存完好。村庄三面环山，北部有文溪川流过，维持着良好的耕作格局。始纂于北宋年间、共计60多卷的《清漾毛氏族谱》保

图5-39　清漾村毛氏祖宅与荷池实景

图5-40　清漾村文化游线平面布局

存完整，于2002年3月被列入首批中国档案文献遗产名录。另外，村内有清漾古塔、毛氏宗祠、毛氏祖宅、古樟树、古道等历史遗迹，当地民居呈现秀丽优美的特点。

为了充分利用清漾村丰富的历史文化资源，发扬清漾毛氏文化，自2006年以来，清漾村进行了系统的特色文化保护与开发工作。2022年，清漾村全面开展未来乡村建设，以发展文化旅游为特色，以建设美丽乡村为抓手，打造古村文化景区，盘活村庄闲置资源，实现农耕文化的传承，提升人居环境质量，切实增加当地居民的收入。2006年清漾村入选浙江省第三批“省级历史文化古村落”，2010年成功创建了“中国幸福乡村”，2019年入选第七批“中国历史文化名村”，2019年入选第二批“全国乡村旅游重点村”（图5-40）。

二、技术思路

保护修复传统聚落生态环境，重塑村庄历史文化节点，通过绿化美化营造感知书香文化的清幽环境，强化以江南水乡、农耕文明为特色的古村古韵文化。本思路适用于传统风貌保存完好、生态环境良好、文化底蕴深厚的传统村落。

三、植物选择与配置

保护村庄外围绿水青山生态格局，在村庄内部打造文化游线和景观节点。

路旁种植桂花、红叶石楠、山茶等富有乡土特色的常绿观赏植物；宅旁种植桂花、络石、红花檵木等与当地传统建筑风貌相得益彰的常绿观赏植物；水塘湖边种植荷花打造古韵景观，在河畔种植薜荔、垂柳等耐水湿乡土植物。

四、典型模式

（一）传承清漾毛氏文化，保护修复传统聚落生态环境

一是保护江南水乡景观格局。清漾村保留了以村庄聚落为核心，南面江郎山、北绕文溪川、宅外有荷塘、村外拥田野的江南水乡特色。二是重塑古村环境风貌。清漾村围绕毛氏祖宅、祖祠保护，结合荷池、盆栽等植物景观营造，重塑山环水绕、古朴清幽的古村落环境。三是传承清漾文脉精神。以荷池清廉、农田耕读等景观，烘托清漾毛氏文化“诗书名世、清白传家”的传统，弘扬清漾历史文脉精神，动态传承保护村庄文化。

（二）以绿亮村，以绿促游，构建清漾毛氏文化研学游线

一是联通蓝绿节点，营造游览环境。依托街巷、水系、古树、植被，营造乡村特色游览步道，串联古樟树、荷花池等节点，营造富有古韵古香的蓝绿游赏环境。二是串联文化节点，突出游览特色。串联故居、祖祠、祭祖广场、特色展览馆等历史文化节点，突出清漾毛氏文化感知研学主题。三是拓展多元体验，活化研学体验。衔接古树荷池、故居古宅等游览节点，打造了清漾书院、酒肆、木匠工坊、毛氏家宴、毛氏传习所等研学教育项目，突出活态化、沉浸式研学体验。

（三）结合村庄特色场景，开展路旁、宅旁、水旁绿化

一是利用路旁闲置地，提升景观实用功能。清漾村利用路旁闲置地、边角地，种植桂花、红叶石楠、山茶等乡土植物。结合路旁垃圾桶、指示牌等设施，搭配种植络石等攀缘植物，在提供实用功能的同时，建设整洁多彩的乡村街道。二是呼应建筑风貌，美化街巷景观界面。清漾村将庭院绿化、宅旁绿化与古村风貌、人居环境相融合，种植桂花、络石、红花檵木等乡土植物，搭配竹篱强化院落边界，柔化美化街巷景观界面，营造清新淡雅、恬静安逸的生活环境。三是突出水乡风情，丰富滨水景观特色。在湖边种植大片观赏荷花，复原荷花池古韵风貌，在文溪川河畔种植薜荔、垂柳等乡土耐水湿植物，并以当地特色卵石砌筑驳岸，形成富有江南水乡特色的乡村水景（图5-41）。

图5–41　清漾村四旁绿化模式

五、成效评价

清漾村将文化景观保护与乡村绿化美化相结合，通过传统聚落生态环境保护修复、文化研学游线构建、四旁绿化等方式，营造宜文、宜景、宜人的传统聚落环境和人居生态环境。同时，发展多种文化旅游业态，活态传承展示村庄历史文化，实现古村落历史文化保护和乡村振兴发展的协调共荣。村民们通过制作根雕，编织手工艺品，销售酱料、传统糕点，以及经营民宿、农家乐等方式，积极参与古村落的文化旅游经营，为古村落带来了新的发展价值。

第五节 城郊结合

江苏黄龙岘村

促循环、优产业、塑文化，
金陵茶村的山水林茶居生态格局塑造

发展方向：乡村自然生态保护修复+乡村生态产业经济发展+聚落人居环境整治提升

一、基本情况

黄龙岘村位于江苏省南京市江宁区江宁街道牌坊社区，距离南京市区40公里，交通便利，具有临近特大城市城郊的区位优势。村庄内分布生态旅游环线、战备水库和茶园等，生态资源丰富。

黄龙岘是典型的丘陵乡村，四周茶山、竹林环绕，以自然的生态景观环境和清茗沁人的茶山为特色。作为南京著名特产“雨花茶”的主要产区，黄龙岘主产“龙毫”“龙针”茶，茶叶精采细摘，手工制作，茶香四溢，口味醇厚，先后获得南京市“雨花杯”银奖和“建交杯”金奖，深受民众喜爱。

多年来村庄持续保护山水茶田的生态环境，将茶园生态环境、茶产业、茶文化与人居环境建设相结合，获得“金陵茶文化休闲旅游第一村”“‘金陵茶村’都市生态休闲旅游示范村”等美誉，也是江宁区确定的新一批“金花村”之一。黄龙岘村先后入选“全国乡村旅游重点村”“江苏省传统村落”。

二、技术思路

黄龙岘村通过保护山上的水源涵养林和水土保持林，修复晏公湖等水域和消落带生态环境，维持“竹林—茶山—湿地—湖泊”的生态循环机理，保护茶村的生态产业本底。立足茶产业资源，发挥茶文化特色，结合乡土材料和工艺使用、古树名木保护等方式，营造村庄小微绿地，打造特色街巷空间。利用村口空地、水塘，建设乡村公园，提高公共绿地的生态、游憩和防灾避险功能。本思路适用于城市郊区、生态底蕴良好、生态产业有一定基础和特色的村庄。

三、植物选择与配置

黄龙岘村以茶田种植为特色，以茶文化为内涵，既美化了环境，又发展了经济。在宅旁、宅间绿地配置山茶、茶梅等山茶科植物，围绕“茶”做透植物文章，游人既可以品茶叶，又可以赏茶花。茶文化风情街的小微绿地内保留了原有乔木，配置乡土花灌木及草花品种，如桂花、杜鹃、酢浆草等，并结合乡村主题布置生活元素和景观小品，提升乡土景观特色。

四、典型模式

（一）保护“竹林—茶山—湿地—湖泊”生态循环机理

黄龙岘村生态环境优越，湖潭棋布，景色宜人，其生态、科学的生产方式是村庄山水林田湖草美丽景致的基础条件。在生态治理修复方面，通过水源涵养、水质净化和建设消落带三种方式，保护黄龙岘村“竹林—茶山—湿地—湖泊”的景观格局与生态循环机理。一是水源涵养方面。保护山顶竹林，利用山坡营造茶田，发挥植物的截流作用和下渗作用，形成山林、茶田的水循环调控机制。二是水质净化方面。通过优化晏公湖自然驳岸和周边坑塘湿地，发挥湿生、水生植物的过滤、净化作用，同时形成适合动物及微生物生长繁衍的栖息生境，在修复水生态环境的同时，形成优美的生态湿地景观。三是消落带驳岸方面。水体驳岸采用软质驳岸方式，在保护原有植被的基础上，建立旱生植物带、草本过滤带、湿生植物带和水生植物带，营造自然分层的水生生境，形成季节性消落变化的景观（图5-42）。

（二）深挖茶资源特色，科学发展茶旅融合

黄龙岘村结合自身山水资源，依山就势布置茶产业种植区，以清香茶山和生态景观为特色，发展茶文化主题的休闲体验和观光旅游。

一是科学规划茶产业布局。黄龙岘村科学规划了茶景观与茶产业发展布局，

图5-42　黄龙岘村消落带绿化美化模式

构建绿色茶产业发展轴，打造了围绕茶生产的三产融合特色茶产业体系。茶产业发展轴西侧注重文旅休闲生活，依据规划合理布局茶文化度假休闲区，重塑乡村空间魅力。注重茶产业生态研发功能，通过发展高品质茶田、新品种科研试验茶田、茶田茶室和茶文化体验等特色产品，形成茶产业种植示范区，培育乡村内生动力（图5-43）。

二是深入挖掘茶文化底蕴。黄龙岘村的规划定位为“南京最具茶文化魅力的美丽乡村休闲体验区”，村庄充分挖掘茶文化历史底蕴、整合千年古官道驿道资源，沿线建设特色鲜明的主题乡村驿站，为游人提供欣赏茶园风景、感受文化底蕴的游览环境（图5-44）。

三是高质量管理茶生产全过程。沿用人工除草、人工翻地、施加有机肥等方式，开展有机化、无公害的茶园生产模式。黄龙岘保存了当地炒茶制茶的工艺，沿用手工工序生产茶叶。同时，与高校茶叶研究所合作，在黄龙岘设立黄龙岘教学实验基地，科学把控茶叶采摘、收购与制作环节的质量，确保黄龙岘茶叶的品质优良稳定。

（三）美化村落公共环境，营造茶文化场景

一是街巷绿地方面，茶文化风情街基于茶主题进行生活场景营造，对沿线公共空间进行绿化美化。街巷小微绿地通过多种方式进行美化，设置不同功能主题，包括结合大树保护，增加文化要素，营造休憩场所；结合竹材工艺展示，设置竹艺小品互动观赏节点，传承再现乡土工艺；结合公共廊架，提供休闲娱乐场所，丰富居民日常休憩空间（图5-45）。

图5-43　黄龙岘村茶园风景

图5-44　黄龙岘村街巷门户景观模式

（a）结合大树布置休憩设施

（b）设置廊架提供休闲空间

（c）利用乡土材料展示当地特色

图5–45　黄龙岘村小微绿地模式

二是宅旁绿化方面，在住宅旁边明确可利用的绿地范围，进行街巷空间美化。利用乡土容器摆放盆栽花卉，展现乡村意象，并在建筑外墙设置可移动立体绿化，美化建筑立面。

三是乡村公园与休闲绿地打造，在茶文化风情街入口空间打造休闲绿地，设立茶文化标识牌坊，摆放乡土盆栽，营造茶文化旅游的入口门户。利用村旁林地建设自然环境感知主题的儿童公园，通过设置不同功能活动区，丰富儿童的户外空间游憩体验。在村口处利用植物群落和微地形营造开阔、自然的绿色草坪游憩空间，丰富游客和居民日常休闲场所并兼具旅游安全的避险功能。

五、成效评价

黄龙岘村紧紧抓住茶文化这一特色，在保护修复的基础上依托优越的自然资源禀赋，发展生态休闲产业，创新植入民宿、农家乐等新业态，使得村庄劳动力逐渐回流，居民收入持续攀升。将当地丰富的自然生态资源禀赋转变为经济收益，逐步呈现集体经济强、村民收入高、乡村旅游旺、社会效益好的多赢局面。近年来黄龙岘村成功打造了黄龙岘茶文化特色村这一“金名片”，现如今的黄龙岘已成为近郊宜居、生态宜产、美丽宜游的金陵茶树，为村民和游客提供了“春华秋实、四季常青、鸟语花香”的生态和美景象。

四川高院村

川西林盘，巴适文化，
林盘传统景观格局保护与创新发展

发展方向：乡村生态文化保护与传承+乡村生态产业经济发展

一、基本情况

高院村所在的新繁街道隶属于四川省成都市新都区，位于成都的西北部，这里保留有成都平原独特的川西林盘风光。川西林盘是将农田、林地、人居有机结合，形成集生产、生活和景观于一体的复合型居住模式。林地与农田相互作用构成了乡村生态系统，并形成舒适的聚落小气候和宜居环境，高院村便是新都区中林盘保留完好的村庄之一。盛夏时节的高院村，绿树成荫，洋房错落。十多年来，高桥村立足林盘特色开展人居环境建设，现已建成较大规模的“锦绣田园，花香果居”城镇后花园，建设成全域生态化、美丽宜居的城乡环境。

近年来，高院村结合当地自然环境，大力推行“小规模集中、组团式院落、生态化环境”建设，发挥林盘特色打造各类农业产业园和田园观光休闲项目，建设出居、景、产三位一体的乡村景观，有效改善城郊融合型乡村面貌，带动产业升级和人居生态环境品质提升。高院村先后被评为“改善农村人居环境示范村”“四川省十大最美村庄”“美丽宜居村庄示范村”等。

二、技术思路

依托川西林盘特色开展传统聚落环境的生态保护与修复，保留原有植被，恢复和营造川西林盘景观，营造生态、宜居、富有地域特色的院落环境，结合林盘景观打造不同类型的田园体验项目，发展林盘经济，将生态保护与近郊休闲游憩有机结合、协同发展。本思路适用于保留有林盘、风景林、民俗林等植被资源，森林环境与乡村聚落人居环境关系紧密的乡村（图5-46）。

图5–46　高院村传统林盘聚落环境保护修复模式

三、植物选择与配置

村庄植物以川西林盘的常用乔灌草植被为主，其中常见的植被类型为常绿阔叶林和竹林，如樟树林、女贞林、杜英林、毛竹林、慈竹林等。庭院内植物配置模式较精细，孤植桂花、柚子等观赏特色突出的乡土乔木，其他乔木有雪松、刺柏、银杏、楠木、枇杷、棕榈等；灌木主要有杜鹃、南天竹、苏铁、栀子等；草本有麦冬、紫竹梅等。

四、典型模式

（一）农田环绕、林居璀璨的川西林盘传统聚落环境生态保护与修复

林田共生，促进农田—林地生态循环。以田为基底，林地为斑块，重塑林

田共生格局。林地具有典型的涵养水土、调节气候、净化空气等作用，农田则是粮食生产供给的主阵地，林田共生结构充分发挥了林地改善生态环境、保护生物多样性等多种功能，为农田生产功能提供保障支撑，促进乡村生态系统的良性循环。

林居相依，营造林水宅田的聚落宜居环境。高院村星罗棋布的聚落与周边的高大乔木、竹林、河流及外围耕地等自然环境有机融合，形成了以林、水、宅、田为主要要素的川西林盘聚落，营造春秋宜人、夏天遮阴、冬季挡风的宜居环境。村落建筑周围的树林、草灌被大量保留，房前屋后栽植有柚子、柑橘、枇杷等果树，郁郁葱葱、草木繁茂。建筑、庭院与周边高大乔木、竹林、河流等自然环境有机融合，像是散落在农田中的一个个绿岛。绿岛之外则是宽广的农田，其间路、渠、林、水交织，联系着各个绿岛，最终形成了林水宅田互联互通的有机形态。

绿色繁茂，保护多样化的动植物栖息地。林盘中包含的动物、植物、微生物及其环境构成生态系统，维持着群落和物种的稳定性。林、田、水、居、路等要素相互交织，不同的组合类型形成了多样的动植物栖息环境。因此，林盘中不仅植物种类和景观类型多样，也具有丰富的物种组成，物种之间的相互依存，维系着林盘生态系统平衡（图5-46）。

（二）以林盘景观与当地休闲文化为主导的近郊休闲游憩产业发展

发挥多类型林盘的功能特色，发展多样休闲活动。一是保护型林盘，以绿地为底，保留和维持原有植物群落，其间补植观赏花卉，形成绿意葱茏、错落有致的自然式庭院景观。在庭院内部铺设石板小径，蜿蜒曲折，营造庭院深深之景。二是利用型林盘，这类林盘一般面积较大，乔木高耸挺拔，下层空间灌木较少，绿草铺地。在林冠之下、林中间隙营造休闲场所，在林下草地上撑几把遮阳伞、摆几把木桌椅，摇身一变成为户外咖啡厅、茶馆等。抑或依托小气候良好的庭院，建设具有林盘景观特色的农家乐，打造各种慢节奏、舒缓放松的游憩项目。这些活动贴合了成都特有的“游文化”，为当地居民和外来游客提供了享受乡间慢生活的绿色环境，吸引游客前来休闲放松（图5-47）。

五、成效评价

高院村保护并修复了传统川西林盘景观，林盘聚落散落在平整的农田之上，

图5–47　高院村林盘内部实景

形成了林、水、宅、田相互融合渗透的聚落风貌，营造了舒适且独具特色的村庄人居环境。同时，高院村延续当地休闲文化，发展林盘农家乐、林盘咖啡馆等特色林盘经济，每到周末吸引大批的城市居民来到城郊游玩，塑造了成都“游文化”和乡村“慢生活”的绿色名片，推动了村庄经济和文化发展。

湖南光明村

补齐硬件短板，突出生态优势，城市近郊生态村的多彩环境教育

发展方向：乡村生态产业经济发展

一、基本情况

光明村位于湖南省长沙市望城区白箬铺镇，距离长沙市20公里，属于长沙半小时通勤圈内，金洲大道贯穿该村，区位优势明显。光明村生态基底优良，属典型的丘陵地貌，以山丘、河谷地形为主，地表缓和起伏，气候温和。村庄以光明大山而得名，山林植被茂盛，风清气雅，村内水源丰富，水草茂盛，具有得天独厚的景观资源。

过去的光明村是交通不便、相对封闭的山村，以山地为主，耕地较少，农民仅仅靠耕种人均仅1亩的土地生活。2008年，随着社会主义新农村的建设，光明村开始修建基础设施。其中，从市区通向光明村的金洲大道建成，缩短了光明村与城市间的交通时间，为村庄带来了前所未有的发展机遇。光明村以此为契机，大力完善基础设施，整治乡村环境，积极发展特色产业。

现在的光明村依托其独有的自然山水特色和交通区位优势，发展休闲农业、生态康养和自然体验，形成集观光、休闲、度假于一体的湖湘特色村庄。山脚下农居错落有致，建筑以青瓦白墙、朱门木窗为主，具有湖湘民居院落特色，庭院、菜园、花园、公园构成和谐的聚落环境。光明村先后获评"全国文明村""全国最美宜居村庄""全国特色旅游名村"等称号，2019年入选第一批"国家森林乡村"（图5-48）。

二、技术思路

随着金洲大道的建成，光明村的交通优势变得明显，村庄以此作为产业发展的契机，促进休闲农业和乡村旅游的发展。村庄挖掘当地山水谷田村的资源特色，结合环境教育，创新发展花果生产采摘、户外体验、自然研学相结合的生态

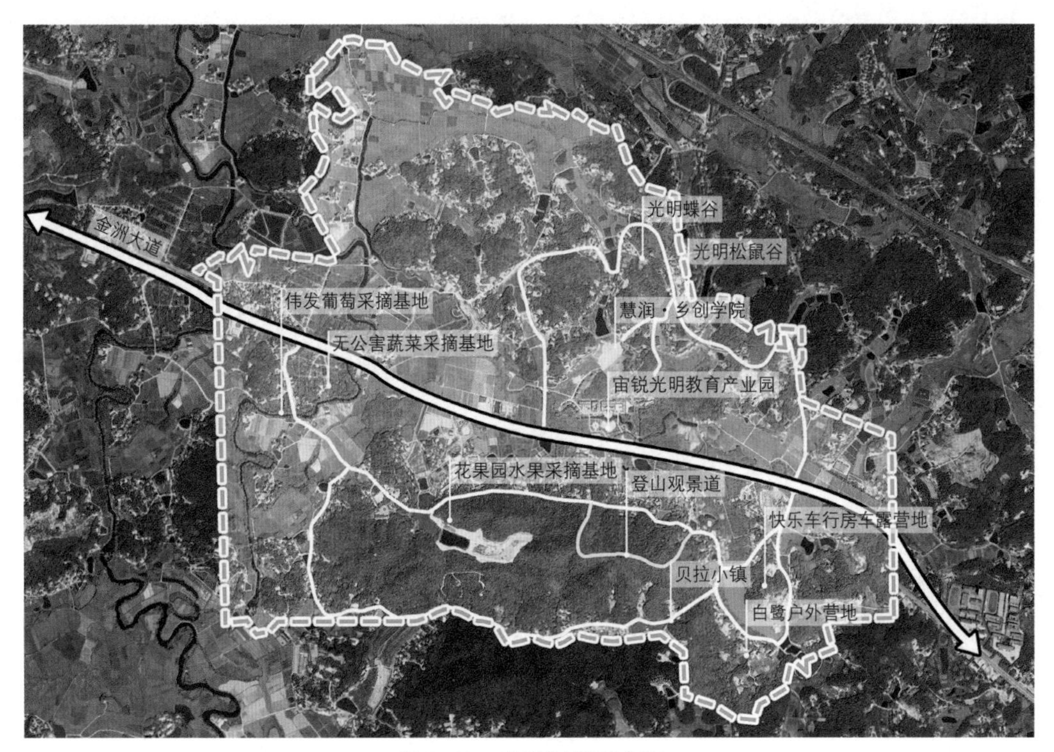

图5-48　光明村平面布局

游憩产业体系。本思路适用于区位优势明显且生态资源多样的城市郊区村庄。

三、植物选择与配置

光明村在路旁、宅旁、水旁、设施节点等处进行乔灌草复层植物配置，注重使用观花小乔木和灌木。乔木主要种植银杏、玉兰、樟、罗汉松、枇杷、桂花、石榴、山茶等，灌木有南天竹、紫薇、十大功劳、杜鹃、栀子、八角金盘等，草本地被主要栽植过路黄、金鸡菊、芋、艾等。

四、典型模式

（一）融于农林生态景观的环境教育系统

一是开展融入环保理念的森林环境教育。在营造良好的自然、生产、聚落环境的基础上，结合地形地貌和民俗文化开展多类型的环境教育活动。依托村域南部的白罗山和林地资源，设置登山探险游道和自行车环山赛道，建立户外露营基地、红枫基地等，提供林中漫步、森林浴、户外生存、自然探索等体验活动，融入无痕山林环保理念，推动森林户外环境教育。

二是开展与水环境治理修复结合的湿地环境教育。村域内水资源丰富，八曲河从西侧蜿蜒流过，莲花大塘、蜈蚣塘等数十个水库水塘分布村中。开展水环境生态治理和修复时，尽量保持其自然形态，与周边的田园、树林一起构成富有山水灵性的自然环境。驳岸绿化以香蒲、荷花、睡莲、芦苇等多年生的水生植物为主，营造适合水生生物生存的环境。在水岸边设置游憩小径、景观小品、亲水平台等，为人们提供观景垂钓、散步骑行、植物认知等进行生态观光和科普教育的活动场地。

三是依托特色资源开展农耕教育。农田沿金洲大道两侧分布，光明村通过发展农业躬耕园、特色蔬菜基地等，营造在田园环境中进行农事体验、农产品体验、农业科普的农耕教育环境（图5-49）。

四是开展以蝴蝶认知为特色的昆虫教育。利用村域北侧山水谷地的优势，建立湖南首家集蝴蝶饲养、昆虫研究、科普教育、观赏摄影、蝴蝶工艺等于一体的蝴蝶文化主题生态公园——光明蝶谷。结合民居建筑开设创意文化基地乡创学院，提供木工、剪纸、陶艺、彩绘等手工体验。

五是利用环境教育产业带动居民生态意识提升。通过发放宣传资料、讲解到户等形式在村内宣传生态文明理念。每年定期组织共产党员义务植树、维护绿化设施，成立专门的环保队伍。向村民科普宣传生态建设对村庄发展的重要性，通过环境教育带动乡村生态资源的保护和利用，推动生态宜居美丽乡村的可持续发展。

图5-49　光明村农事体验实景

五、成效评价

光明村通过保护修复乡村生态本底，推动村庄环境整治改善，发展特色生态环境教育和全域乡村旅游。近年来，光明村实施“千亩花海、千户庭院、十条精品路”绿化美化工作，引导村民自己动手、全民参与“多种树、广栽花、不露黄”绿化行动，现在光明村已呈现出错落有致、四季花香的乡村美景，优美的乡村环境吸引了越来越多的游客前来休闲观光。此外，以环境教育为特色寓教于游、寓教于业，传播资源环境保护相关知识，提高乡村旅游的社会价值，使乡村成为城乡居民学习生态文明理念的有机载体。

江西红星村

净生活污水，普生态意识，
环境整治与生态文明互促互长

发展方向：乡村生态产业经济发展+聚落人居环境整治提升

一、基本情况

红星村位于江西省南昌市湾里区招贤镇西端，距南昌市市区15公里。地处南昌城西北部的西山山脉中段，是梅岭风景区旅游南线上重要的行政村，自然资源丰富，生态条件良好。

红星村坐落于素有“小庐山”和南昌“后花园”之美誉的梅岭国家森林公园中。梅岭国家森林公园高山田园、风景如画，是一个山林秀色与人文景观相结合的休闲旅游胜地。村落周边山丘起伏，山间溪流众多，雨量充沛。过去，当地民靠生猪养殖增收，但由于污水处理设备不完善，生活污水偷排乱排，使山泉水受到污染，百姓生活用水也受到影响。

为此，当地政府结合山村的地势特点开展污水治理工作，因地制宜推广分散式污水处理设施，并建设人工湿地来净化生活污水。完成主干道周边、村庄周边、村庄内绿化，实现了乡村自然生态的有效保护，绿化总量持续增加，绿化品质不断提升。如今，红星村已恢复往日的秀水青山，并将休闲游憩、环境美化与生态文明建设相结合，不断带动村民生态文明意识提高，建立人居环境整治提升的长效机制。2019年，入选第一批“国家森林乡村”。

二、技术思路

红星村依托村庄山水景观环境，以村内公园绿地为载体，突出环境保护宣教功能和生态净化功能，营造净水、休闲、美化、科普功能于一体的乡村公共绿地，实现生态文明建设与乡村绿化美化的相辅相成。本思路适用于有生态治理、生态文明宣传科普需求的村庄。

三、植物选择与配置

红星村结合村内环境整治工作，将生活污水净化，营造生态植物景观。利用黄菖蒲、水葱、再力花等水生植物，集中净化污水。在公共绿地沿溪流种植垂柳、芦苇等植物。在公共绿地入口处及景观亭等节点旁种植红花油茶、红叶石楠、红花檵木等观赏性植物。

四、典型模式

（一）建设生态治理、科普教育功能结合的乡村公共绿地

一是公共绿地融入山林风景，展示生态文明。红星村内建设了两处公共绿地，以田地园地、溪流、山林作为背景，与村庄生态建设、生态保护工作相呼应。通过布置宣传牌、科普牌、景观水池等设施，宣传垃圾分类、污水净化、党政廉洁、田园农耕等科普知识，展示乡风文明（图5–50）。

二是结合人工湿地建设公共绿地，展示生态净化过程（图5–51）。村庄入口干道一侧的台地背后，溪流围绕台地向下游流淌。利用山脚下的下洼地势，建设污水净化池，池内种植黄菖蒲、水葱、再力花等景观效果好、净化作用强的

图5–50　红星村生态净化公共绿地模式

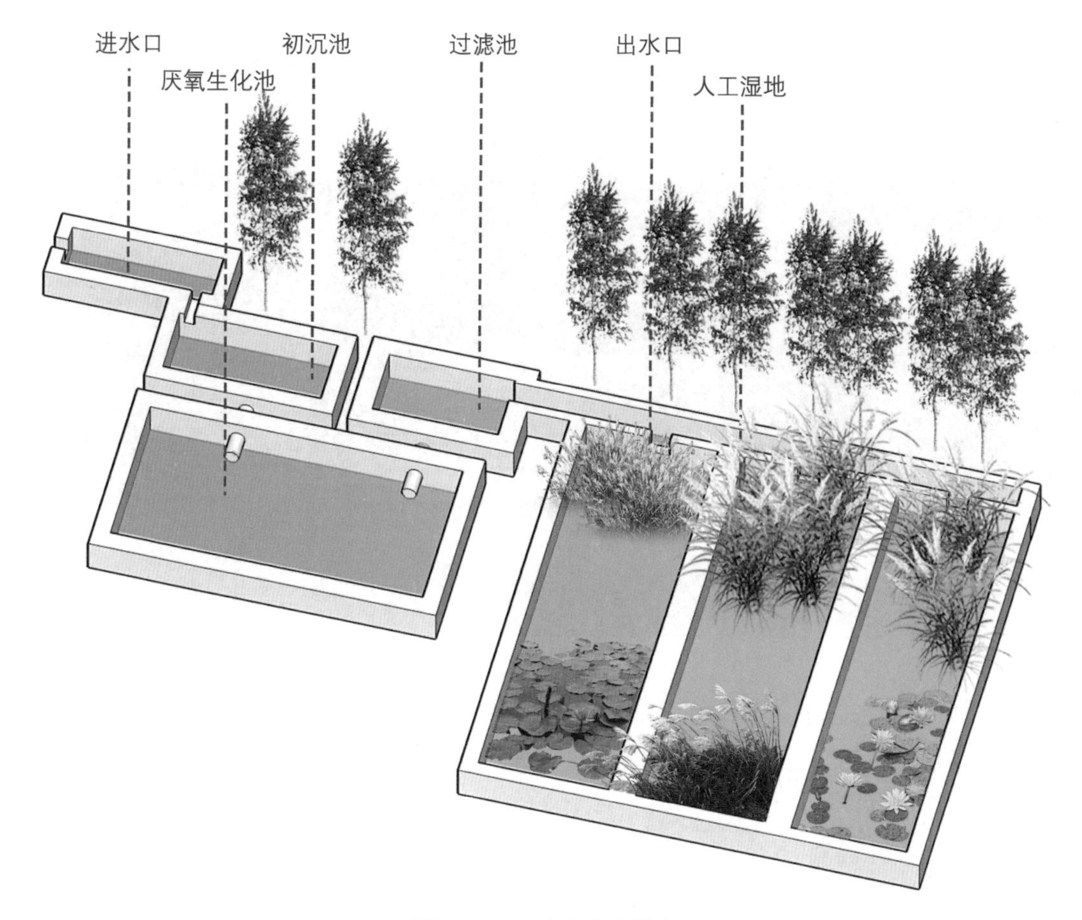

图5-51　生态净水池模式

水生植物，利用植物将生活污水进行多段式净化处理后排入溪流，从而缓解生活污水对溪流水质的影响，将生态治理和绿化美化相结合。

三是结合垃圾桶、乡土小品建设公共绿地，宣传垃圾分类知识。村内另一处公共绿地呈带状，顺着山体、溪流、村庄干道的方向延伸。绿地内设置垃圾分类、农耕文化和党建文化的宣传设施，在丰富村庄绿色休闲游憩空间的同时，也向日常通勤的村民、徒步上山的游客宣传垃圾分类和生态保护知识，强化了位于村庄入口门户处公共绿地的功能性、文化性和景观性（图5-52）。

五、成效评价

红星村充分利用村内闲置地，营造功能多元化的乡村公共绿地，将绿地与生活污水净化池相结合，建设人工湿地，将污水变成清流。结合生态科普宣传提高村民环境意识，实现乡村绿化美化促进村庄生态文明建设良性机制。随着

图5-52　红星村主干路旁公共绿地模式

森林公园内村庄的生态环境品质提升，慕名而来的游客增多。做好乡村绿化美化和乡村生态环境治理，一方面促进了乡村旅游发展，更让群众共享生态红利，另一方面也丰富了村民的日常生活、优化人居生态环境品质，带动村民生态文明意识提高，为保持农村人居环境整治提升和乡村绿化美化成果提供长效保障。

第六节 总体特征

我国亚热带湿润地区范围广阔、地貌类型丰富、热量和降水条件好，四季分明，雨热同季，地区内拥有丰富的自然资源和人文资源，为亚热带地区乡村绿化美化提供了良好的生态与文化本底，使乡村绿化美化形成了以下主要的发展趋势。

一是以荒山绿化、防护林构建为主导的生态保护与修复，主要包含荒山生态修复、农田防护林构建、水源涵养与水土保持林、河流景观廊道等模式。该区域拥有良好的森林植被、湖泊湿地等自然资源，在乡村绿化美化中首先加大天然林保护、荒山绿化、河流沿岸防护林建设、湖泊湿地保育等，保存良好的环境基底。以此为依托开展乡村公路、河流景观廊道和乡村风景道绿化美化，营造绿色优美的村域环境。

二是以生态旅游和绿色产业为主导的乡村生态产业经济发展，主要包含经济林果、观光园、乡村旅游、森林康养等模式。注重利用地势条件形成梯田、花海等特色景观风貌，对茶、竹、水稻、油菜花、各类果蔬、草药等具有经济、食用、药用、观赏价值的植物资源加以保护利用，逐步形成具有地域特色的乡村旅游、观光园、经济林果、森林康养、农家乐等模式。完善相关产业结构体系，拓宽了产业发展渠道，吸引更广泛的投资，为村民提供多样的就业机会，进而形成生态经济发展的良性循环。

三是以聚落景观、文化景观为主导的乡村生态文化保护与传承，主要包含传统农业景观生态保护修复、传统聚落环境生态保护修复、古树名木保护与文化游线构建等模式。这一区域人文资源丰富，乡村绿化美化注重挖掘和保护具有鲜明乡土特色的物质与非物质文化资源，包括保护古树名木、文化遗产环境，保护川西林盘、苗寨等传统聚落环境，保护修复稻田、油菜花田等传统农业景观，为乡村发展增添吸引力。乡村绿化美化也注重提升村民的环境保护意识，保障了乡村特色文化传承与社会经济发展的协调促进。

第六章

热带湿润地区乡村绿化美化模式范例

第一节 《 区域概述

一、区域范围

热带湿润地区包括边缘热带湿润地区、中热带湿润地区、赤道热带湿润地区3个气候区。位于我国最南部，南衔我国南海，东邻太平洋，西与越南、老挝接壤，北界与南亚热带相接，陆地区域面积不大。主要包括云南西双版纳南部、雷州半岛和海南岛、台湾南部，以及南海诸岛。行政区域上，包括广东南部、云南南部、台湾南部、海南及东沙、中沙、西沙、南沙群岛等。

二、功能区划

（一）海岸带

根据《全国重要生态系统保护和修复重大工程总体规划（2021—2035年）》，热带湿润地区雷州半岛和海南岛地区属海岸带，拥有热带雨林、季雨林生态系统，也有红树林、珊瑚礁、海岛、海湾等多种海洋生态系统，自然条件复杂多样，自然资源十分丰富。包含海南岛中部山区热带雨林国家重点生态功能区，以及环海南岛、西沙群岛、南沙群岛等重点海洋生态区，包括海南岛重要生态系统保护和修复重点工程。

（二）热带农林产品供给

根据《全国主体功能区规划》提出的“七区二十三带”的农业发展战略格局规划，热带湿润地区重要农业布局主要包括广西、云南、广东、海南的甘蔗产业带，海南、云南和广东的天然橡胶产业带，海南的热带农产品产业带。以海南环岛、雷州半岛、云南西南丘陵地区为主，发展热带特色农林业，种植水稻、甘蔗等农作物，天然橡胶、椰子等经济林果。海南省也是我国最重要的天然橡胶生产基地、农作物种子南繁基地、无规定动物疫病区和热带农业基地。

三、资源概况

（一）气候条件

气候特征主要表现为高温、湿润、四季不分明，降水不均匀，干湿季区别明显。年降水量990～2500毫米，5～10月为雨季，集中了全年降水量的80%～90%，东部近海迎风区和山区相较其他区域降水多。绝大部分地区多年平均≥10℃积温天数都接近365天，最冷月平均气温≥15℃，年均极端最低气温≥5℃，几乎全年适合作物生长。

（二）地形地貌

热带湿润地区地貌类型多样，陆地区域有山地、坝子盆地、台丘地、平原谷地。其中热带山地主要分布在滇南和海南岛，滇南的坝子（河谷盆地）和华南的盆地分布着河漫滩、河岸阶地、河谷平原等。河流水系多样，水资源丰富，但由于缺乏大河流，平原发育较差。向南海洋辽阔，岛屿众多，海岸线长，有大陆边缘、大陆架和深海盆等海底地形，琼雷地区还有火山地貌和珊瑚礁地貌。

（三）土壤资源

热带湿润地区的地带性土壤是砖红壤，有赤红壤、燥红土、黄壤分布。海南岛四面环海，中高周低，岛的最外环形成现代滨海沙土，向内为砖红壤。云南南部土壤则呈现垂直地带性特征，有砖红壤、赤红壤、黄壤、灌丛土等。

（四）动植物资源

热带湿润地区的地带性植被是热带雨林，干季明显区域为热带季雨林，海南岛较干的区域为热带稀树草原和稀树灌木。热带雨林分布在华南热带的低山丘陵和沟谷地区，主要树种有鸡毛松、蝴蝶树、番龙眼、望天树等。热带季雨林常与热带雨林镶嵌分布，有荔枝、刺桐、木棉等代表树种。由于热带的水热和土壤条件优越，表现出众多植物种类混生、优势种不突出的特点，形成层界不明显的多层林结构，群落外貌和季相变化表现为季雨林型特点，藤本植物和附生植物发达，气生根、板状根植物独具特色。此外，沿海有红树林海岸和珊瑚礁海岸，是热带海岸所特有的自然景观。本地区动物的种类繁多，特别是灵长类、爬行类、鸟类、昆虫等，有长臂猿、叶猴、红脸猴、直冠蛇雕、海南蛇雕等珍稀动物。

（五）人文资源

热带湿润地区相对独立，人口多由中原或闽潮地区迁移而来，少数民族众多，发展过程中受到中原文化的影响，具有包容多元的特点。潮湿、多雨、炎热的气候环境，多变的地形地貌，丰富的森林资源滋养了热带湿润地区独特的建筑文化，村落多与自然环境紧密结合，村落几乎全隐藏在树林里或地势稍高有水田的台地上，地铺玄武岩石板或青石板，四周栽种高大的乔木。西双版纳的傣族村寨、海南的黎族村寨等，就地取材，将竹、藤条、茅草、火山石等作为建筑材料，具有冬暖夏凉的优点。

（六）产业资源

热带湿润地区热带作物资源丰富，形成了以天然橡胶为核心，热带水果、糖料、油料、香料、纤维以及南药等产业为辅的热带作物产业布局，成为中国农业和农村经济不可或缺的重要组成部分。中国热区果树资源丰富，除了杧果、凤梨、番木瓜、香蕉、荔枝、龙眼等大宗热带果树以外，还有黄皮、番石榴、火龙果、红毛丹、洋蒲桃、蛇皮果、尖蜜拉等功能独特、经济效益显著的特色热带果树。此外，因其丰富的自然资源，较高的森林覆盖率，独具特色的火山、海洋、热带民居等景观，为生态文化、康养、休闲旅游产业的发展提供了良好的资源条件。

第二节《山区林区

云南曼累讷村

培特色植物，蕴傣族风情，
少数民族特色植物文化的传承新生

发展方向：乡村自然生态保护修复+乡村生态产业经济发展+乡村生态文化保护与传承+聚落人居环境整治提升

一、基本情况

曼累讷村是云南省西双版纳州景洪市勐罕镇下辖的行政村，位于勐罕镇东北部，距勐罕镇政府9公里，位于环坝游览公路沿线上。曼累讷村海拔约525米，年均气温21.8℃，年降水量1067.9毫米，当地植被以南亚热带的常绿阔叶林为主，森林覆盖率高达61%，村庄绿化率达86.54%。雨热条件好，适合种植水稻、玉米、茶、香蕉、凤梨、蔬菜等农作物，以及椰子、橡胶、柚子等经济林果。

村内世居傣族，自古以来就与自然和谐相处，村寨秉承“有树才有水、有水才有田、有田才有粮、有粮才有人”的古训，积极保护森林植被。傣族村寨的传统景观格局保存完好，有131株古杧果树、古菩提树，以及1000多年的缅寺、佛塔、杆栏式傣家竹楼居舍，点缀在绿树浓荫之中，民族风情浓郁，历史文化积淀厚重，蕴含着丰富的物质与非物质文化遗产。

曼累讷村注重生态文明建设，依托优越的自然人文条件，大力发展生态经济，山、水、田、园、房屋、道路等协调有序，融为一体。努力营建具有地域特征的景观环境，林地与村落有机融合，形成了村在林中、人在画中、景在情中的美好环境。2017年其下辖的曼远村被中央电视台评选为“全国十大最美乡村”，2019年住建部、文旅部、财政部正式公布曼远村为第五批“中国传统村落”之一。

二、技术思路

充分挖掘乡土植物的生态、经济、文化与社会的价值，结合功能需要塑造特色景观。包括整合村寨内外空间单元，种植乡土植物、经济林果进行聚落内部人居环境整治提升；打造乡村风景廊道和傣族特色的药用植物主题园，构建独具傣家特色的乡村风貌。本思路适用于山水林田资源丰富、植物资源特色突出的乡村。

三、植物选择与配置

曼累讷村根据栽植环境和植被功能特色，合理选择乡土植物，营造出具有傣族风情的植物景观。在村寨外围环坝路两侧种植印度紫檀、降香等乡土珍贵树种，打造珍贵树种生态路。在村寨周边的山林上，保护菩提树、酸豆、杧果树、见血封喉等古树名木，林缘种植椰子、橡胶、柚子等经济林木，营造功能复合、树种丰富的生态林。在大面积的水田周边，种植杧果、柚子、火龙果、凤梨等经济价值高的热带水果，进一步丰富农产品类型。在村寨的佛寺内建设药用植物园，种植铁刀木、板蓝根、望天树等傣药植物，打造特色观光园。村内道路旁种植凤凰木等乡土观赏植物，庭院种植杧果、柚子、椰子、芭蕉等可食可赏的热带水果，全面提升村寨内部的景观风貌。

四、典型模式

（一）借助生态建设工程契机，以乡土珍贵树种打造乡村风景廊道

依托生态建设，美化乡村道路环境。景洪市自2014年起大力开展造林绿化工程，号召全市每个乡镇着重打造1段河流和1段公路的珍贵树种绿化美化工程、2个村寨的珍贵树种四旁绿化、3个珍贵树种生态农村庄园，简称“1123工程”。曼累讷村所在的勐罕镇自2014年起依托“1123工程”，以生态建设为抓手，建成曼峦村至曼应岱村的1条珍贵树种生态路，打造完成曼景村、曼团村2个珍贵树种生态村，曼累讷村也借助该工程完成了村寨环境的整体提升。

种植珍贵树种，打造“最美环坝路”（图6-1）。一是优先选择珍贵树种，突出地域植物特色。曼峦至曼应岱村建成3公里长的珍贵树种生态路，道路两侧种植印度紫檀、降香、黄檀等乡土珍贵树种3000余株，营造地域特色道路景观，储备乡村绿色资产。二是合理安排乔木配置，巧妙组织景观层次。通过在道路两侧主栽主干通直、枝繁叶茂的乡土乔木，根据树种生长特征安排合理种植间距，组成“道路—树木—山水自然”的视线层次关系，营造“路在景中”的美好氛围。三是综合考虑冠幅与路宽，营造拱形林荫道。主栽乔木的冠幅、冠形与道路宽度相互匹配，乔木枝叶向上舒展交叠，形成了天然的“拱形林荫道”，郁郁葱葱的绿色隧道使整条路被誉为“最美环坝路”。良好的道路景观不仅提升了村寨周边环境，也吸引了众多游客观光。

加强管护监测，鼓励村民爱绿护绿。曼累讷村注重对“最美环坝路”及其周边绿化成果的管护，村内定期开展林业有害生物监测和防治工作，确保树木健康生长。在护林员和村民的精心养护下，“最美环坝路”茁壮成长，成为一道亮丽的风景线。

图6-1　曼累讷村珍贵树种生态路模式

（二）挖掘特色药用植物资源，以热带经济植物打造傣族特色观光园

建设傣药植物观光园，栽植推广傣族传统药用植物。由全体村民共同修建了曼远村佛寺药园，收集了铁刀木、板蓝根、望天树等120种傣药植物，以傣族传统方式，开展雨林植物迁地保护、繁育和傣医药传承研究，通过药品研究、药材生产、旅游观光等多种形式，拓展休闲娱乐与科普教育活动。

建设热带林果观光园，营造特色农林生产体验环境。村内种植杧果、柚子、火龙果、凤梨等热带水果，利用附近山地种植椰子、橡胶、柚子等经济林木，营造热带林果观光园。将乡村生活、农林生产和生态自然美景相结合，策划热带水果采摘、傣药制作、割胶大赛等特色活动，以自然环境为载体，传承当地传统生产文化和民俗文化。

（三）践行“在保护中发展”思路，保护古树名木和风景林，营造环村绿色画屏

制定古树名木和风景林木保护管理办法。对古树名树进行GPS定位并分类登记造册，截至目前，菩提树、酸豆、杧果、见血封喉等100余株名木古树在曼累讷村得到保护。

建立古树群重点保护示范区域。曼累讷村下辖的曼远村于2015年6月挂牌成立了“云南傣族竜山自然圣境保护示范点”，是西双版纳州的重点保护区域。内有近百株野生杧果树，被称为“蒙搭”，树龄300～600年，通过GPS定位实时监测古树生长状况。同时，将竜山的珍稀古杧果树作为特色，在村内大量种植杧果，通过吃、住等互动体验型农家游，提高农产品附加值。

延续风景林与村寨的传统格局。曼累讷村保留着传统傣族村寨的选址布局特色，将村寨隐匿在群山绿田清水之间，与山林、农田融为一体，通过禁止采伐、毁林开荒和限制房屋建设开发行为，保护村寨周边山林中的古树名木和风景林木，保证森林和村寨景观的完整性和连续性，使茂密的山林成为环抱村寨的绿色画屏，延续村寨自然格局和傣寨乡土风貌（图6–2）。

（四）呈现傣族文化内涵意象，片植乡土植物建设生态宜居特色傣寨

栽种具有美好寓意的乡土观赏植物，开展四旁绿化。“凤凰花又开了”寓意着傣族泼水节的到来，表达着傣族人民希望彼此平安幸福的美好寓意。因此，村内连片式种植凤凰木，凤凰木下发展牛肝菌林下经济，搭配观赏灌木，在绿化美化的同时，增加经济收入。凤凰木林中，还构建了摹画傣族传统习俗、文

图6-2　曼累讷村风景林与传统村寨布局

化及生产生活的文化墙，增加民俗氛围。

培育可食可赏的热带水果，发展庭院经济。每村利用庭院种植杧果、柚子、椰子等高价值的经济林木，使不同时节都有可供采摘的水果，为旅游增色，并带来一定的经济效益（图6-3）。

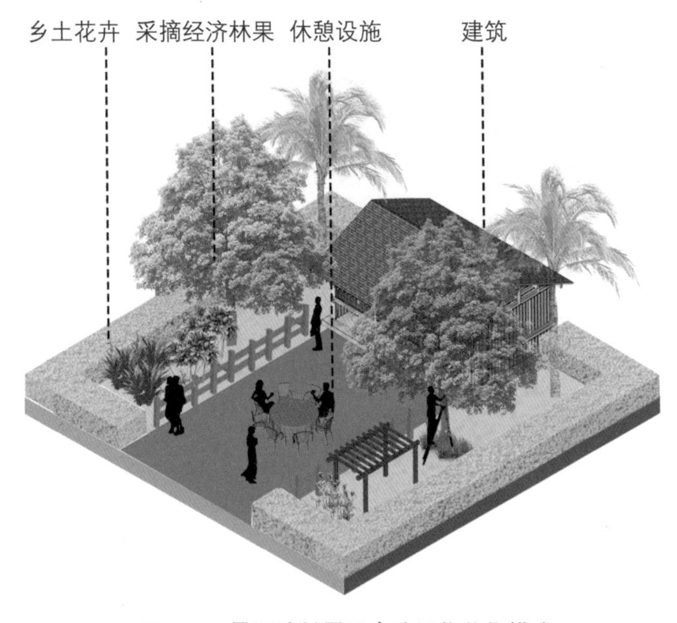

图6-3　曼累讷村居民庭院绿化美化模式

挖掘傣族文化特色，打造村内公共节点。曼累讷村将佛寺、佛塔、寨心、绿地广场作为景观节点，将生态文化融于村寨文化体验和公共空间营造，形成了人与自然、人与村落、村落与自然和谐共存的面貌，构成了独具特色的傣寨自然人文景观（图6–4）。

五、成效评价

曼累讷村以保护当地植物资源及其蕴含的傣族特色文化为基础，利用风景林地与古树名木构建了绿意盎然的生态风貌，为人们展示了傣族村寨营建的生态智慧与理想格局。充分利用村寨内外的可绿化空间，合理栽培珍贵树种、傣药植物、乡土观赏植物，彰显了村寨特色风貌，提升了人居环境质量。曼累讷村通过彰显傣寨自然和人文特色的绿化美化方式，推动了生态农业、生态林业和生态旅游业的综合发展，形成了人与自然和谐相处的傣族村寨人居生态环境。

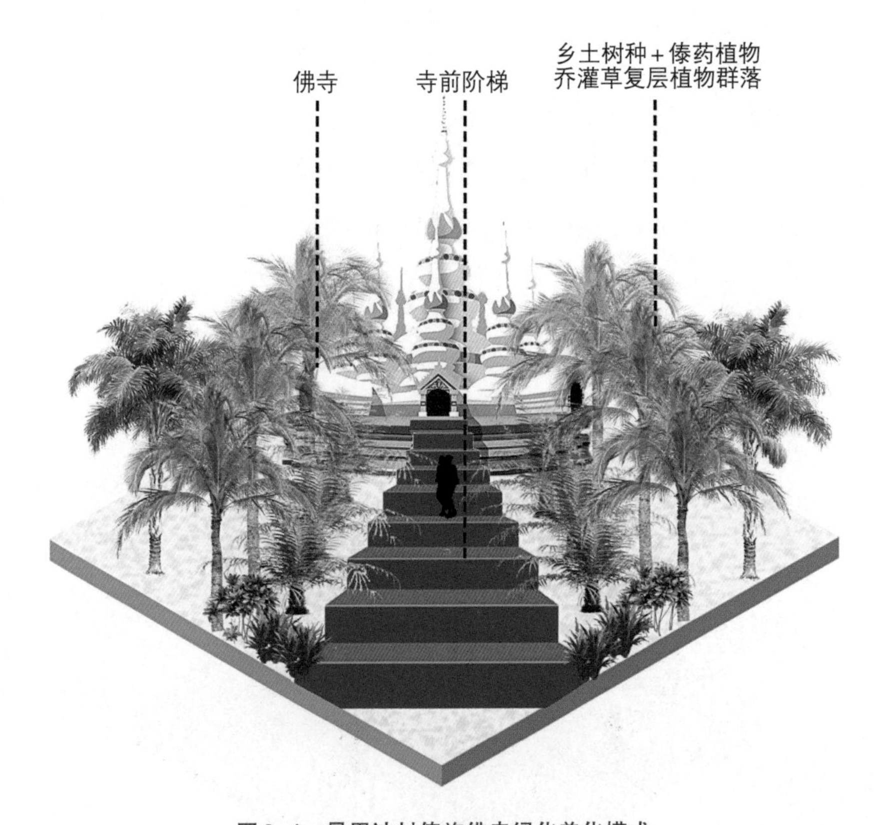

图6–4　曼累讷村傣族佛寺绿化美化模式

第三节 台地农区

海南施茶村

火山石斛，点石成金，
火山石上的金山银山与金乡银乡

发展方向：乡村自然生态保护修复+乡村生态产业经济发展

一、基本情况

施茶村位于海南省海口市秀英区石山镇北部，村内横跨绕城高速，是海南雷琼世界地质公园所在地，地理位置优越，交通便利。下辖美社、春藏、美富、儒黄、吴洪、博抚、国群、官良8个自然村（图6–5）。

图6–5 施茶村鸟瞰

施茶村坐落于火山脚下，该火山是世界上保存最完整的火山遗迹之一，地域景观资源独具特色。但地表分布大量火山岩，地少石多，土壤保水性差。尽管有优越的水热条件，但当地并不适合根系浅、不耐旱的农作物生长，只能种植木薯、地瓜等少数耐旱的农作物。2015年起，施茶村开始因地制宜发展石斛产业，在火山石上仿生种植高经济价值的金钗石斛，并引入智慧种植管理技术，以“企业+专业合作社+农户”的生产模式推广，使原本村民们头疼的火山石，变成了乡村致富的“金石头”。

依托优越的地理位置和独具特色的石斛产业，近年来施茶村大力完善基础设施，开展乡村绿化美化，形成了以石斛生产、加工、销售、观光为主导的林下经济产业模式。多年来，施茶村先后荣获“海南文明生态村”“海南省五星级美丽乡村”“中国幸福村”“全国乡村治理示范村”等荣誉称号，2019年入选第二批“国家森林乡村”。

二、技术思路

将火山岩“点石成金”，转变为支撑村庄产业发展的“金山银山”。在火山石上发展以石斛种植为特色，产游一体的石斛观光园。构建以自然为底、以点串线的道路景观廊道体系。同时，利用庭院绿化空间发展庭院经济，形成整洁通透的村落居住环境，增加村民收入。本思路适用于农林生产条件特殊，但具有特色资源的乡村。

三、植物选择与配置

针对特色观光园、多级道路、多种庭院类型等不同条件，因地制宜进行特色乡土植物种植。在特色观光园内依托特殊地质条件种植经济林果和林下药材，发展林药种植模式。路侧绿带以樟、棕榈作为行道树，交替种植栀子、叶子花、朱槿等开花灌木，采取“行道树、观赏性乔木+花灌木+地被”的种植模式。在村内主要道路两侧栽植如樟、榕树、散尾葵、金叶假连翘、鹅掌藤等观赏植物，形成“大乔木+小乔木+灌木”的复层绿化模式，在支路小路两侧等距设置小型种植池，栽植假槟榔等乔木。在居民庭院和单位场院绿化过程中，结合庭院空间特点及功能需求，合理种植庭荫乔木和观赏植物，形成了多样的种植模式。

四、典型模式

（一）点石成金，依托火山石与果林资源建设石斛种植观光园

一是发展基于特色火山石环境的高附加值林药种植模式。依托火山石地貌，在林下火山石上种植石斛，吸收了火山石中富含的硒等矿物元素后，石斛品质极佳，经济效益大幅增加（图6–6）。

二是打造果林结合石斛种植的特色农林观光旅游项目。种植在火山石上的石斛与保留下来的大片近自然果林形成了层次丰富、富有特色的植物景观，在其中布置施茶人家村志馆、石斛特色产品展厅、石斛咖啡厅、观赏步道、科普解说牌，火山石景墙、亭廊座椅等游览服务设施，形成特色农林景观观光旅游项目（图6–7、图6–8）。

图6–6　施茶村石斛观光园模式

图6–7　施茶村林药种植模式

图6-8　施茶村火山石石斛种植模式

三是全面引入智慧种植技术，精准管理植物生长。观光园采用智能化种植技术，配备有小型气象站、植物生理本体感知系统、植被健康诊断观测仪、水肥一体化控制系统、360°全景摄像系统等种植监测技术设备，保障果林和石斛的健康生长。

（二）以线串点，打造道路景观廊道体系

一是对村落之间的道路进行绿化。建设了特色旅游公路，串联自然村、火山口、溶洞等节点，形成富有热带特色的村域公路景观廊道。

二是对村庄内部主要街道及小巷进行绿化美化。在村内主要道路两侧种植高大遮阴树木，搭配观赏性较高的乡土花灌木和地被植物，对绿化空间有限的街巷空间，见缝插绿，栽植林荫树或灌木，或利用院落外墙进行垂直绿化，打造村内绿色街巷网络（图6-9、图6-10）。

图6-9　施茶村主要道路绿化美化模式

图6-10　施茶村次要道路绿化美化模式

三是对道路沿线村庄出入口、景区出入口、道路交叉口等关键节点进行重点美化绿化。选取樟、榕树、散尾葵、金叶假连翘、鹅掌藤、假槟榔等观赏性高的乡土植物绿化道路节点，结合景观标志物、景观小品、标识导览牌等，打造道路沿线的景观节点。

（三）因地制宜，复合发展庭院绿化和庭院经济

一是果蔬花园庭院模式。对大门、庭院步道、建筑前场地进行重点绿化，栽植观赏性和实用性兼顾的果树、蔬菜、花卉等。院落围墙和种植池多用富有当地特色的火山石砌筑，结合绿化摆放景观小品或坐凳等设施，形成美观和果蔬生产功能兼具的居住庭院（图6-11、图6-12）。

二是林荫铺装庭院模式。在大门入口处种植高大乔木遮阴，结合叶子花、朱槿、艳山姜等花色鲜艳的乡土花卉，强化入口景观。将大部分庭院地面进行硬化，等距设置种植池，栽植黄花梨等高大珍贵树木遮阴，并在林下设置桌椅、健身器械等设施，保障庭院通风，形成舒适的林下活动空间。在建筑转角、庭院边缘区域设置种植池，栽植少量花灌木或攀缘植物，实现见缝插绿、应绿尽绿（图6-13）。

三是林禽混养庭院模式。在庭院空间内种植黄花梨等乡土珍贵树木，并以火山石砌筑树池保护林木。庭院入户区域及建筑前设置少量硬质铺装场地，满足日常交通及活动需求，其余空间为软质木屑等生态材料铺地，林下养殖家禽，家禽粪便可用作树木肥料，形成林禽生产功能为特色的庭院绿化模式（图6-14）。

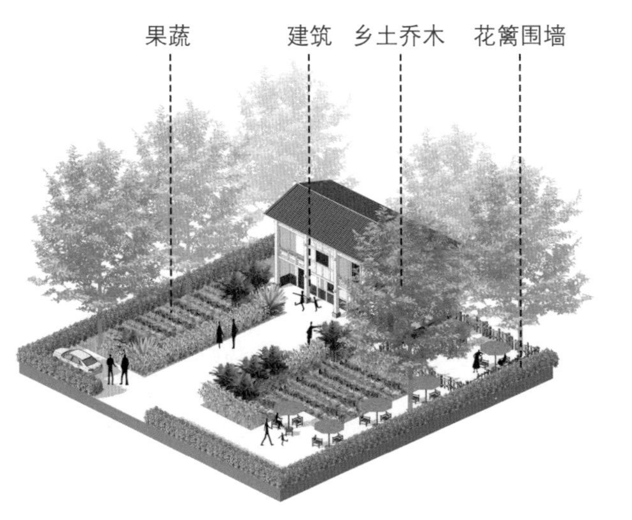

图6-11 施茶村果蔬花园庭院模式（一）

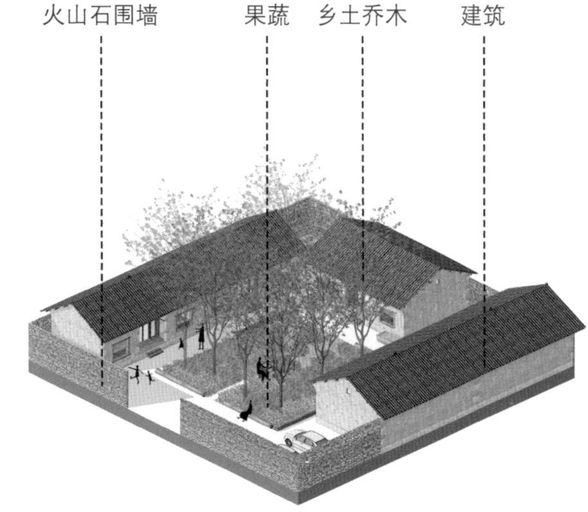

图6-12 施茶村果蔬花园庭院模式（二）

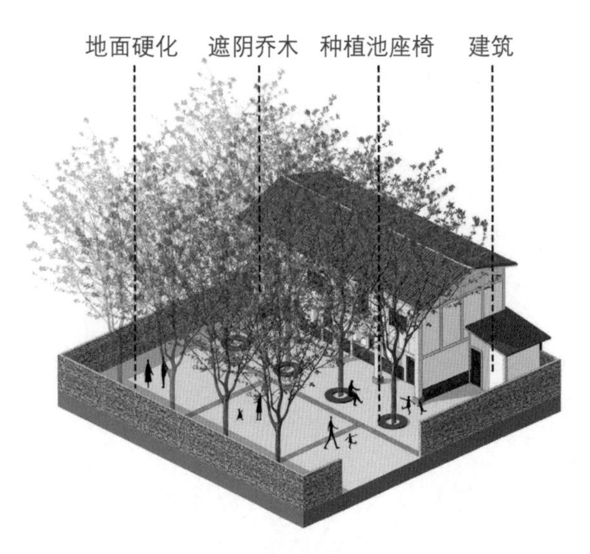

图6-13　施茶村林荫铺装庭院模式

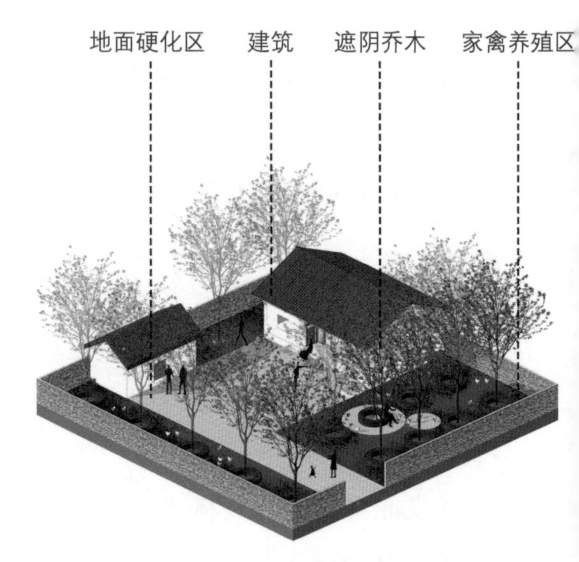

图6-14　施茶村林禽混养庭院模式

五、成效评价

施茶村因地制宜、点石成金，打造火山石斛种植示范园区及观光园，带动了农民就业和增收，将曾经不长作物的火山石变成了种植石斛的“金疙瘩”，通过建设林药种植观光园，形成了集石斛生产、加工、销售、观光为一体的特色产业模式。同时依托现有自然资源，充分保护现状林地及自然环境，开展村内道路整治、公路景观廊道建设、广场营建、庭院绿化等绿化美化工作，种植富有经济价值的热带植物，形成热带特色乡村人居环境，成为生态宜居、产业兴旺的样板乡村。

海南罗驿村

日月星林，火山石居，
传统村庄的生态格局与智慧传承

发展方向：乡村生态文化保护与传承+聚落人居环境整治提升

一、基本情况

罗驿村位于海南省澄迈县老城镇白莲区，有近800余年的建村史，历史文化资源丰富，是远近闻名的长寿之乡（图6-15）。

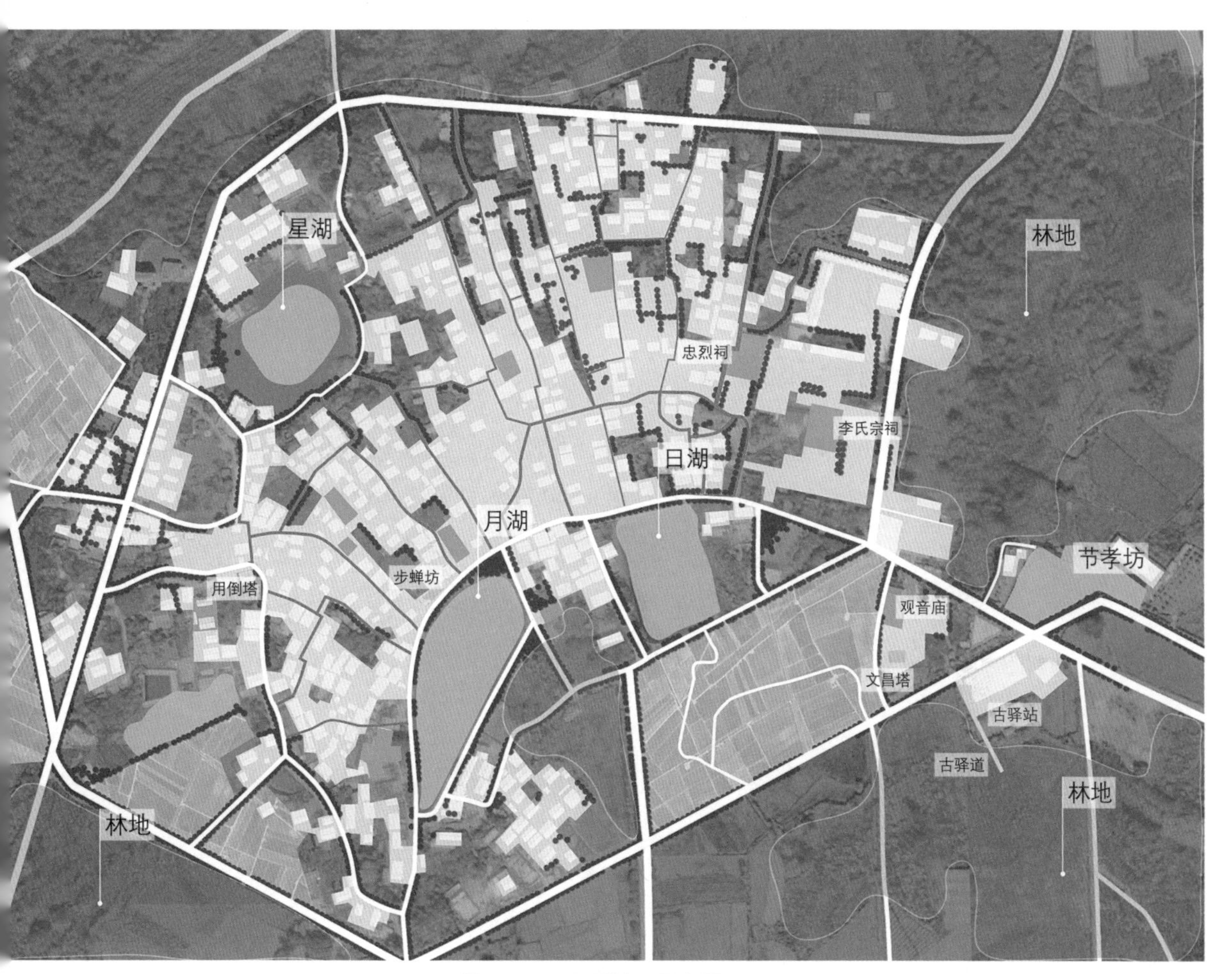

图6-15　罗驿村平面布局

罗驿村作为古代海南岛西线的重要驿站，曾是北宋时期苏东坡等诸多登琼官员的落脚地。村庄整体布局呈扇形，村落内建筑群和街巷，以村南的日湖、月湖为核心，向西、北方向放射状延伸，街巷、水系格局保存完整。村内古建筑遗产及历史文化遗迹分布集中，保留了大量用火山石砌筑的乡土建筑。目前保留有明代牌坊、清代宗祠，以及环日、月、星三潭而建的火山石传统民居、街巷、古井等。罗驿村留存的文化遗产体现着先民的人居生态智慧，是历史文化遗存的样本，饱含着建设美丽乡村的宝贵经验。

近年来，罗驿村通过修缮村落内部各类文物、保护古树名木等工作，实现了村落人居环境的提升和文化旅游产业的发展。2016年，澄迈县火山岩古村落群申遗工作全面启动，当地政府投入大量资金开展传统民居修复及村落环境建设，取得了较好的成效。罗驿村陆续入选第三批"中国传统村落"、第四批"海南省文物保护单位"、"中国美丽休闲乡村"，2019年入选第一批"国家森林乡村"。

二、技术思路

坚持修旧如旧的基本原则，采用传统建造技法及材料，修缮传统建筑，修复提升村落公共空间，大力开展四旁绿化、庭院绿化、古树名木保护等工作，重现了传统村落良好的人居环境，也带动了村庄文旅产业的发展。本思路适用于拥有特色文化遗产且保存完好的乡村。

三、植物选择与配置

对村落公共空间节点进行重点绿化，种植观赏品质较高的花灌木。环湖补植榕树、龙船花、叶子花、旅人蕉、散尾葵等特色乡土植物，在水渠沿线种植黄花槐、龙船花、鸡蛋花等行道树及花灌木。庭院绿化中，前院使用当地乡土植物，通过多层次的种植方式，形成通透凉爽的院落空间，面积相对较小的后院则种植耐阴乡土地被。

四、典型模式

（一）遵循修旧如旧的基本原则，结合四旁绿化，修复村落传统公共空间环境

一是尊重传统村落人居环境布局，保护古村格局。罗驿村传统村落保存较为完整，整体布局呈扇形，村内建筑群和街巷以村南侧的日湖、月湖为核心，

向西、北方向放射状延伸，近年来罗驿村进一步加强了对村落整体格局的保护和修复，延续山、水、树、石、路的传统布局，修旧如旧（图6–16）。

二是开展村内水系的整治及绿化，恢复滨水空间的历史风貌。对村内核心潭塘及现状沟渠进行环境整治，清理垃圾污泥，采用传统技法及材料修缮驳岸及其周边活动场地，增设围栏、亲水台阶及亲水平台等设施。充分保护水旁生长的古树、大树，环湖补植榕树、龙船花、叶子花、旅人蕉、散尾葵等乡土植物。此外，根据历史上各个潭塘水生植物种植情况，种植水生植物，放养合适的鱼类及水禽，恢复昔日潭塘的历史风貌（图6–17）。

三是提升村落传统公共空间节点，修复历史街巷景观。保护古井、古树、古牌坊、古塔等景观节点，种植凤凰木等乡土乔木以及观赏性较高的乡土花灌木，提升节点的绿化景观品质，并增设条石坐凳、解说标识牌等设施。结合祠堂等重要公共建筑建设文化广场，在广场入口设置牌坊，对植高大乔木，四周栽植树木形成树阵，设置桌椅方便村民停坐休闲。此外，保护修复村内古街巷，在街巷入口、岔口及重要建筑前见缝插绿，种植观赏性较高的乡土植物，绿化局部街巷围墙及建筑外墙（图6–18）。

（二）保护修缮火山石传统建筑，进行庭院绿化美化

一是民居修复采用传统建造技法和材料，修缮保护当地黑盐木、火山石等材料建造的传统建筑。二是庭院绿化栽植热带经济植物，前院种植少量荔枝、龙眼、枇杷、番木瓜等果树，林木下层种植海桐、木薯、海芋、山药等植物。后院通常较狭窄，主要配置耐阴地被植物，保证建筑通风良好，形成凉爽通透的居住环境（图6–19）。

图6–16　罗驿村环湖绿化模式

图6–17　罗驿村沿渠绿化模式

图6-18　罗驿村公共空间绿化模式

图6-19　罗驿村庭院绿化模式

（三）采取一树一牌措施，保护古树名木

村内分布着较多的古树，是构成村落景观不可或缺的宝贵历史遗产。因此，罗驿村建立古树名木档案，划定保护范围，建立标识和解说牌，加强养护和监测，全面保护古树。参天古树成为游客参观古村的必经打卡点，同时也是当地历史环境科学研究的“活化石”。

五、成效评价

罗驿村注重开展历史建筑修缮、村落公共空间及景观节点的修复、潭塘水系整治和绿化、古树名木保护、庭院绿化等工作，保护并修复了传统村落风貌和当地文化特色，同时也带动了乡村旅游产业的发展。如今，罗驿村成了当地网红打卡点，每年都有大批游客慕名而来，带动了村民收入的增加，实现了传统村落环境提升与乡村旅游产业协调发展。

第四节 城郊结合

海南中廖村

林田村园，廊道串联，
热带村庄的人居生态景观营造

发展方向：乡村自然生态保护修复+乡村生态产业经济发展+聚落人居环境整治提升

一、基本情况

中廖村位于海南省三亚市吉阳区吉阳镇，区位条件优越，半小时车程即可到达三亚海棠湾和亚龙湾旅游度假区。

作为黎族村落，中廖村少数民族民俗文化氛围浓厚，旅游资源丰富，但此前旅游产品较为单一，缺少配套服务设施，出行交通不便。自2015年起，中廖村开启了美丽乡村建设，通过引入社会资本，在村内修建柏油路，打通乡村风景廊道，串联村上书屋、黎家小院、大榕树广场、南非叶茶坊、艾鲁工坊等特色节点，大力发展乡村旅游产业。村民利用闲置房屋及土地，展示当地传统编织、舞蹈等非物质文化，通过提供旅游接待服务等方式提高收入。

近年来，中廖村先后荣获“全国文明村”“中国美丽休闲乡村”“中国少数民族特色村寨”“海南省五星级美丽乡村”“海南省五椰级乡村旅游点”等多项荣誉。2019年，中廖村入选第一批“国家森林乡村”，也是三亚第一个“海南省五星级美丽乡村”。

二、技术思路

中廖村通过营造乡村风景廊道、乡村公园与小微绿地、环村林带、庭院绿化及宅旁绿化等多种绿化美化模式，提升了村容村貌，改善了村落人居环境质量，构建了具有黎族文化特色的村落景观，同时发展乡村旅游产业，实现了经济、环境、文化等多重效益。本思路适用于具有地域性特色文化和一定资源禀赋的乡村（图6–20）。

三、植物选择与配置

对村内主要街道进行绿化，形成“行道树+灌木+地被”的路侧绿带复层绿

图6–20　中廖村平面布局

化结构，种植椰子、琼棕、黄金榕、小叶榄仁、鹅掌藤、朱蕉等植物。村间公路种植椰子、黄金榕等高大遮阴的乡土植物。在乡村公园内，环湖种植高观赏性乔木、灌木和地被植物，如澳洲鸭脚木、鸡蛋花等，并在水缘和滨水区分别种植湿生、水生植物，形成“陆生—湿生—水生”的植物群落结构。环村大量种植生态经济林，如槟榔、波罗蜜、柚子等。在村民宅旁及庭院采取“前园后林”的绿化方式，在宅前通常布置小花园、小菜园，在宅后多种植果树。

四、典型模式

（一）打造串联“村—林—田”的乡村绿色风景廊道

围绕景观节点、村内特色街道、村间慢行绿道三方面开展道路沿线绿化美化，打造以自然山水为背景，串联“村—林—田”的绿色乡村风景廊道。

一是打造道路沿线的景观节点。对村庄入口、道路交叉口、街旁绿地、路侧广场、观光园等关键节点进行重点绿化，种植层次丰富、观赏性较高的乡土植物，同时搭配景观小品、景观置石、引导牌、休息设施等。

二是营造地域性鲜明的特色街道。在村内主要街道两侧建设绿化带，种植椰子、琼棕、黄金榕、小叶榄仁、鹅掌藤、朱蕉等植物，形成复层绿化结构。同时，整治提升街道立面，使用木材、砖石、竹子、茅草等乡土材料，将沿街院落大门、围墙、民居等统一改造为具有黎族传统特色的风貌形式，配置相应风格的导览牌、宣传栏、垃圾桶等设施（图6–21）。

三是打造连接自然村的村域慢行绿道。选择自然村之间的主要公路进行绿化，在道路两侧种植椰树、黄金榕等乡土植物，在关键节点设置休息驿站和观景平台，形成串联村落、林地、农田、河湖和浅山的风景廊道（图6–22）。

图6–21 中廖村展示地域特色的路旁绿化模式

图6–22 中廖村慢行绿道绿化模式

（二）营造展示中廖黎族文化的乡村公园

一是对穿村水系及现有湖塘等进行综合整治，清理垃圾，修复水体，保留中心景观湖面，营造乡村公园的核心景观（图6–23）。

图6–23　中廖村乡村公园模式

二是提升环湖沿线的植物景观，营造层次丰富的滨水绿色空间。环湖种植观赏性好的乡土植物，形成“陆生—湿生—水生”的绿化结构，改善环湖的生态环境，呈现出层次丰富的植物景观效果。

三是建设环湖步道，打造休闲活动节点。采用竹子、木材、茅草等当地建筑材料，建设环湖木栈道，沿线设置凉亭、滨水平台、景观桥等设施和活动场地。利用公园场地定期组织黎族歌舞表演，向游客展示少数民族特色文化。

（三）营造村旁生态经济林，打造环村林带

一是营造兼顾经济和生态价值的环村林带。环绕村庄种植槟榔、波萝蜜、柚子等具有较高经济价值的乡土林木，片植成林，形成兼顾防护、经济与生态作用的村旁生态经济林带。二是基于农林资源发展乡村研学旅游。依托环村林带及周边农业资源，中廖村开展了生态农业、自然科普、民俗文化结合的乡村研学活动，发展生态旅游产业，增加村民经济收入。如今，中廖村已成为全国第六批自然学校试点单位、三亚市第二批研学旅行实践教育基地。

（四）开展庭院绿化和宅旁绿化，营造“前园后林”的民居环境

一是对庭院大门周边进行重点绿化，点缀鸡蛋花、蒲葵、变叶木、澳洲鸭脚木等观赏性较高的热带植物，打造入户景观节点。二是在前院、宅前营建花园菜园，成片种植花灌木、蔬菜、果树，或摆放盆栽观赏植物，形成优美的庭院景观。三是在后院及宅侧、宅后种植高大遮阴乔木或经济林果，围合出阴凉的庭院空间。部分居民在庭院或宅旁布置凉亭等休闲设施，或利用后院林下空间养殖家禽（图6–25、图6–26）。

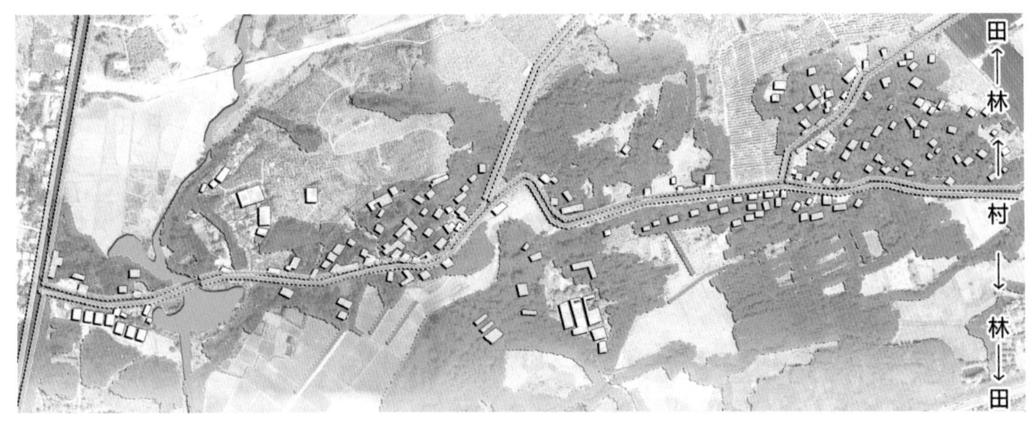

图6–24　中廖村与周围林地农田空间布局

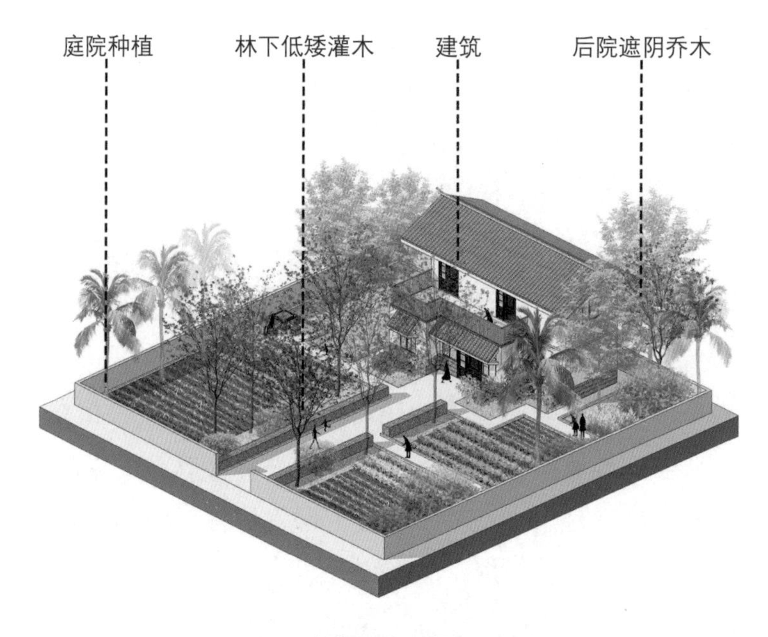

图6-25　中廖村居民庭院绿化模式

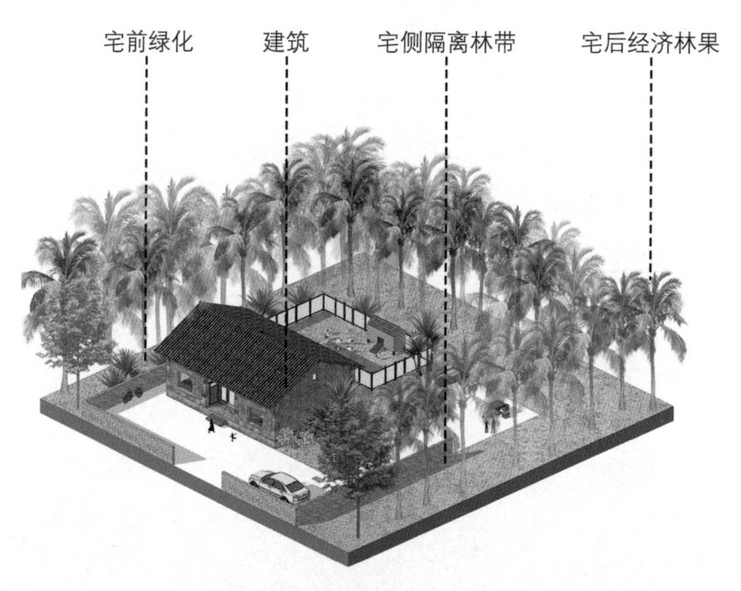

图6-26　中廖村宅旁绿化模式

五、成效评价

中廖村依托村庄山水林田资源，通过建设乡村风景廊道、乡村公园、生态经济林地，积极引导村民进行庭院及宅旁绿化美化，使乡村环境及村容村貌得到了较大的提升。在绿化美化的过程中，注重黎族传统文化的传承与展示，并结合研学教育等方式努力探索乡村休闲旅游产业发展道路，带动了乡村经济的发展。

海南大茅村

以水为脉，以绿为媒，热带河流生态廊道与观光园营造

发展方向：乡村自然生态保护修复＋乡村生态产业经济发展

一、基本情况

大茅村位于海南省三亚市东北部的吉阳区吉阳镇，224国道海榆中线公路由南向北穿村而过，可直达保亭、五指山。村庄地处甘什岭浅山地带，是一个历史悠久的黎族聚居村，土地资源丰富，适宜多种热带经济植物种植。贯穿全村的大茅水源于三浓水库，向南连接中廖村、红花村。然而，自然地理条件优越的大茅村也曾面临大面积土地资源利用率低、产业单一等问题，优越的地理交通、自然条件始终没能让大茅村富起来（图6–27）。

自2016年起，大茅村引进企业建设热带农业观光园，开展了河流生态治理

图6–27　大茅村鸟瞰

及绿化，党员带头创业、成立合作社，让大茅村实现从单一农业向“农林+旅游、教育、体育”等多产业融合发展的转变。2019年，大茅村入选第一批“国家森林乡村”。

二、技术思路

大茅村结合观光园建设，开展了水系整治及乡村绿化美化。开展了河流生态环境整治，完善了沿河植被体系，营建了滨水绿色游憩设施体系。在河流廊道两岸打造热带特色观光园，对观光园内关键景观节点、主要游览道路及各类农业种植体验区进行“点—线—面”相结合的绿化美化建设。本思路适用于区位优势明显、水系和土地资源丰富的乡村（图6–28）。

三、植物选择与配置

在自然河流廊道内，构建“陆生植物—湿生植物—水生植物”的植被结构，种植椰子、美人蕉、梭鱼草等乡土植物。在沿岸慢行步道两旁，种植遮阴乔木和观赏性花灌木。在观光园内的关键节点种植高大榕树、棕榈等乔木，配植丰富的花灌木，并在园内的道路沿线种植遮阴乔木，林下配植各类观赏性植物，局部结合篱笆种植攀缘植物。在观光园生产区域大面积种植热带特色果树，形成百香果园、火龙果园等观光果园。

图6–28　大茅村及周边环境

四、典型模式

（一）以绿为基，以线带点，进行河流廊道综合治理与修复

一是修复近自然河流景观结构。结合河道整治，修复河流的生态功能和景观结构，恢复河流漫滩湿地，保证河道间的连通性，交替布置浅滩深潭，同时恢复河流廊道沿线的自然生境。在河道的驳岸处理方面，以自然驳岸为主，局部河段建设干砌石等透水人工驳岸，提高河流雨季的行洪能力，保障行洪安全（图6–29）。

二是提升沿河植被生境。最大限度地保留原生河岸植被，在重点河段栽植观赏性较高的湿生和水生植物，其余河段种植椰子、美人蕉、梭鱼草等易于管护的乡土植物，沿河种植乡土遮阴乔木和复层灌草群落。水中投放鱼苗，吸引鸟类、两栖类动物来此栖息，让昔日脏乱差的大茅水转变为绿树成荫、生境自然的河流生态廊道。

三是构建滨水游憩设施体系。沿河流廊道修建步道体系，局部建设滨水栈道，在关键节点修建滨水平台及休息亭廊，打造滨水停留节点。在河流廊道沿线建设儿童探索乐园、房车营地、百香果种植园等观光节点，形成以线带点、丰富多样的滨河游憩体系（图6–30）。

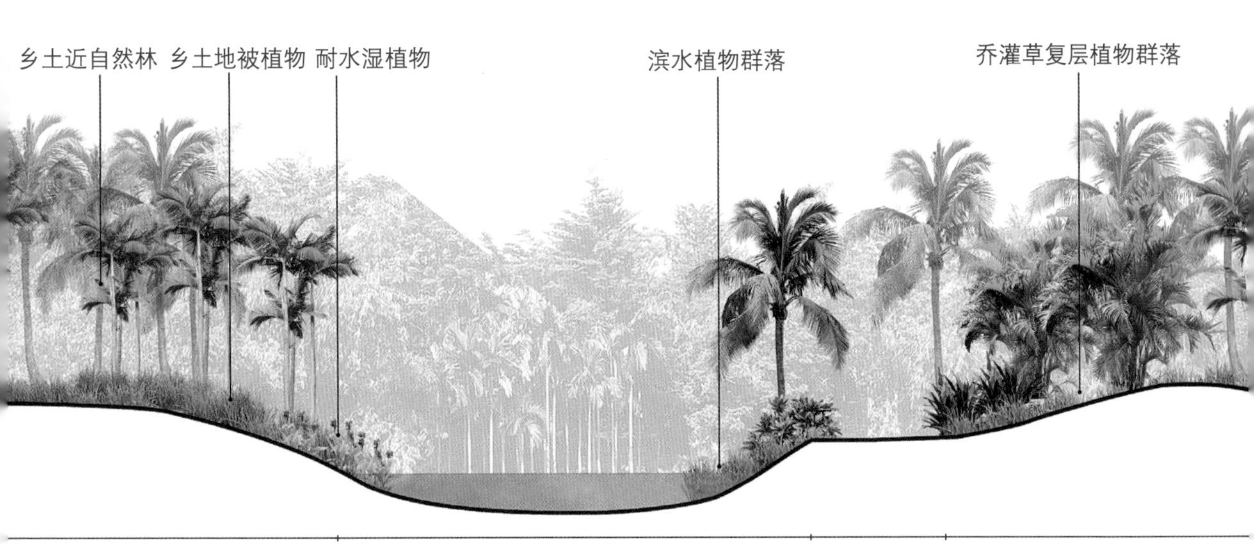

图6–29　大茅村河流景观廊道绿化模式

图6-30　农业观光园总体布局

（二）打造多样共享的农业种植观光园

一是大面积种植火龙果、百香果、杧果等果树，打造农业种植观光园，同时建设智能温室、林间木屋、田园餐厅等设施，形成“种植+观赏+互动”的观光园模式，游客可以参与农事科普、果园采摘等游玩活动。

二是对观光园内重要的景观节点及道路进行重点绿化。在观光园主出入口区、接待中心、停留休息驿站、道路交叉口等关键节点种植椰子、芭蕉等乡土植物，同时搭配时令花卉，进行重点绿化。在穿越观光园的绿道、园内主要车行及步行路沿

线种植乡土遮阴乔木，林下配置多样植物，形成富有热带特色的林荫道。

五、成效评价

大茅村在乡村产业和环境发展方面引入企业参与建设，带动了乡村绿化美化的发展。结合河流的生态修复与治理，修复滨河植被带，改善了乡村水生态环境质量，提升了沿线滨水景观风貌。沿河流廊道建设了休闲游憩节点和设施、共享农业观光园等，带动了当地的休闲农业发展和村民就业增收。

第五节《总体特征

热带湿润地区的气候特征主要表现为高温高湿，光热条件较好，降水充沛，自然资源丰富，森林覆盖率高，生态环境整体优良，形成了特色的热带景观和地域性文化。通过对调研村庄的模式类型进行梳理，可以初步总结出热带湿润地区的乡村绿化美化具有以下特征。

一是热带湿润地区的植物景观特征鲜明，植物群落层次丰富。乡村绿化中大量种植具有热带地域特色的乡土植物，如椰子、棕榈、榕树、凤凰木、木棉等。绿化植物垂直层次丰富，绿量较大，绿化种植形成地被、灌木、小乔木、大乔木等复层结构。常绿阔叶植物、异色叶植物、开花植物较多，树木高大，部分植物具有丰富的地域民族文化内涵，整体呈现出特征鲜明的热带植物景观面貌。

二是热带经济林果特色突出，绿化美化与生态产业深度联动。热带地区经济林果资源丰富，多在庭院、宅旁、路旁和村旁空地绿化中结合生产栽植热带林果，如杧果、槟榔、波罗蜜。不少村庄规模化种植经济林果、农作物，并以观光园的形式发展乡村旅游，通过乡村环境治理与乡村绿化美化实现了生态环境提升与休闲产业发展的相互促进。如海南省施茶村因地制宜、变废为宝，依托火山石地貌，在大面积生长在火山石上的近自然果林下种植高品质石斛，形成高附加值的“林—药”种植模式，同时将种植园美化提升为休闲观光园，发展生态休闲旅游业，带动了村庄生态经济转型。此外，一些村庄集中种植名贵乡土树种，打造乡村“绿色银行”。如云南省曼累讷村种植印度紫檀、降香等经济价值较高的珍贵树种，营造了特色乡村风景廊道，既美化了当地居民的人居生活环境，又形成景观特色，促进地方生态旅游发展。

三是地域性文化特色显著，乡土景观要素鲜明。热带湿润地区的不少乡村是少数民族村寨，具有独特的民族文化和生态文化。在乡村绿化美化中使用地域性特征较为鲜明的建筑形式、乡土植物、乡土材料、文化符号等，突出当地文化特色。如在海南火山岩传统村落中，多采用富有地域性特色的火山石建造民居住宅，在绿化美化的过程中对这一景观特征予以保留，并采用藤条、火山岩等具有地域性的特色的山石、植物建造材料，建设村落道路、牌匾、景墙，形成充满热带古村落质感的景观特色。除了建筑和景观小品的建设，在少数民族村落的绿化美化中，也注重保留或体现了少数民族文化的植物元素，如凤凰树蕴含傣族民俗文化的美好寓意，作为文化符号在傣族村落的绿化美化中进行了大量种植，让村庄富有热带风情、留住文化记忆。

第七章

高原气候带乡村绿化美化模式范例

第一节 区域概述

一、区域范围

高原气候带分为高原亚寒带和高原温带，高原亚寒带包括半湿润地区、半干旱地区、干旱地区，高原温带包括半湿润地区、湿润地区、半干旱地区、干旱地区。高原气候带位于我国西南部，西南方向与印度、尼泊尔、不丹、巴基斯坦、阿富汗、塔吉克斯坦接壤，北与塔里木盆地、河西走廊相连，东部经横断山脉与云南高原、四川盆地相连，与秦岭山脉西段和黄土高原相接。范围约为北纬26°（云南丽江）至39°（青海祁连），东经78°（新疆木吉）至104°（四川九寨沟）。行政区域上，包括云南北部、四川西部、甘肃西南部、新疆南部、青海和西藏等地。

二、功能区划

（一）青藏高原生态屏障区

根据《全国重要生态系统保护和修复重大工程总体规划（2021—2035年）》，高原气候带属青藏高原生态屏障区。本地区被誉为“世界屋脊”“亚洲水塔”，是我国重要的生态安全屏障、战略资源储备基地和高寒生物种质资源宝库，是我国乃至全球维持气候稳定的“生态源”和“气候源”。包含三江源草原草甸湿地生态功能区、若尔盖草原湿地生态功能区、甘南黄河重要水源补给生态功能区、祁连山冰川与水源涵养生态功能区、阿尔金草原荒漠化防治生态功能区、藏西北羌塘高原荒漠生态功能区、藏东南高原边缘森林生态功能区等国家重点生态功能区，包括三江源生态保护和修复、祁连山生态保护和修复、若尔盖草原湿地—甘南黄河重要水源补给生态保护和修复、藏西北羌塘高原—阿尔金草原荒漠生态保护和修复、藏东南高原生态保护和修复、西藏“两江四河”造林绿化与综合整治、青藏高原矿山生态修复等重要生态系统保护和修复重大工程。

（二）高原谷地特色农林产品

尽管高原气候带以水源涵养、生物多样性保护功能为主，但也有雅鲁藏布江中游谷地、拉萨谷地、藏东高原等青藏高原重要农业产区，主要作物有小麦、青稞、豌豆、油菜、马铃薯、鸡爪谷等。在山南、林芝、昌都等雅鲁藏布江中下游、横断山脉西麓气候较湿润的高原温带地区，有苹果、梨、桃、杏、胡桃、葡萄等较为丰富的栽培果树资源，并保留有光核桃、毛叶杏、毛樱桃、西藏木瓜等野生果树资源。此外，得益于青藏高原独特的自然条件，还产出冬虫夏草、贝母、三七、天麻、灵芝等高原野生药材。

三、资源概况

（一）气候条件

高原亚寒带作为青藏高原腹地，地势高，气候寒冷，春秋短暂，没有明显的夏天。年降水量由东向西逐渐减少，从东部的700毫米左右逐渐降至西北部的100～200毫米，羌塘高原北部地区的年均降水量小于100毫米，以固态形式降雪、冰雹为主。年均气温基本多在0℃以下，最冷月平均气温-17～-10℃，最热月平均气温为5～15℃，日均气温在10℃以上的天数较少，气温日较差大。

高原温带由于地域海拔高差悬殊，气候差异较大，从东南部温暖、温凉、湿润气候，逐渐过渡至西北部温凉、寒冷、干旱气候。空气稀薄洁净，太阳辐射强，增温和散热冷却快，气温日较差大，降水由东南向西北逐渐减少。高原温带东部、东南部、南部，年均气温4～9℃，最冷月均气温-8～0℃，全年降水量一般为500～1000毫米。西部、北部地区年均气温0～6℃，降水量多低于100毫米，蒸发量多高于1000毫米，降水量远小于蒸发量，是超干旱生态区域。

（二）地形地貌

高原亚寒带地势由东向西逐渐升高，海拔从3000米左右的若尔盖高原向西逐步升高至6000米左右的昆仑山主脊，构成明显的梯级地势。区域内部纵横分布众多高大山脉，平均海拔5500～6500米，包括横断山脉北段、可可西里、唐古拉、冈底斯、喀喇昆仑等。区域内冰川、冰缘地貌分布广泛，冰储量巨大，是亚洲主要河流的发源地，外流水系包括长江、黄河、澜沧江、怒江等各大水系的发源地。有鄂陵湖、青海湖、扎陵湖、纳木错、色林错等大型湖泊，以及星罗棋布的小湖泊。

高原温带似弧状从北、东、南三面环绕高原亚寒带，有高山、峡谷、山地、宽谷、湖盆、内陆盆地等多种丰富的地貌类型。地势西北高、东南低，西部海拔3300～4300米，东部2800～4000米。包括阿里高原湖盆、昆仑山北翼及帕米尔高原东南端、柴达木盆地、祁连山及阿尔金山地区、青海湖盆地与河湟谷地、横断山区、藏南高原湖盆及雅鲁藏布江上中游干支流谷地。东南部横断山区属湿润/半湿润气候，是长江、澜沧江、怒江等的源头地区。

（三）土壤资源

高原亚寒带的土壤类型主要包括亚高山草甸土、高山草甸土、亚高山灌丛草甸土，层薄而多砾石。昆仑山与喀喇昆仑山之间的高寒荒漠地区，植被稀少，多为裸露砂砾。高原温带有高山草甸土、高山草原土、棕壤、漠土等类型。

（四）动植物资源

高原亚寒带随着降水从东向西逐渐减少，植被类型相应变化为高寒灌丛草甸、高寒草甸草原、高寒草原(高寒荒漠草原)、高寒荒漠。植被以耐寒草本及小灌木占优势。

高原温带由东南向西北，随着地势升高，气候由湿到干，植被类型表现为山地森林、灌丛草原、山地荒漠的变化。由于海拔高差大，垂直分布明显，由低至高依次为山地森林带、高寒灌丛草甸与高山垫状植被带、高山亚冰雪稀疏植被带、永久积雪带。藏南谷地表现为山地灌丛草原、高山草原、高山草甸带垂直分布，局部山地阴坡有针叶林分布。西北部地区气候温和但干燥，表现为山地荒漠带、山地荒漠草原带、山地草原带（或含山地针叶林）、山地草甸带、亚冰雪带、冰雪带垂直分布。此外，东南部横断山区气候温暖湿润，是世界上高山植物最丰富的区域，有云杉、冷杉等主要树种。高原气候区有雪豹、岩羊、藏雪鸡、长耳跳鼠、树蛙、高山蛙、温泉蛇等珍稀野生动物。

（五）人文资源

高原气候带百源汇流，江河湖泊众多，是少数民族聚居的地方，从民族分布看表现为“大杂居、小聚居”的特点。人口聚集和城镇选址沿河设城，20世纪中叶以后，克服高原地势、山川的限制，兴起一批新型交通、旅游、边贸等城镇。民居建筑类型丰富多样，聚落形态特征带有鲜明的民族特色。青海有东部庄廓民居、南部碉房民居、西部绿洲民居和游牧地区的帐篷，呈现“局部交错、整体分立”的状态。信奉伊斯兰教的回族、撒拉族村落，以清真寺为核心进行四周发散性发展，是典型的围寺而居的聚落形态。信奉藏传佛教的藏族、土族、蒙古族，只有在规模较大的村落中有围寺而居的现象，并且依照习俗，聚落形态多为“上寺下村”的布局方式。

（六）产业资源

青藏高原特色资源储量丰富，特色经济也不断发展，体现在农牧业、工业、第三产业的各个产业部门和经济过程中。有高原牧业、种植业等特色农牧业，地热、风能、水电等清洁能源产业，以及优势矿业、民族特需品工业、绿色食品加工业等。青藏高原石油、天然气等能源和盐湖资源主要分布在柴达木地区，草场资源和生物资源主要分布在青南和藏北。依托高原独特的地理条件、自然资源和人文资源，旅游业、文化产业发展迅速。

第二节 典型模式

西藏扎西岗村

高山蓝天相映，林海河谷交织，
高原村庄的大地风貌保护与人居环境塑造

发展方向：乡村自然生态保护修复+乡村生态产业经济发展+乡村生态文化保护与传承+聚落人居环境整治提升

一、基本情况

扎西岗村隶属于西藏自治区林芝市巴宜区鲁朗镇，位于318国道沿线，距林芝市72公里，距鲁朗国际旅游小镇6公里，与南迦巴瓦峰、色季拉国家森林公园、鲁朗林海、贡措湖等知名景点相邻，地理位置优越，自然风光优美。平均海拔3300米，下辖扎西岗、仲麦两个自然村，主要民族为藏族。

扎西岗村地形属于高山峡谷，地质结构复杂，平地较少，生态环境脆弱。常年气温低，日照时间短，昼夜温差大，农作物一年一熟，因此村内并不适宜发展单一的农牧产业。扎西岗村具有高原干湿季节分明的大陆气候特点，位于喜马拉雅山南坡，同时鲁朗河也为村落提供了丰富的水资源，附近既有低海拔的森林资源，又有高海拔的高山草甸区，形成了相对湿润的小气候，使得当地植物资源丰富，植被覆盖率很高。村内保留有西藏旧贵族遗址桑杰庄园，村周围的青冈林上保存着古老的土司遗址，村内至今流传着文成公主进藏等许多脍炙人口的历史典故。高原乡村风光和林区藏族特色文化让扎西岗村成为了鲁朗地区的旅游胜地，众多游客自驾、徒步前往当地旅行（图7–1）。

2003年以来，扎西岗村积极探索发展藏区民俗旅游产业，目前全村产业以旅游业为主、农牧业为辅。先后获得“国家级美丽乡村”“妇联基础建设示范村”“精神文明村”等荣誉称号。

二、技术思路

扎西岗村以传统聚落环境生态保护与修复为核心，形成了“高原山地—林草风光—峡谷河流—村落田野”的景观层次，充分保护了传统村落格局及其周边的自然生态环境。沿村庄附近种植青冈等植被，形成特色风景林，村内宅旁绿化点缀高原特色灌木、宿根花卉，依托良好的自然风景资源发展特色家庭旅馆产业，改善村民生产生活条件。本思路适用于生态环境良好、生态敏感性高、地域自然人文特色突出的乡村。

图7–1　扎西岗村鸟瞰

三、植物选择与配置

在村落外围高海拔山地种植青冈、冷杉、柏木、林芝云杉、西藏红杉、桦树等适生乔木，形成高原山地风景林。在林下及靠近村落区域种植杜鹃、蔷薇等观花灌木。在村间种植寓意吉祥幸福的格桑花（学名：波斯菊），营造高原花海。在村内宅旁空地种植格桑花、百日菊、大丽菊、油菜花等观赏草本、花卉与农作物，点缀环境，形成与高原气候相契合的色彩明艳的植物景观。

四、典型模式

（一）保护山水林田湖草与传统聚落生态环境

一是保护村落外围山水林田湖草自然风光，形成层次丰富的高山景观。扎西岗村坐落于山间峡谷平地上，四周环山，风景秀丽（图7-2）。外围高山景观与村落共同形成了浮云绕林海、林海围溪流、溪流穿村落的高山自然景观特色，

图7-2 扎西岗村村落景观要素

吸引了大量游客驻足。

二是沿村周建设风景林，在村庄与高山之间形成林海过渡带。在村落外围山地种植青冈、冷杉、柏木、林芝云杉、西藏红杉、桦树等，营造具有高原特色的风景林，良好的森林景观成为发展乡村生态旅游和民俗旅游的良好生态基底。

三是通过生态奖补措施保护乡村风景林资源。扎西岗村加强生态系统保护，发动群众开展植树造林，全力打造绿色扎西岗。通过国家的护林费补贴和草场生态奖补，将扎西岗村的伐木人变为护林人，保护村域生态环境和高原自然风光，保障当地农牧民的收入来源。

（二）营造契合高原“蓝天白云—绿树红花”景观特色的宅旁绿化

结合高原蓝天、白云、林海、草甸的生态背景和藏族传统村落建筑风格合理选择绿化植物。扎西岗村内的住宅院落散布在草甸之中，民居建筑保留了藏族民居特色。住宅与道路之间形成一定的宅旁绿化空间，搭配种植格桑花、百日菊、大丽花、油菜花等色彩明艳的适生植物，与藏族建筑的白墙、高原的蓝天和周围的林海草甸相呼应，烘托出青藏高原的传统聚落风貌（图7–3）。

临近主路的宅旁绿化灵活选择乔草、灌草、乡土花卉等种植模式。“乔—草”种植模式多基于现状植被开展，上层以原有自然生长的乡土乔木为主，下层为保留野生花草等自然地被。“灌—草”种植模式多通过补充乡土灌木草本丰富群落层次，灌木层高度适中，兼具观赏和食用功能；草本层以色彩鲜艳丰富的乡土宿根花卉为主，衬托蓝天白云、绿树白墙的纯色背景。

临近支路的宅旁绿化采用乡土花卉为主、灌草为辅的种植模式。通过低矮灌木结合草本，或仅种植具有一定高度的草本植物，形成大片的格桑花海、油菜花海等开阔、纯粹的植物景观。

（三）发展“高原峡谷”乡村旅游品牌，发挥高原自然资源价值

建设农牧民家庭旅馆，提供藏族特色民俗体验。扎西岗村的独特自然人文风光吸引了大批游客和摄影爱好者自驾前来，体验高原风光和藏族文化风情。村民通过经营家庭旅馆，为游客提供食宿服务，并拓展了响箭、骑马、藏餐等民俗旅游经营项目，延续了扎西岗村传统村落文化，推动了扎西岗村乡村旅游的发展。

打造高原峡谷风光旅游品牌，完善集体经营机制。扎西岗村的乡村旅游重点突出“高原森林氧吧”“高原农耕乡村”“藏族民俗村落”三大特色，以“支

图7-3 扎西岗村宅旁绿化模式

部+合作社+农户”的模式发展旅游业，村民通过合伙入股、集体经营的方式获得旅游项目营收分红，探索共同富裕的创新机制。

五、成效评价

扎西岗村环境优美，四面环山，通过保护传统聚落结构、水源环境，开展植树造林等方法，保护“高原山地—林草风光—峡谷河流—村落田野”的景观层次和山水林田湖草自然环境基底，统筹保护协调村庄内外乡土风貌特色。在保护的基础上传承利用藏族村落的历史文化遗产和高原生态环境，开设藏族家庭旅馆，发展藏族民俗文化体验和乡村旅游业，为全村接近50%的村民提供就业岗位，带动村民吃上了“生态饭”，过上了好日子。

西藏嘎拉村

青藏江南，文旅桃源，
林芝桃花村的生态资产保护与生态经济发展

发展方向：乡村生态产业经济发展

一、基本情况

嘎拉村是西藏自治区林芝市巴宜区林芝镇下辖村，位于有“西藏江南”之称的雅鲁藏布江中下游尼洋河谷地，年降水量650毫米左右，北面高原山脉延绵，南面尼洋河支流水系环绕，村庄紧邻318国道，地理位置优越，气候条件良好，属于半农半牧村，是一个典型藏族村落。

嘎拉村所在的林芝市是西藏光核桃的主要分布地之一，这种野生桃耐旱、耐贫瘠、长寿、抗病，是重要的桃树育种资源。嘎拉村保留有1200多株百年光核桃树，桃林总面积超过500亩，其中野桃林270余亩，享有“桃花村”之美誉。依托桃花村的名气，嘎拉村成为林芝桃花文化旅游节的举办地，自2002年起嘎拉村连续举办桃花节。但前期由于缺少规划管理、基础设施不完善、村民随意砍伐野生桃树烧柴等问题，桃花村景区知名度低，游客数量少，十多届桃花旅游文化节并未带来足够的经济收益。

自2014年以来，嘎拉村开始进行村居环境治理，通过种植经济林果、进行乡村绿化、改造庭院景观等措施改善村落环境，桃花节的名气也越来越响亮，村民过上了“桃源致富”的美好生活。

二、技术思路

通过古桃树保护，结合补植多种观赏桃树和其他经济植物，形成桃花村植物特色，发展经济林果、观光园、乡村旅游、庭院经济等多种绿色产业，形成整合乡村自然人文资源的生态经济发展模式。本思路适用于古树名木资源丰富、大面积种植高观赏价值经济林果的乡村。

三、植物选择与配置

以古桃树资源为核心，结合多种经济林果植物种植，美化乡村环境。在村庄周边桃花沟保留野生古桃林，在村内道路及果园中种植桃、苹果、油菜花等植物，在村民院落及其周边种植葡萄、梨、苹果、车厘子等经济林果，兼顾观赏与经济效益。

四、典型模式

（一）保护古桃树资源，发展特色经济林果

一是保护野生古桃树和天然桃林。嘎拉村周边有一片天然野生桃林，被当地人称为“桃花沟”。近年来嘎拉村重视古桃树保护，通过开展“文化桃源”古桃树认证研讨会、邀请林业专家指导桃树修剪养护等方式保护村内1200株百年野桃树资源，延续古桃林风光（图7–4）。

图7–4　嘎拉村古桃林与村庄布局

二是路旁种植多种当地适生经济林果。结合村庄路旁坡面整治，利用坡地栽种大片深根系的观赏花草，坡面上及道路两旁列植近500株的优良水蜜桃和华硕苹果。此外，通过东莞市的援藏扶贫，引种嫁接了国家地理标志产品广东连平鹰嘴桃，并沿路种植连平鹰嘴桃丰富桃花景观和桃树种类。

三是利用村内闲置土地种植观赏性强的经济林果和农作物。在嘎拉村党支部的组织带动下，全村村民以土地入股和自筹等方式筹集资金，种植苹果、梨树等，打造百亩水果观光采摘园。在村内农田种植冬季油菜花、青稞及其他有观赏价值和经济价值的农作物。依托乡村旅游延伸产业链条，展销当地特色农产品（图7–5）。

四是利用庭院空间种植特色果树。嘎拉村村民在庭院和房前屋后种植葡萄、梨、苹果、车厘子等十几个品种的经济苗木，发展庭院经济和四旁植树，给每户每年带来的收入超过1万元。

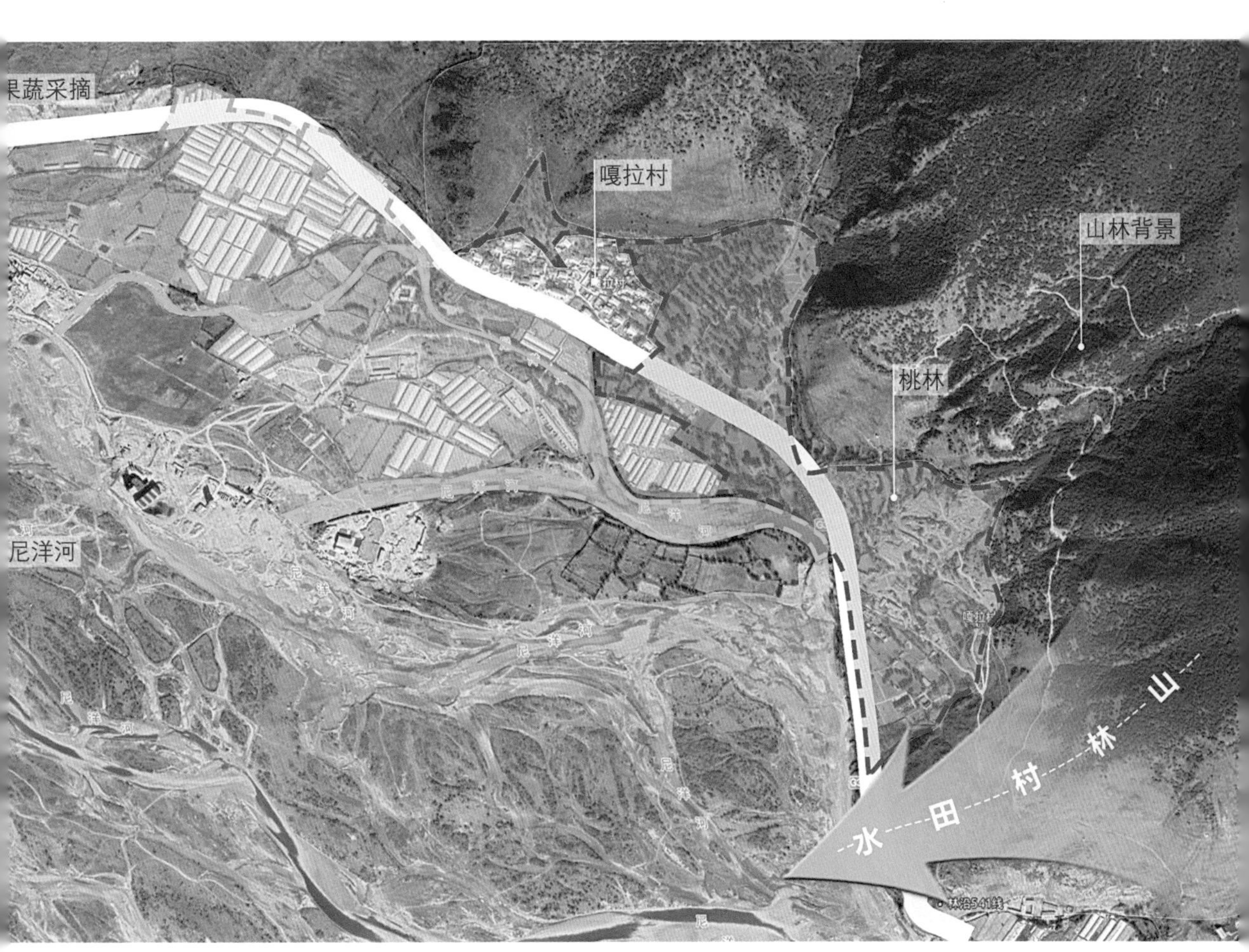

图7–5 嘎拉村平面布局

（三）整合山水林田，打造特色桃花村，发展乡村旅游

一是发展桃花村特色乡村旅游。依托高原延绵百里的野生桃林以及背山面水的生态格局，嘎拉村对桃花沟、尼洋河水域、高原山脉、藏族特色村庄及少数民族文化进行了优势资源整合。并通过种植经济植物，整修灌溉水系与园区场地，发展自然观光与果蔬采摘相结合的复合型观光桃园，建设桃花特色旅游区。借助优美的高原风景和桃花海景观，嘎拉村成为林芝桃花文化旅游节的举办地、林芝市婚纱摄影基地、林芝市城市公园和大学师生实习写生地，吸引了大量游客前来参观。

二是打造桃花文化旅游品牌。林芝桃花文化旅游节是一个非民族传统性节事，嘎拉桃花村是离林芝首府八一镇最近的地方，也是林芝桃花文化旅游节开幕式举办地和主会场。村内在桃花节举办期间，围绕桃花主题，设置“林芝桃花仙子”旅游形象大使评选比赛、旅游主题摄影活动、骑行比赛、青年联谊、自驾游等多项活动，发挥桃花效应，提升村庄休闲旅游吸引力。

三是建立“绿色银行”兑换商店，鼓励村民自发维护乡村旅游环境。嘎拉村通过给捡拾垃圾的村民平分旅游门票收入、开展“绿色银行”兑换商店的方式，鼓励村民捡拾景区垃圾、维护可持续旅游环境。村民可通过回收纸板、易拉罐、废旧电池等累计积分，兑换盐、酱油、水杯等生活用品，这充分调动了村民们主动参与垃圾分类、保护生态环境的积极性，维护了桃花村的生态和旅游可持续发展。

五、成效评价

嘎拉村充分保护独具特色的古桃树资源，结合经济林果种植、节事活动、乡村旅游延长产业链，发展桃花似锦、溪水潺潺、宜景宜居的生态经济模式，极大改善了村庄整体环境，推动当地特色产业与乡村旅游的融合发展。近年来，嘎拉村成功举办多届林芝桃花文化旅游节，村内群众依托桃花源景区优势经营家庭旅馆，并依托“绿色银行”兑换商店形成自发式的乡村生态环境管护模式。目前嘎拉村70%的创收来源于乡村旅游业，成为在雪域高原上吃“生态饭”、走“致富路”的乡村振兴样板。

第三节 总体特征

高原气候带地区是地球上一个独特的地理单元，其周边基本由大断裂带所控制，并由一系列高大山脉组成。地势的垂直差异对气候的影响远超水平地带性的作用，呈现出太阳辐射强、气温低、气温日较差和年较差大等特点。与复杂的自然环境相适应，此区包括了除极地冻原以外的中国大部分主要植被类型，村庄极为分散，多沿河而设。生物多样性保护、水源涵养、防风固沙、农产品提供等是该区域的主导生态功能需求，乡村绿化美化多在保护原有生态基底和景观风貌的基础上，通过生态保护修复、风景林营造、经济林果种植等方式融入乡村旅游发展。

一是以风景林、传统聚落环境生态保护与修复为主导的乡村生态景观营造。通过保护利用村庄现状自然地貌及传统历史文化，维护村落的传统风貌，保留并传承地域特色。例如，西藏扎西岗村保护四面环山、溪流蜿蜒、田园阡陌的村落景观风貌，结合风景林营造和宅旁绿化保护村落的传统风貌，实现在保护中优化人居环境，营造出雪山林静、怡然乡居的高原美丽乡村。

二是以经济林果、乡村旅游为主导的农村产业经济发展。将村庄周边的自然资源及人文资源进行整合，因地制宜发展特色产业和生态旅游。例如，西藏嘎拉村保护村庄周边的天然野生桃林、草甸、花海、森林、雪山，发展桃特色产业和乡村旅游，与藏族村庄及少数民族文化相结合，发展雪域桃源，实现高原村庄的生态价值转化和生态产品培育。

第八章

国外乡村绿化美化模式

第一节 基本概况

国外的乡村绿化美化始于第二次世界大战以后，最早发起于部分欧洲国家，如英国、德国、捷克、荷兰等，逐渐形成了完整的理论和方法体系，对世界范围内的乡村绿化美化起到引领和推动作用。

欧洲的乡村绿化美化起始于第二次世界大战后的乡村土地整理改革，到20世纪70年代，乡村旅游的兴起使乡村的绿化美化出现了更多游憩化特征。21世纪以后，欧洲的乡村绿化建设逐步开始强调地域特色和多元化特征，注重生态环境保护，同时关注乡村社会、经济和乡文化等方面的内容。其乡村以聚居型为主，村落外围由大片的森林和牧场围绕而形成环状绿地，建筑多有规则地围绕着村中心规整布局，其中心的绿地往往具有公共属性，或作为教堂等其他公共建筑的附属绿地。欧洲乡村的绿化建设往往在有限的空间内打造功能齐全、布局合理、舒适惬意的绿色景观环境，使用当地乡土植物，营造浓郁的地域特色。

此外，欧洲国家的乡村绿化美化既有共性，又有适应于本国国情的特色，例如英国的家庭园艺较为发达，乡村住宅周边多为私家花园花境，建筑物之间的空地通常被精心整理的草坪所覆盖，并点缀以精美的园艺小品。荷兰的乡村绿化美化与土地整理过程紧密相连，具有两大鲜明的特点：大尺度的景观组织和结构性种植规划，通过兼具实用与美学功能的灌木篱和防风林带等，强调并保护已经建立起来的土地布局。德国则充分发挥其森林覆盖率高、生态基底好的优势，乡村绿化中常见成片人工营造的常绿植物群落，如冷杉、云杉等，这些四季常绿的植物群落形成村庄的绿色基底，并以林带、片林以及点状绿地的形式同外围的森林系统有机地连接在一起，结合自然山水景观和农田牧场等人工建设，形成了独特的乡村绿化景观。

美国乡村的主体中家庭农场占据了很大的比例，对于这种分散式的居民点，规划者没有采取行政力量将其整合在一起，而是对单体居民点进行适当保留，结合周围环境，因地制宜进行绿化布置与装点，使其具有自己的特色。对于聚落型乡村，在乡村绿化美化中强调生态价值和文化价值相互融合，注重保护村镇周围的自然环境和资源，乡村内部构建多层次的绿色空间系统，乡村内部的绿化美化建设与周围的自然环境相互呼应，人工绿化与自然绿化逐渐过渡，成为有机的整体。

亚洲的韩国、日本等国，其乡村绿化美化运动始于20世纪70年代，在快速城市化的进程中，减缓了农村地区景观的持续衰败。日韩的乡村绿化基于原有景观形式，重塑了大量位于丘陵沟谷和河川平地之间的传统乡村聚落。规划有序的梯田稻田、人工草地和果园形成的优美景观，推动乡村旅游业的发展。韩国的“新村运动”引导村民在建房和修建公路等基础设施时尽量与山体和植被的风貌保持和谐统一，使得村落得以保持田园化特征。日本在近半个多世纪的时间里开展的“一村一品”造村运动建设了一批富有特色的村落，传统建筑及周边环境受到保护，新的建筑形态得到引导和控制，保证了乡村风貌的原真性和独特性。

第二节 日本

岐阜县白川乡合掌造聚落

豪雪地带的传统村落与民俗林保护

发展方向：乡村自然生态保护修复+乡村生态文化保护传承+聚落人居环境整治提升

白川乡合掌造聚落位于日本岐阜县西北部飞驒地区的大野郡白川村，于1995年被联合国教科文组织列为世界文化遗产（图8-1）。全村人口1668人，面积356.64平方公里，其中山林面积约占95.7%。村庄地处山区，冬季积雪可达

图8-1　白川乡合掌造聚落鸟瞰实景

2米左右，最高纪录达到4米以上。为避免积雪将房屋压垮，当地人将屋顶面向东西向建成45°～60°，使积雪容易滑落并减小风的阻力，并使用干燥的芒草层层覆盖至50厘米以上，以起到保温、透气、隔音等效果，最终形成了当地独特的民居样式——合掌造（图8-2、图8-3）。

一、宅旁林和防雪林形成特色院落空间

虽然建筑形式是白川乡最著名的景观，但当地人为了顺应冬季严峻的自然环境，还形成了独特的庭院空间。通过在房屋北侧种植柳杉、七叶树、青冈、桑、胡桃等乔木形成宅旁林，起到遮挡冬季冷风、减少院内积雪的作用，保障房屋周围不会被积雪淹没（图8-4、图8-5）。同时，在房屋周围的山脚下和山坡上种植水青冈、大叶栎和七叶树等形成防雪林，以防止突发雪崩对村落造成危害，同时保障了民居修缮时的建材供给。由于合掌造住宅以木材和茅草建成，因此聚落内修建水渠，流经庭院和民居周围，或多在建筑北侧修葺池塘，以便取水消防。此外，还在位于村庄北侧的神社境内片植杉树，营造祭祀空间的庄严感，同时起到遮挡冬季北风的作用（图8-6）。

二、保留豪雪地带的地域生活景观原真性

村镇生活景观空间按照位置可以分为庭院空间和公共空间，庭院空间以农户庭院为依托，延至庭院周围的山地、田野、水体，不仅承载了村民大部分日常生活和生产活动的需要，反映了当地民众的生活场景，还担负着改善村镇居住环境、生态环境，改善村容村貌的作用，有时也具有一定的经济效益。

图8-2 白川乡合掌造民居

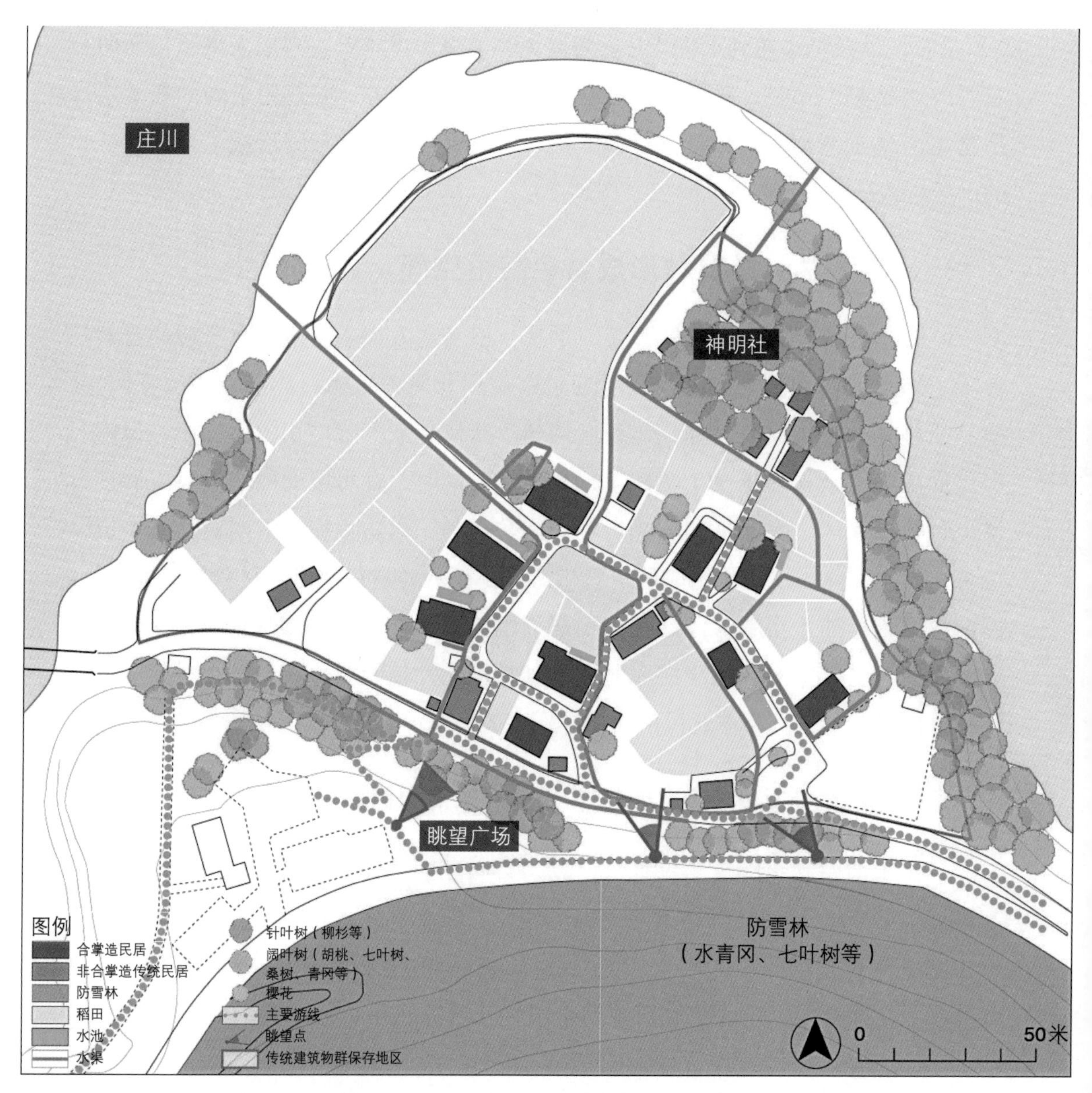

图8-3 白川乡五箇山地区菅沼聚落民俗林分布

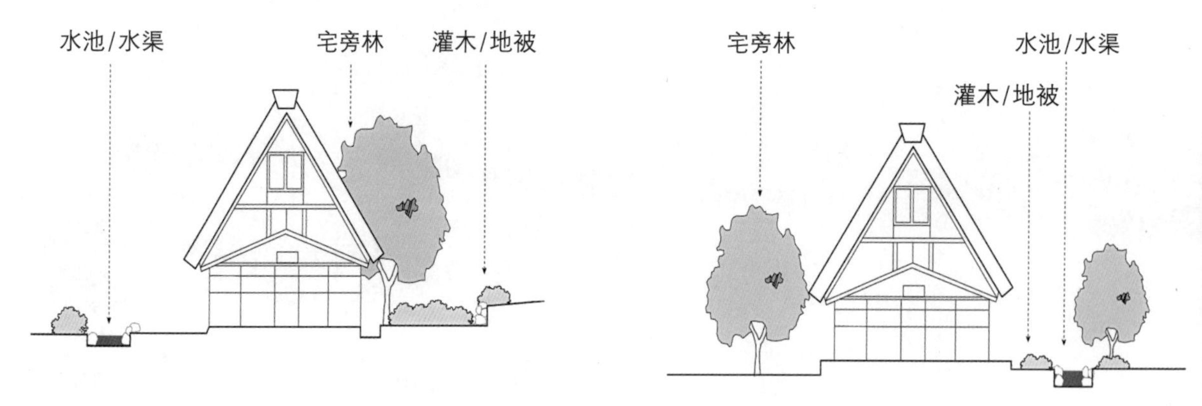

图8-4 白川乡合掌造聚落宅旁林模式

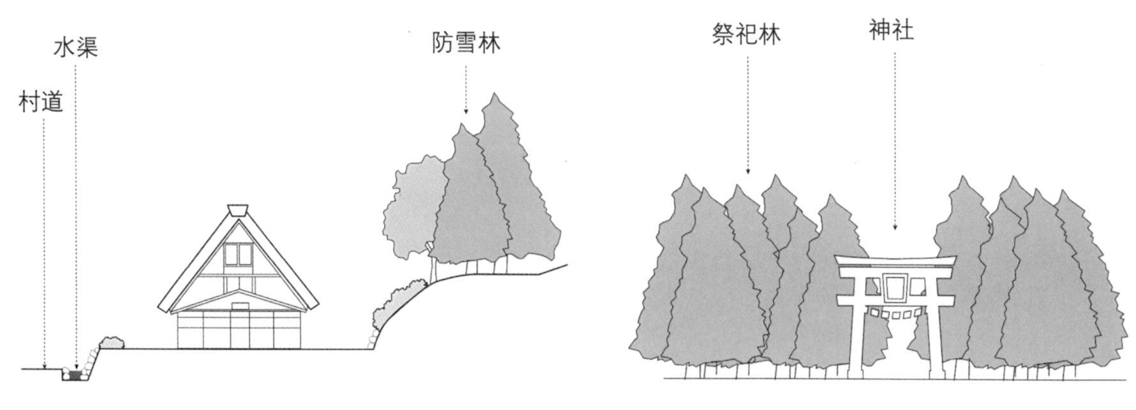

图8-5　白川乡合掌造聚落防雪林模式　　图8-6　白川乡合掌造聚落祭祀林模式

三、村民主导、多方合作保护特色景观

自1963年起，白川乡的村民们就已经自发成立了合掌造保存组织，并于1971年成立白川乡荻町自然环境保护会，正式开始景观环境的保护营造工作。1976年，白川乡被指定为“重要传统建造物群保存地区”之后，民居修缮费用的90%由政府的财政补助承担，其余10%多为社会基金团体资助，并于1987年成立“白川乡合掌聚落保存基金”，通过募集资金辅助景观保护工作。1995年成为世界文化遗产之后，基金会和政府补助合并成立“财团法人世界遗产白川乡合掌造保存财团”，将政府补助、村落财政收入和募集资金统筹管理，用于民居和景观的保护维护工作。同时，财团和村民共同制定景观保护基准和导则，规定经所有者同意可以将对景观形成具有重要意义的建筑和树木归由村政府、村民和相关团体共同保护和维持，使特色植物景观和庭院空间得到统一保护与管理。

熊本县黑川温泉

山区林区村庄的近自然植物景观营造

发展方向：乡村自然生态保护修复+乡村生态产业经济发展+聚落人居环境整治提升

熊本县阿苏郡南小国町位于九州岛中部，人口约4300人，总面积115.9平方公里，其中山林面积占约80%，是以农林业和观光业为主导产业的村镇地区。近30间温泉旅馆沿田之原川溪谷两侧向东西延伸，温泉、山水、建筑营造出闲静自然的乡土风情。2008年被评为日本温泉100选“氛围组”第一名，2009年被“日本米其林旅游指南”评定为“二星等级温泉区”。

一、迎合游人需求烘托乡土氛围

虽然黑川温泉早在17世纪就已经作为治病疗伤的温泉广为人知，但是到20世纪80年代曾经一度面临存亡危机。当地的年轻经营者在改善旅馆经营状况时发现，游客对温泉的需求已经从单纯的温泉疗养，演变为在更具私密感和亲近感的自然空间中放松身心，进而开始尝试通过杂木林创造乡土自然的露天温泉环境，并成功吸引大量游客前来。随后经营者们逐渐在乡土景观和村镇氛围营造的重要性方面达成共识，开始种植杂木林提升公共景观。并且尽量避免增加杜鹃和樱花等开花树种，而是以周围山林中常见的落叶树种营造杂木林自然的层次感和季相变化，避免破坏山村的乡土植物景观特色。通过坚持不懈的努力，黑川温泉以其独具里山风情的景观特色重新受到社会关注，重新成为热门温泉旅游地（图8-7）。

公共空间是庭院空间以外的乡村生活景观空间，与庭院空间叠加、穿插形成聚落户外空间，是居民社会活动、社会交往的主要场所，包括山水、植物、道路、公共设施等。在生态、乡愁、体验、休闲的旅游发展背景下，乡土氛围浓郁的公共空间景观营造不仅能够为村民提供清新宜居的生活环境，也起到吸引游人、提升知名度的作用。

图8-7　黑川温泉景观示意

二、乡土杂木林营造山野景观特色

南小国町制定的景观规划以黑川温泉为核心向四周山谷内延伸形成自然环境保护地区（图8-8），将温泉街所在聚落划定为乡土景观营造地区及杂木林景观的主要建造范围。杂木林的植物景观主要以枹栎、麻栎为骨干树种，结合红枫、野茉莉、四照花等落叶小乔木，紫珠、荚蒾等落叶花灌木造景。冬季通过山茶、马醉木和杜鹃等常绿灌木作为点缀。

从杂木林的分布特征来看，除了沿街道配植的沿街型以外，还有利用建筑间空隙的缝隙型、围合形成活动空间的广场型、以及利用建筑后退空间围合形

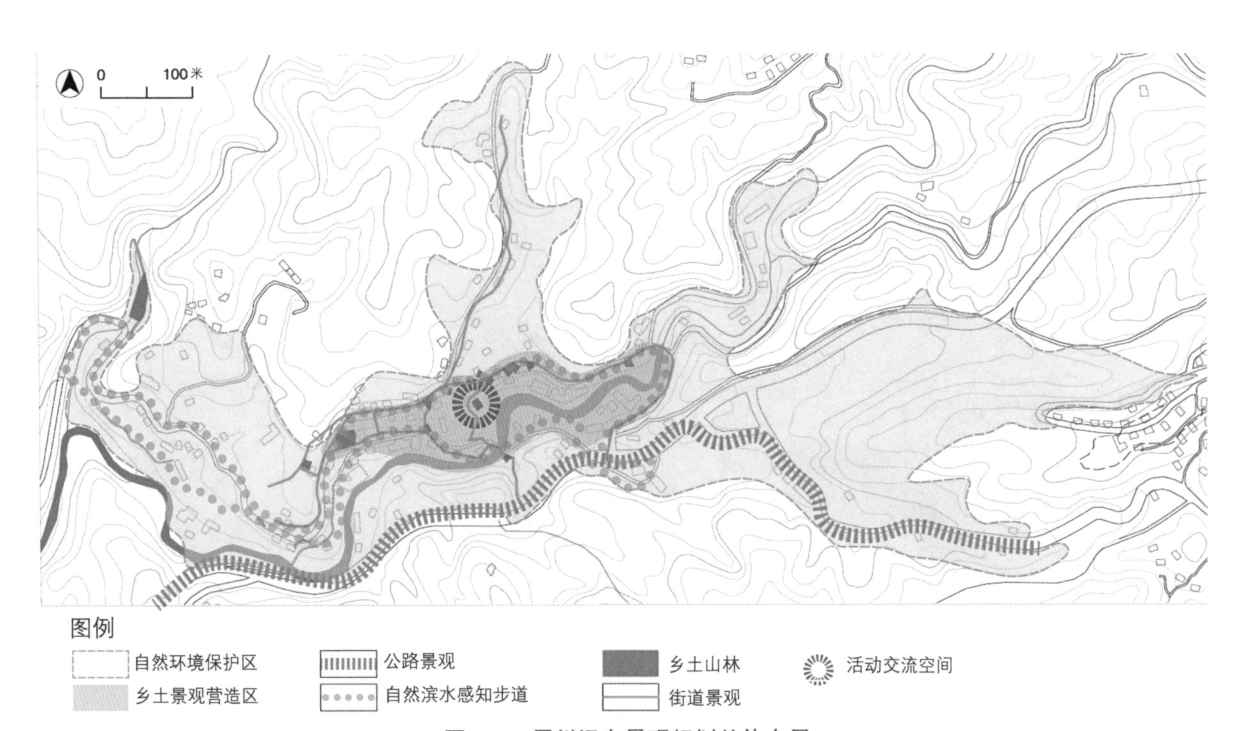

图8-8　黑川温泉景观规划总体布局

成的前庭型等4种模式。形成的植物空间既不建造大尺度种植带也不进行大面积改造，也没有刻意追求街道整体的观花、观果效果。而是利用周围山林随处可见的乡土树种，营造出枝叶婆娑、季节感强的植物景观特色，并通过杂木林将周边山林中的植物空间延展至街道公共空间，形成与周围环境融为一体的山林村落景观（图8-9、图8-10）。

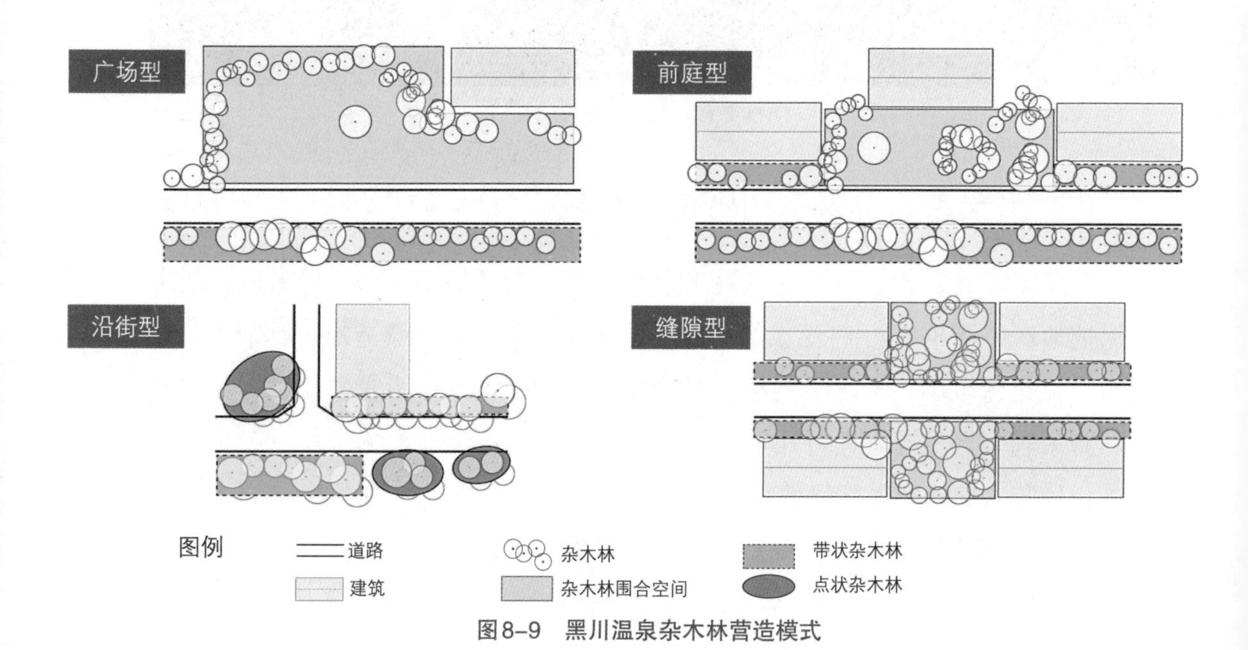

图8-9　黑川温泉杂木林营造模式

图8-10　黑川温泉聚落平面布局

三、遵循景观营造原则增加季节性景观亮点

当地居民和旅馆经营者组成黑川温泉观光旅馆协同组织（1960年成立），成员们自发植树，营造并维护杂木林景观。在2001年制定的《黑川地区街道建设协定》（简称《协定》）中，明确了以杂木林烘托乡土氛围，营造亲切宜人的街巷空间，保护原有地形地势，使用当地木材、漆料等乡土材料，从而塑造出质朴温暖的街道景观，延续黑川温泉的里山生活景观。并且形成由政府引导支持、村民自发管理的政村联动型管理模式，同时聘请外界专家进行专业指导。

此外，黑川温泉还尝试在遵循《协定》的基础上，通过季节性景观增加特色亮点。当地竹林资源丰富，竹材间伐和利用的历史悠久，自2012年开始循环利用间伐的竹材结合熊本传统竹编、竹雕工艺，制作成球形或筒形的竹灯笼。利用冬季枯水期，放置或悬挂在村口约300米长的溪谷上，温暖、奇幻的灯光沿温泉街核心区域东西向延伸，成为当地具有代表性的冬季景观。从2017年起，黑川温泉与周边温泉合作扩大景观范围，请当地居民和学生作为志愿者参与到灯笼制作之中。

埼玉县巾着田曼珠沙华[1]之乡

大城市近郊村庄的植物群落保护和旅游资源培育

发展方向：乡村自然生态保护修复＋乡村产业经济发展＋聚落人居环境整治提升

埼玉县巾着田曼珠沙华之乡位于日本埼玉县日高市大字高丽本乡，大字高丽本乡总面积312.28公顷，总人口539人。村庄地处日本首都圈西部的丘陵地区，森林覆盖率约65%，毗邻奥武藏自然公园，高丽川蜿蜒而过。境内分布有古民居、神社、寺庙、石器时期居住遗址、古街道等历史人文资源，建设有两条徒步观光步道，全长约21.7公里（图8-11～图8-13）。

图8-11　巾着田曼珠沙华盛开实景

图8-12　巾着田木质桁架景观桥

图8-13　巾着田鱼洄游通道

① 曼珠沙华即日本对红花石蒜的俗称。

一、保护河滩上偶然发现的红花石蒜，培育成著名植物名片

20世纪70、80年代，当地居民开垦河滩地时发现大规模群生红花石蒜，推测是因河水泛滥导致土沙混着球根漂到岸上，生长发展成群落。以此为契机，开始红花石蒜群落保育工作，沿河修建12.15公顷的巾着田曼珠沙华公园，逐渐将偶然发现的植物资源，培育形成全国范围内独具特色的植物名片。大规模的植物景观受到媒体关注，当地居民自发进行保护和经营，红花石蒜现有面积约5.5公顷，500万株。每年9～10月，迎来红花石蒜的盛花期，阳光透过林隙洒落，枯木、树桩散落于花丛之中，结合素土园路、树木和河湾，形成色彩鲜艳的自然疏林花海景观，村庄也在此期间组织曼珠沙华节，吸引游人参观的同时带动周边产业经济发展（图8-14）。

二、植物、水系、地形、构筑物、动植物资源有机结合，深入挖掘培育地域特色

公园位于高丽川河湾旁的奥武藏自然公园范围内，高丽川环绕红花石蒜林

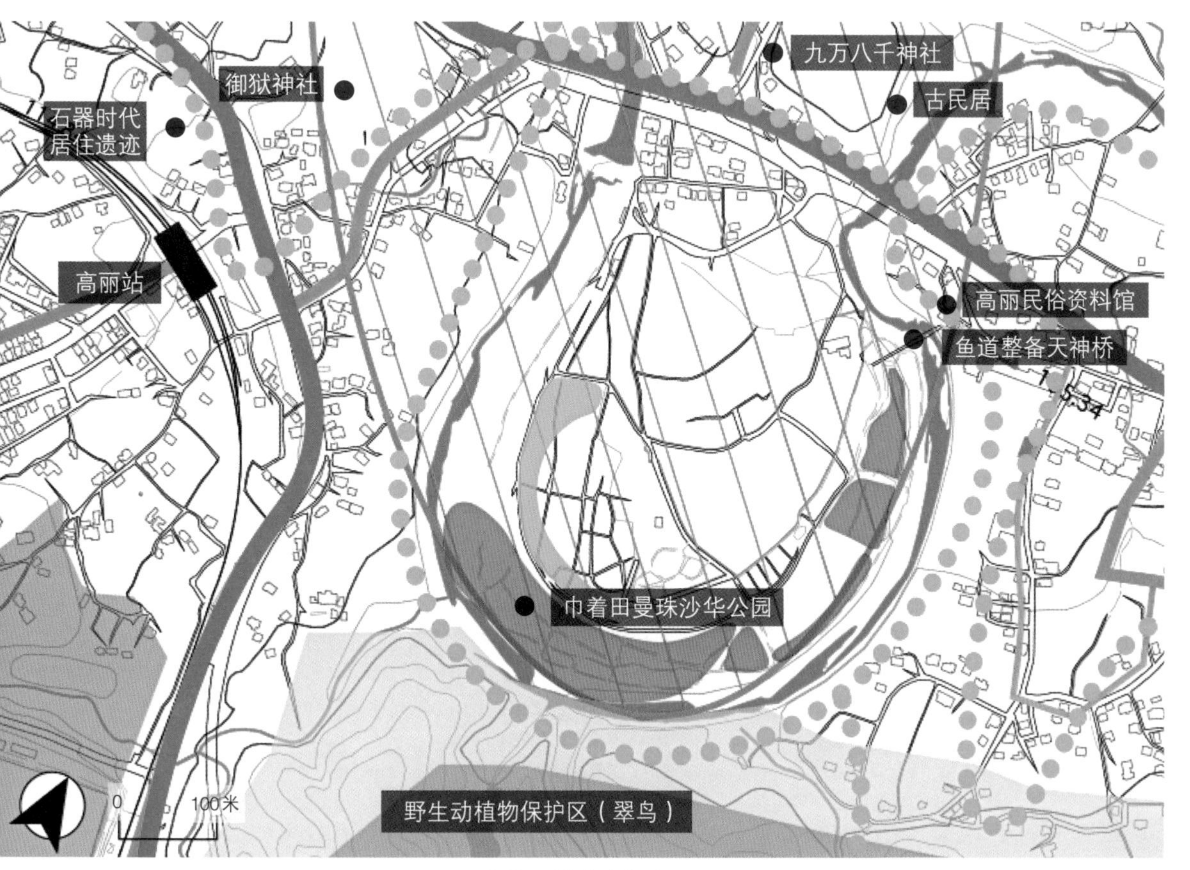

图8-14　巾着田曼珠沙华公园平面布局

地，蜿蜒形成“Ω”形特色河滩景观。同时，公园里保留着1996年建成的日本第一长的木质桁架桥，可以从桥上俯瞰整个区域（图8-12）。河中保留作为鱼洄游通道的台阶式鱼道，加上清澈的河水，成为儿童喜爱的自然体验空间（图8-13）。河流南岸是日高市的翠鸟野生动植物保护区，良好的生态环境为翠鸟、白鹭、啄木鸟等诸多鸟类提供适宜的栖息条件（图8-14）。

三、保护自然与文化资源，规划建设地区景观和游览空间体系

大字高丽本乡以巾着田为重要节点，形成区域景观体系和绿道体系规划，东西向串联沿线寺庙、神社、历史遗迹、古民居等历史文化节点，南北连接山地、自然公园、野生动植物保护区等生态资源，形成尺度宜人、生活便捷、蓝绿交织的生态景观格局。同时，通过持续优化自然生态的景观效果，每年举办节事活动，打响“曼珠沙华之乡”的名片，提升乡村的社会影响力，吸引城市居民周末前来休闲游憩，开展溪谷散步、徒步露营等户外活动（图8-15）。

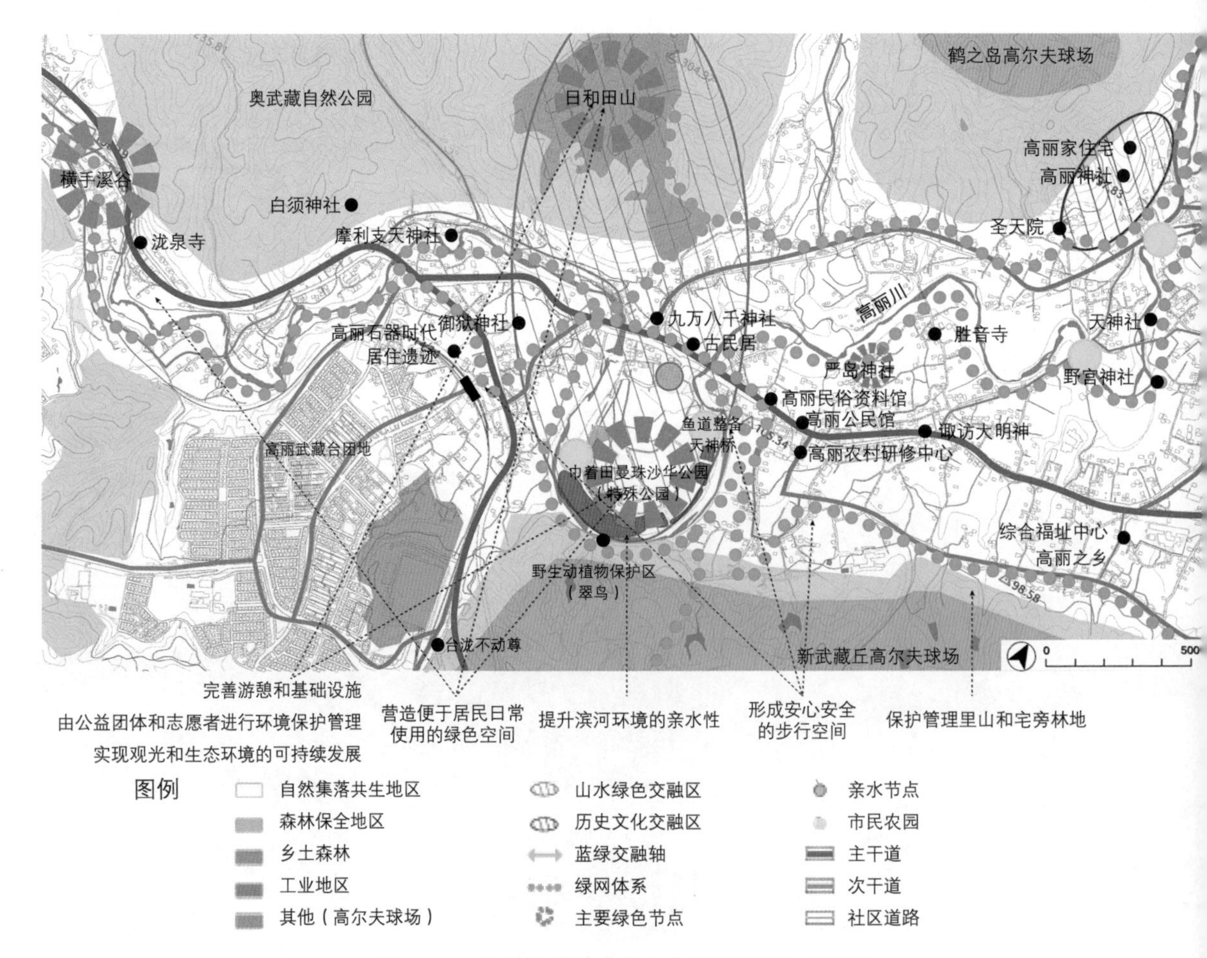

图8-15　巾着田曼珠沙华之乡周边景观体系布局

冲绳县山原国立公园村庄

国家公园里的村庄生态保护与生态旅游发展

发展方向：乡村自然生态保护修复+乡村生态文化保护传承

国头村、东村和大宜味村位于日本冲绳岛北部，共有居民9688人（2015年），日本山原国立公园即由国有土地和这3个村庄的公有土地共同组成（合计82.53%）。山原地区以“亚热带的森林山原——孕育生命的山林和生活”作为主题，保护着当地特有的动植物资源和生态系统，传承地域传统生活文化。公园占地面积17311公顷，由国头村、东村和大宜味村组成，区域内特别地区比例达94.04%，其中原生自然景观核心区面积为8010公顷，包含特别保护地区3009公顷和第1种特别地区5001公顷（图8-16～图8-18）。

一、保护区域特色云雾林动植物资源

山原地区位于亚热带海洋性气候地区，拥有日本面积最大的亚热带常绿阔叶林，森林覆盖率80.5%，结合山地、石灰岩海蚀崖、喀斯特地貌等多样的地形地貌，形成了云雾林（云雾林是海拔较高山地生长的原始热带雨林）、红树林

图8-16　从边户岬看向山原地区

图8-17　银叶树的板根

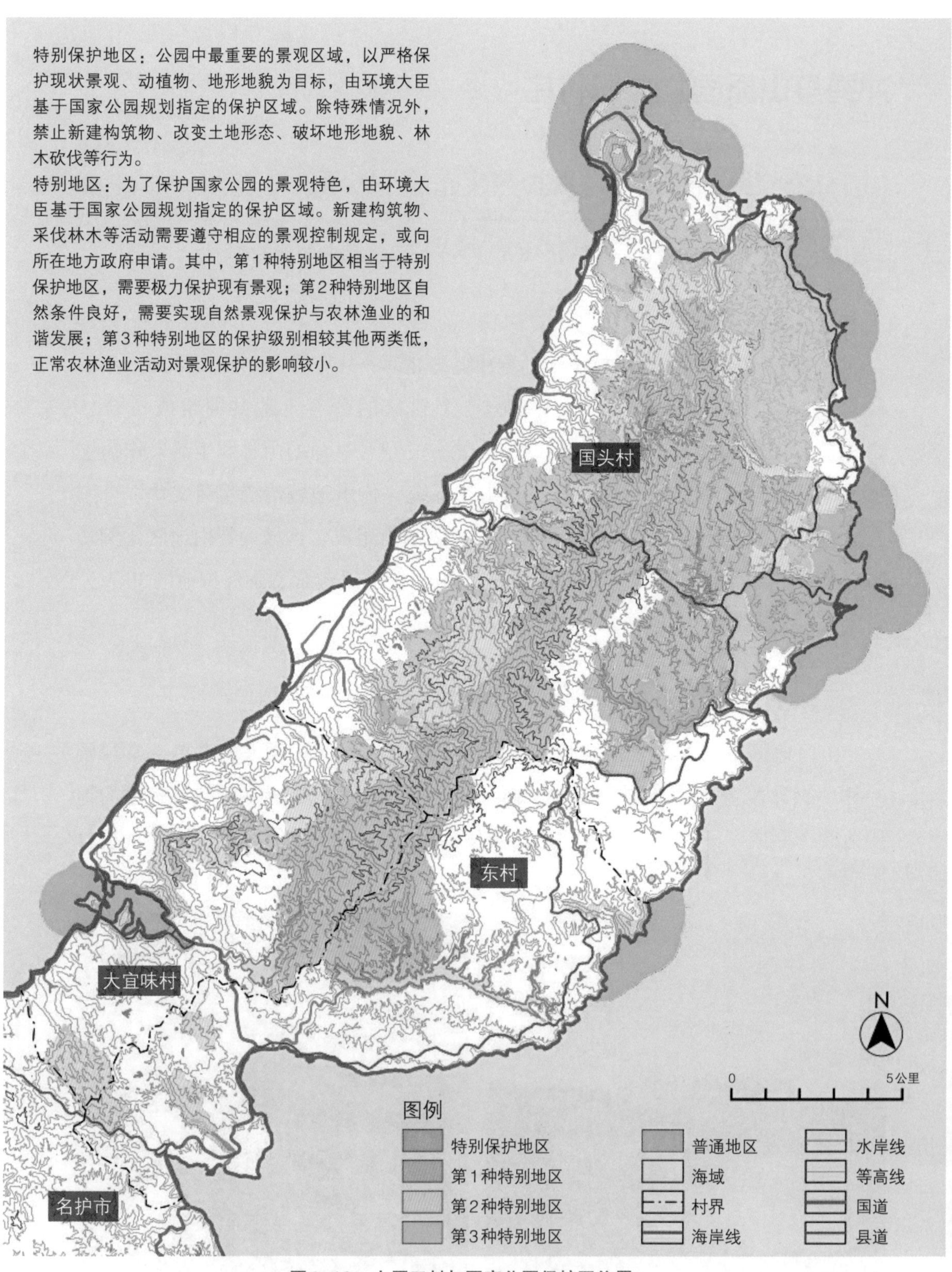

图8-18　山原三村与国家公园保护区位置

等独特的自然景观和生态系统。植被以长果椎、白背栎等壳斗科植物为主，此外还可见到形成板根的银叶树。山林中栖息着山原秧鸡、野口啄木鸟等特有野生动植物和濒危灭绝物种。区域内还有琉球时期遗留下来的海运、祭祀、生产生活等人文景观（图8-19）。

二、村庄和当地居民作为生态保护和生态旅游运营主体

冲绳县作为热门旅游目的地，在20世纪90年代初期就已将生态旅游作为新型观光模式引入。位于山原地区的东村也在1995年成立生态旅游协会，开展观光定制指导、绿色观光研究会等活动，实现了原本完全依靠农林产业的人口稀

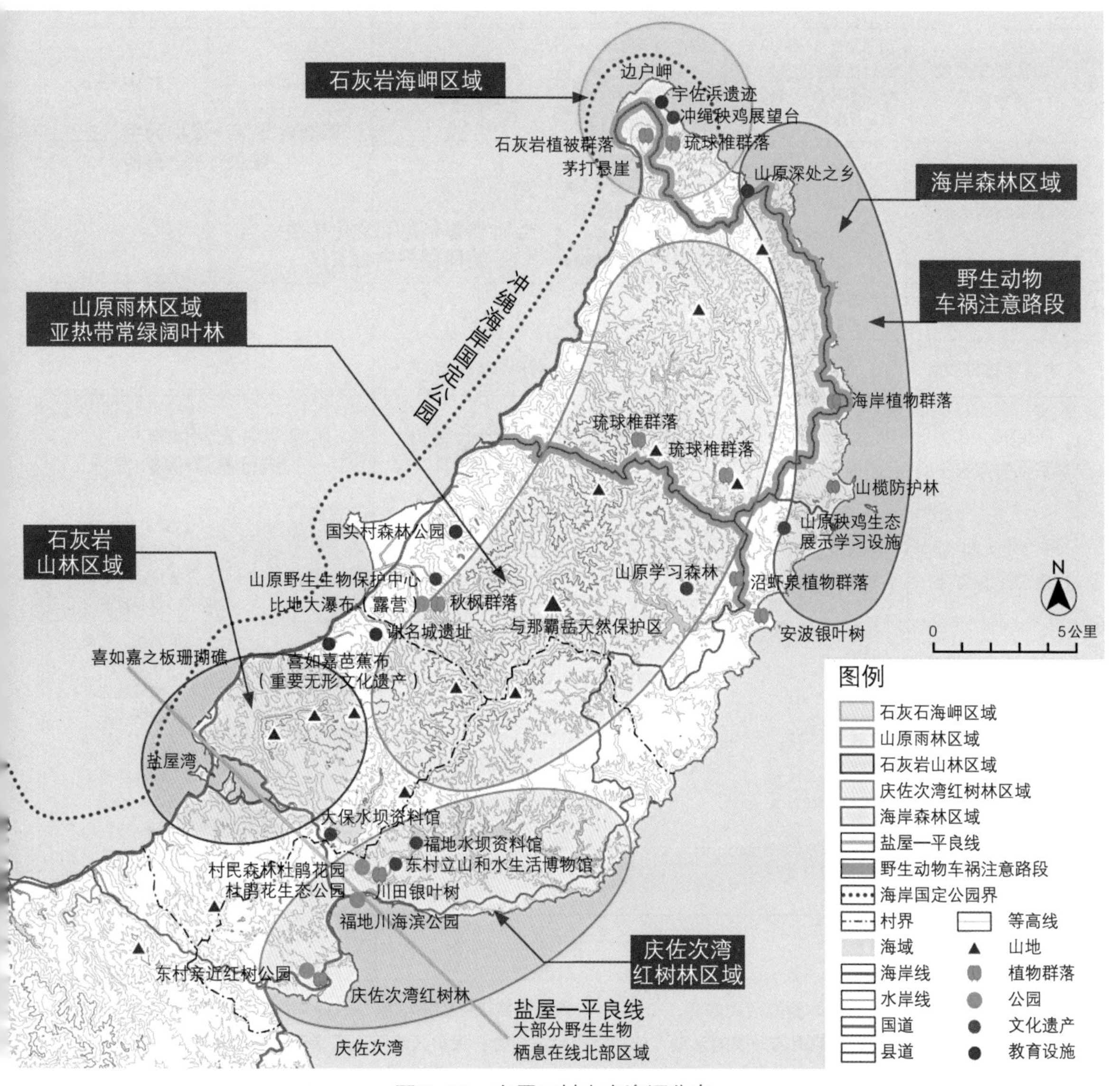

图8-19　山原三村生态资源分布

少村落的旅游振兴。目前，山原地区已形成地方政府、村民和民间团体、旅游企业、研究人员、游客共同参与的生态观光模式。村民作为生态旅游开展的主体，由村委会组织定期开展研讨会，讨论活动内容和开展方式，主要对村内的自然和文化资源进行保护和宣传。同时，当地居民和村委会协同成立民间团体，活动方向根据团体的运营方针各有所侧重，但主要以提供文化体验和自然体验活动为主，适当参与环境保护工作。旅游企业在当地居民的协助下，主要进行旅游产品开发，将当地的自然文化资源转换为经济价值（图8–20）。

类别	运营主体	环境教育			自然体验	
		研学活动及设施	生态环境 生物多样性保护	信息宣传	自然观察	自然体验 户外活动
环境省	山原野生生物保护中心	山原生态知识展览※ 自然知识讲座※ 中小学校自然课程 生态安全宣传	生态调查※ 外来物种驱除※ 野生动物保育※ 野生动物车祸对策※	生态知识讲座 调查数据公开	野生动植物观察※	森林徒步※
地方自治体	国头村村委会		国头环境保护项目※ 生态调查、信息收集※ 野生动物保护保育※ 外来物种驱除※ 设置围挡、监控录像※			
	东村村委会	东村村立山水 生活博物馆				
	大宜味村村委会			村落自然和文化宣传		
民间团体	NPO法人山原地区活力支援中心	山原秧鸡生态※ 展示学习设施	绿色工作者※ 环境美化清洁※ 山原秧鸡保护保育※ 海龟产卵地清扫※	地区自然文化宣传 民宿信息		
	NPO法人国头村生态旅游协会	山原乐学森林※ 环境教育设施		山原地区、村落的 自然和文化宣传	自然观察※ 夜间观察※	森林独木舟 雨林徒步※ 夜间徒步探险 森林疗法
	NPO法人大宜味生态旅游协会		海滩清扫	村落自然和文化宣传		皮划艇、浮潜 雨林徒步※ 森林瑜伽 沙埋疗法
	NPO法人东村观光推进协议会			旅游信息中心 自然和文化信息宣传 旅游导览、宣传册		皮划艇、浮潜 雨林徒步※ 森林瑜伽 海钓、浮潜
	山原生态旅游研究所				山原秧鸡观察※ 红树林自然观察	海上皮划艇 比地瀑布徒步※
企业	株式会社山原自然塾				山原秧鸡观察※ 红树林自然观察	独木舟、皮划艇 红树林、雨林徒步※

环境省:教育•保护为主
兼顾体验•宣传

当地:侧重信息和文化传播
协同保护中心工作

民间:依托自然体验
进行教育•保护•宣传

图例：环境教育和自然体验的活动内容　该类运营主体的活动核心内容

※主要在国立公园保护区范围内开展的活动，未加特别标注的为在保护区或周边区域开展的活动。

图8–20　山原三村环境教育和自然体验内容分析

三、乡村生态旅游与环境教育协同发展

山原地区以村民团体为中心，在当地政府和山原野生生物保护中心（国家公园运营机构，简称“保护中心”）的支持和指导下，依托山林和地质资源形成山原雨林、庆左次湾红树林、海岸森林、石灰岩山林、石灰岩海岬5个游览区。开展了诸如森林徒步、野生动物观察、红树林皮划艇体验、传统手工艺品制作体验等一系列旅游体验活动，使各年龄层的游人都能在接触自然的过程中了解自然、学习生态知识（图8-21）。例如，青少年在野生动物观察的同时，学习动物习性和栖息地保护的知识；年轻人在进行红树林皮划艇体验的同时，了解海水污染和动植物生境的关系；中老年人在手工艺制作体验的同时，了解当地自然资源对于传统文化的重要性。

村民团体和企业是生态旅游项目的主要组织者，活动种类丰富全面，通过科普知识解说实现带有一定趣味性的生态知识普及。保护中心以宣讲自然生态知识、生物多样性保护和研究调查信息为主，偶尔举办野外观察活动和文化体验活动。地方自治体则辅助保护中心进行生态保护工作，支持引导民众开展活动。根据活动主体，教育活动各有侧重，由此形成满足不同体验需求的环境教育体系。并且，从教育启蒙的角度，增强当地居民和游客对于自然环境的理解和生态保护知识，突破传统旅游服务的概念，具备了环境教育、资源保护和乡

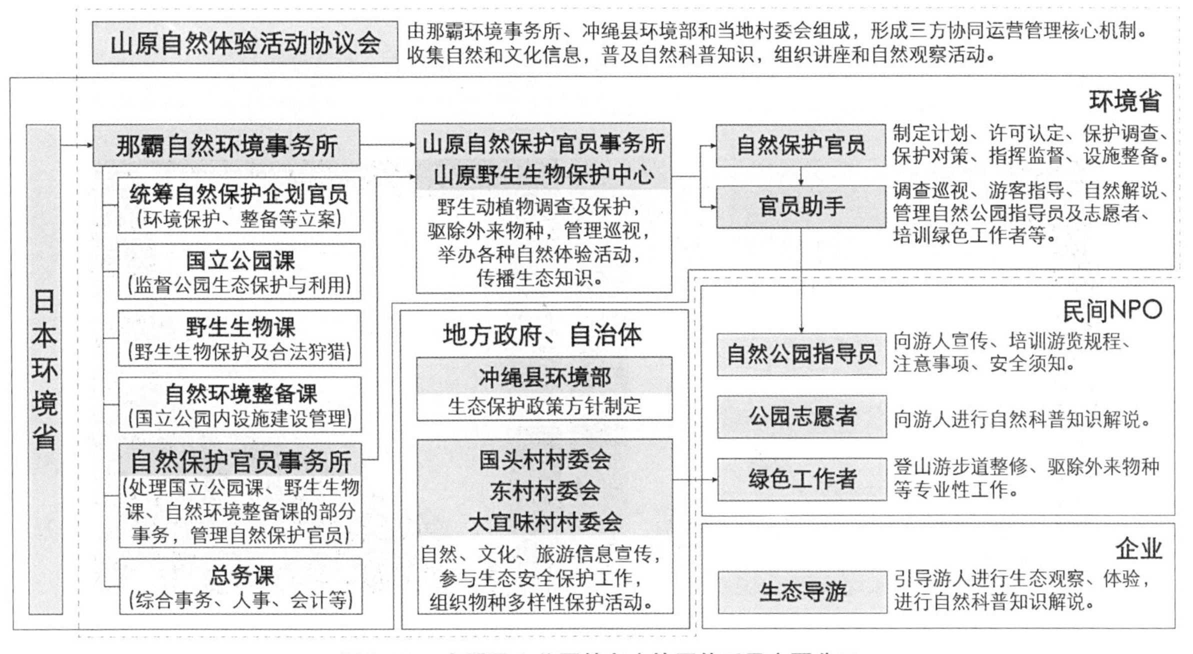

图8-21　山原国立公园的多方协同体系及主要分工

村振兴等更广泛的社会意义。游客和居民作为参与者和理解者，通过生态讲解深入了解山原地区生态资源的价值，既为当地带来直接的经济效益，也能在个人自然意识、社会意识的提升等方面为地区提供长期的间接价值。

四、村庄居民协助生物多样性保护

20世纪10年代，为了驱鼠有居民将十几头小猫鼬带到南部的那霸，但岛上原本没有食肉哺乳动物，原生鸟类和爬虫又不具备抵御捕食的能力，外来种不存在天敌，到2005年小猫鼬数量已增长至约3万头，活动范围也在持续向北扩大。冲绳本岛中部地区原本是山原秧鸡、野口啄木鸟等固有种鸟类的栖息地，为了躲避印度小猫鼬、野猫等外来物种的捕食，栖息地范围正在逐年缩小。除此之外，山原秧鸡不能飞行，因此在野生动物集中、交通量少、车速快的北部县道上很容易发生车祸，而林道建设、林木采伐等行为导致栖息地减少或破碎化，山原地区的生物多样性保护问题迫在眉睫。这些人为造成的生态问题，大多源于对于生物多样性保护知识的缺乏，并且可以通过保护措施一定程度上避免。

为了保护区域内的栖息环境和生态安全，保护中心对防止外来物种入侵、野生物种猎捕、野生动物交通事故等方面进行了大力度的监督和宣传教育工作。例如到当地中小学校进行授课，向中小学生讲授固有种与山原生态系统、外来物种和生物多样性保护、交通事故与珍稀动物保护、保护措施等知识。并于2005年起开始组织学生参与山原秧鸡生态调查，让当地青少年从小接受环境启蒙教育和实践体验，区分固有种和外来种对于生态环境的不同意义。

图8-22 路旁的生物多样性保护科普牌

保护中心联同山原自然体验活动协议会定期进行科普讲座、自然体验等活动（图8-22、图8-23），面向居民和游人传授环境知识。同时，协议会动员当地居民参与到外来物种驱除、珍稀动植物保护保育活动之中，协助政府进行外来物种防护网设置、小猫鼬捕获驱除、环境清扫等实际工作。此外，协议会与自然保护、道路管理部门和相关团体组成联络网，对野生动物交通事故进行监管和统计。调查统计数据和外来生物的危害性知识在保护中心和教育设施中进行展示，并通过环境手册、展示牌的形式进行宣传，使前来参观的游人也能了解地区潜在的生态危机，避免观光活动中的环境破坏行为。通过知识讲解和体验活动相结合，帮助人们理解生物多样性和生态系统的意义，并实际参与到自然活动之中，通过“听、看、触、感知、思考”的体验过程加深对生态保护的正确认识，最终实现将环境知识应用到身边环境保护之中，形成更广域、更长久的环境教育意义。

图8-23　科普馆中的外来物种入侵科普宣传

第三节《欧洲

荷兰上艾瑟尔省羊角村

运河水乡村庄的水旁绿化和庭院景观营造

发展方向：乡村自然生态保护修复+聚落人居环境整治提升

羊角村隶属于上艾瑟尔省的斯滕韦克尔兰德自治市，距阿姆斯特丹约120公里，与西北欧最大的泥炭沼泽区韦里本–维登国家公园相连，是位于荷兰东北部的著名历史村庄。当地居民约2620人，以纵横交错的运河水道、闲适安宁的田园风光、历史悠久的茅草小屋闻名。自12世纪，地中海附近的逃亡者扎根于此，挖掘矿物的同时还挖出许多野山羊羊角，故将其命名为羊角村。当地缺乏优质土地资源，多沙土，盛产煤矿。多年的煤矿开采使当地形成了大小不一的水道及湖泊，当地居民开拓完善水道，使居民和游客乘船在河道中穿梭，形成“荷兰威尼斯”的独特景象（图8–24）。

一、保护纵横交错的运河水道肌理

当时居民的主要生计来源为地下的泥煤，多年的挖掘形成了莫伦水道。骨干水路南北贯通，其余支路东西交汇，呈鱼骨状向两侧延伸，水道向西是大片农田。176座桥横跨于水面，水波荡漾，由于水道密集，家家户户都备有小船，沿河设有少量慢行步道及自行车道。河道两侧布置有民居、花园等居住生活空间，历史悠久的茅屋错落布置，四周绿茵茂密，繁花遍布。整体上形成水道为骨，绿地为肌，随水而居的乡村风景（图8–25、图8–26）。

图8-24　羊角村区位

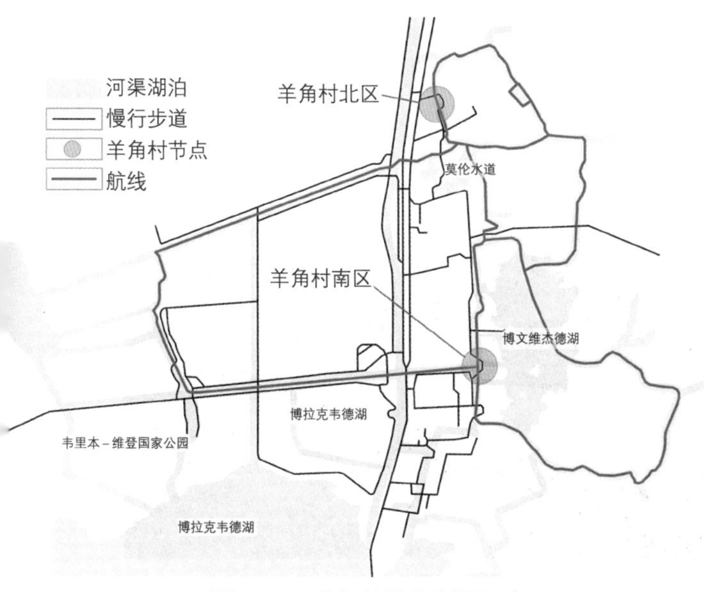

图8-25　羊角村周边交通环境

图8-26　羊角村核心区布局

二、河道两侧利用滨水植物塑造丰富空间

滨河区域用绿草铺地，适当以茂盛的花草修边。利用列植的小灌木将水道公共空间与居民私家庭院分隔，适当孤植大乔木成为视觉焦点。部分河道高列植大乔木，并使用色彩鲜艳、花量大的灌木间隔点缀，塑造河道两侧丰富多变的滨水空间。在圩田水道的肌理下，置入尺度宜人的景观桥、亲水平台及台阶设施，沿河设置自行车道，方便居民陆路出行和游憩。

三、河道两旁营造民居庭院花园

村庄居民十分重视庭院绿化美化，精心打理自家花园，并面向河道开放，茂盛的植被和鲜花簇拥着河道。沿河的灌木及乔木将水道处的公共空间与房屋内的私人空间分隔开，最大程度地保障居民生活不受干扰。民居形式在保证整体风格的前提下，每家每户可以按照房屋主人的审美喜好，设计建筑体量和颜色风格，建造具有自家特色的房屋。房前鲜花盛开，院中摆放特色的彩陶玩偶，后院散养家禽和山羊，野鸭在水中悠闲畅游，形成色彩缤纷、绿意盎然的滨水小花园（图8-27、图8-28）。

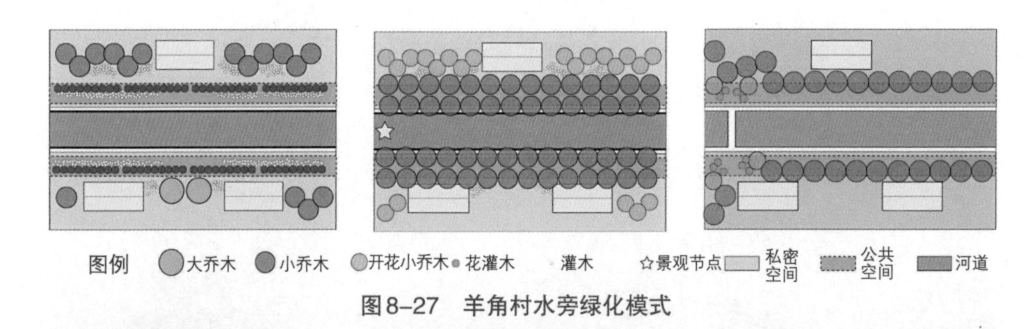

图8-27　羊角村水旁绿化模式

图8-28　羊角村水旁、宅旁绿化模式

法国阿尔萨斯大区埃吉谢姆村

鲜花和美酒环绕的法国美丽乡村

发展方向：乡村产业经济发展+乡村生态文化保护传承+聚落人居环境整治提升

埃吉谢姆村位于阿尔萨斯大区的心脏地带，海拔210米，距离科尔玛5公里，方圆14平方公里，是阿尔萨斯葡萄园的发源地，村庄拥有多达339公顷的葡萄种植园（图8-29）。全村居民不超过2000人，其中约80%的居民从事与葡萄酒相关的工作。自1989年以来，埃吉谢姆村被连续评为“四星级鲜花村镇”，2003年起被评为“法国最美村镇”，2006年获得欧洲花卉园林协会（AEEP）为推广绿色花园村镇而设立的“Entente Florale Europe”比赛金奖，2013入选“法国人民最喜欢的村镇”。

一、保护同心圆结构的村庄聚落格局

整个村庄呈同心圆结构，以中央的城堡和教堂为圆心，向外一圈圈地扩散。圣莱昂中央广场保留了一座城堡，其八角形的保护墙可追溯到13世纪。城堡目前的住宅区建于15世纪后期，旁边新罗马式风格的圣莱昂教堂建于1894年。教

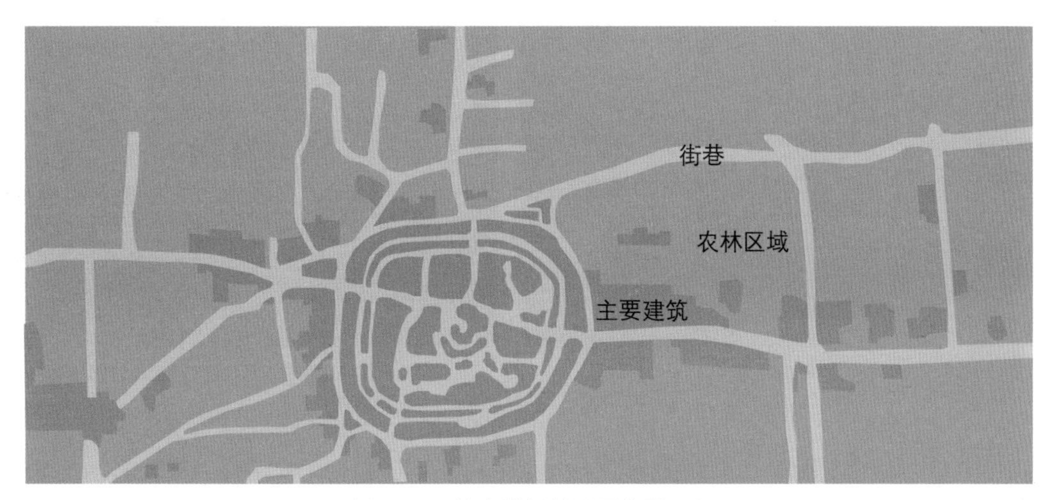

图8-29　埃吉谢姆村平面布局示意

皇列夫九世于1002年出生此地，他的遗物被保存在礼拜堂内，中央广场的喷泉旁伫立着他的雕塑。村内有三条圆形街道，一条在市中心区域外，两条在市中心区域内。古建筑沿环路围绕城堡，圈外散布着民居和葡萄种植园（图8-30）。

二、鲜花装点的传统街巷

自1989年来，埃吉谢姆村就被法国连续评选为“四星级鲜花村镇”，即法国鲜花村镇的最高级别。村内环布鹅卵石铺砌的乡间小路，两侧的糖果色系的房屋围绕布置，自中世纪保留至今。彩色房子排列于街巷两边，各家各户在临街的墙上、台阶上精心搭配着花草，多彩明丽的鲜花和鲜嫩茂盛的藤本植物布满街巷，部分餐厅、书店出入口处布置有特色花纹的装饰，富有情调。漫步在街道上，仿佛置身于童话故事里（图8-31）。

三、延续葡萄园种植和葡萄酒体验

埃吉谢姆村拥有肥沃的土壤和适合葡萄生长的气候条件，是阿尔萨斯葡萄酒酿造的摇篮。葡萄酒酿造工业最初在斯特拉斯堡主教和某些修道院发展起来，并被送上了荷兰和英国皇室的餐桌，渐渐流传下来了精湛的葡萄种植技术，形成两个阿尔萨斯特级葡萄园。起伏的葡萄田分布在村庄环形片区外，村内分布有酿酒师的酒馆、餐厅，游客可在绿意盎然的花园中品尝美酒。

图8-30　埃吉谢姆村广场喷泉及周边绿化

图8-31　埃吉谢姆村沿街绿化

第四节 《 美国

伊利诺伊州穿越牧场社区

平原农区乡土景观营造与生态建设

发展方向：乡村自然生态保护修复+聚落人居环境整治提升

穿越牧场社区位于美国伊利诺伊州，是芝加哥北部广受赞誉的环境保护社区。因处于两条市郊上下班交通的铁路岔口得名“穿越（Crossing）”。村庄具有典型的美国中西部乡村特征，从初期的无计划建设到后期的精心设计，逐步成为芝加哥有名的现代化美丽乡村（图8-32）。

一、保护和营造开阔乡土景观

在村庄建设和发展中，穿越牧场社区注重对原有景观特色的保护，超过60%的场地被保留为开放空间，包括农田、草原、有机农场、池塘、湿地和树林等，形成良好的环境基底，不仅为本土鸟类、蝴蝶和其他野生动物提供栖息地，也为居民亲近自然、日常户外休闲提供了场所。

在乡村公园和公共绿地的营造中注重乡土植物使用，如居民通过种植当地的草本植物代替草坪，推行粗放节约型的管理模式，不仅增加原有乡野气息，也降低了管理成本，同时也减少了化学制剂带来的污染。另外在庭院绿化中，居民注重仿照当地植物群落进行绿化，使村庄环境与毗邻的草原地区原生景观融合。

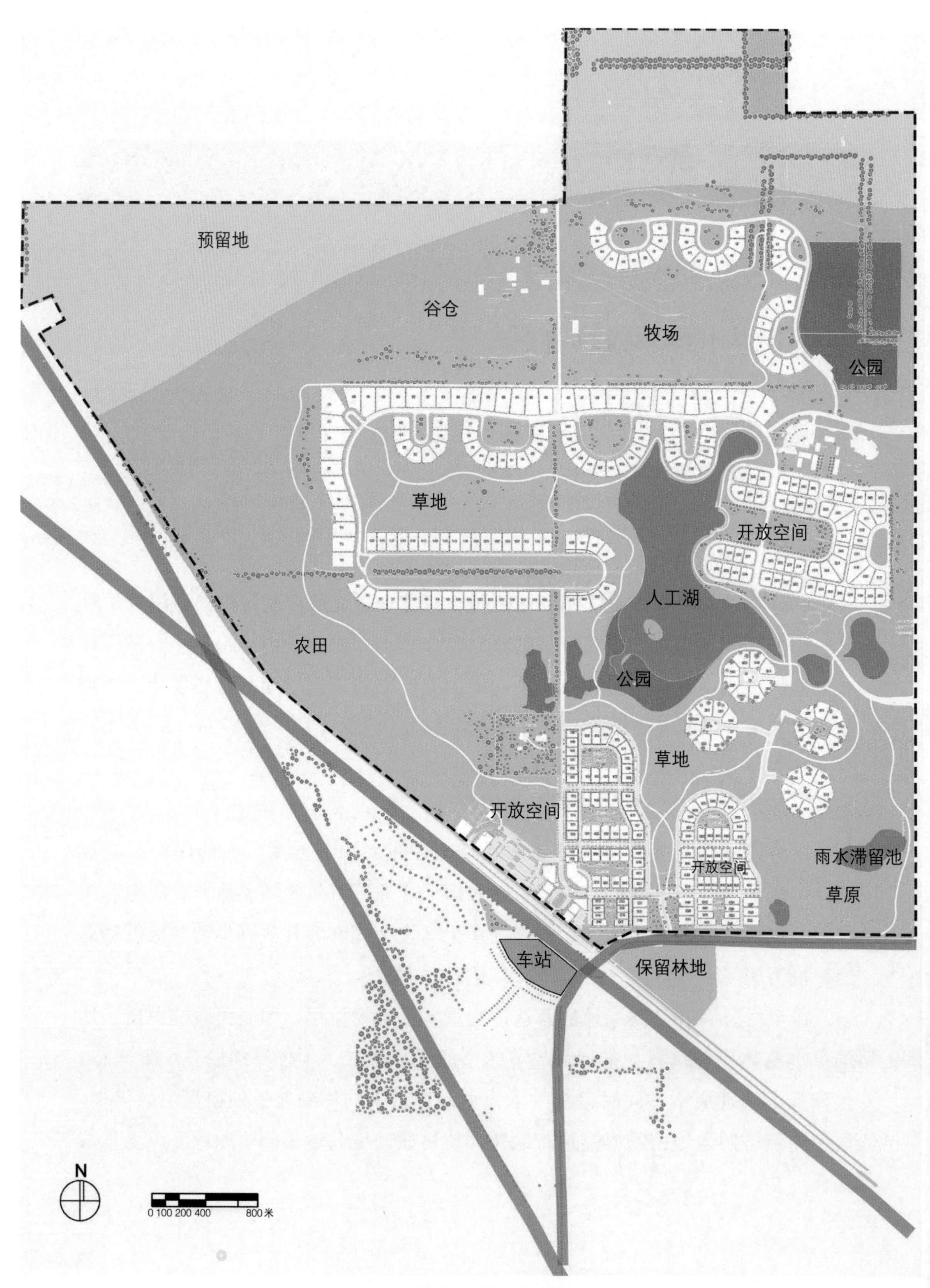

图8-32　穿越牧场社区平面布局

二、生态建设结合绿化美化

穿越牧场社区通过雨水管理结合滨水景观营造，实现了生态建设与乡村绿化美化的统一。通过挖掘人工湖使其与原有池塘、草原连成一体，形成了一个完善的储水系统和天然的水净化系统。将从道路、屋顶上收集的天然雨水传送到草地，通过乡土草本植物进行过滤、净化，部分水缓慢地流入邻近的湿地或池塘，之后再流入人工湖进行储存。丰富的水体不仅为野生动物创造了一个有吸引力的栖息地，也为居民提供了良好的居住环境和娱乐场所。当地村民还对自家屋檐上的雨水进行收集，结合当地的水生植物和牧草发展低成本、生态化的雨水花园。

三、开发利用可再生能源

穿越牧场社区全面使用高效清洁能源，营造环境友好的绿色宜居乡村。居民使用风力发电作为日常生产生活的用电，在耕种施肥时以天然肥料为主，降低了对土地的污染，并且使用沼气作为燃料，实现了农村废弃物的资源化利用。

明尼苏达州圣克罗伊田野社区

城郊社区的生态系统保护与乡土自然景观营造

发展方向：乡村自然生态保护修复+聚落人居环境整治提升

圣克罗伊田野社区位于美国明尼苏达州，是该州建设的首批大型集群居住社区之一，也是明尼苏达州生态保护发展的典型代表之一。20世纪90年代后期分两批购买土地共计241亩，其中40%用于建设房屋，其余60%的土地设置保护地役权，作为永久开放空间保留。该社区曾获得明尼苏达环境倡议组织颁发的土地使用和社区奖。

一、住宅组团式空间布局

为实现土地资源集约利用，社区采用组团式空间布局。住宅位于地块的中心，远离高速公路，靠近森林、池塘和草原等自然区域，大多数住宅面向社区绿地或外围开放空间，以获得良好的居住环境和自然视角，住宅之间通过树木围挡保证私密性。紧凑的布局为保护外围大片自然空间、塑造内部开放空间创造了空间条件，最大化地保留了社区及周围的乡村氛围和自然特征。

二、外围保护地生态修复

依据充分保护生态环境的开发设计原则，圣克罗伊田野社区注重生态系统保护修复。将60%的土地划为保护地，草原、农田、池塘和橡胶树林等生态用地组成社区外围的绿色开放空间。播种本地的野花、观赏草等恢复草原生境，恢复了一定的水渗透区和动植物栖息地。保留修复了池塘的自然驳岸，池塘外围的公共开放空间对居民开放。保护高质量农田区域，保留农田自然朴野的乡村环境特征，成为乡村风景重要的基底，也为农作物种植、社区有机农业发展提供保障。

三、内部开放空间多样化塑造

圣克罗伊田野社区鼓励社区绿化、道路景观营造和历史建筑保护。社区内建造了以自然环境为基底，多样活动设施为特色的社区公园，为居民开展运动、健身、散步等日常活动提供了绿色开放场所。社区内保留数英里多用途小径，小径采用透水铺装材料建造，两侧种植乡土植物，形成宜人的步行空间尺度，打造了亲切自由的社区步行环境。此外，对存留150年的历史谷仓进行修复，改造为社区中心地标，外围种植色彩鲜艳的多年生植物和郁郁葱葱的大树，为乡村文化展示和居民日常娱乐活动提供场所。社区内部的公共绿地绿化十分重视利用乡土植物营造景观，打造具有地域性植物景观特色的社区环境（图8–33）。

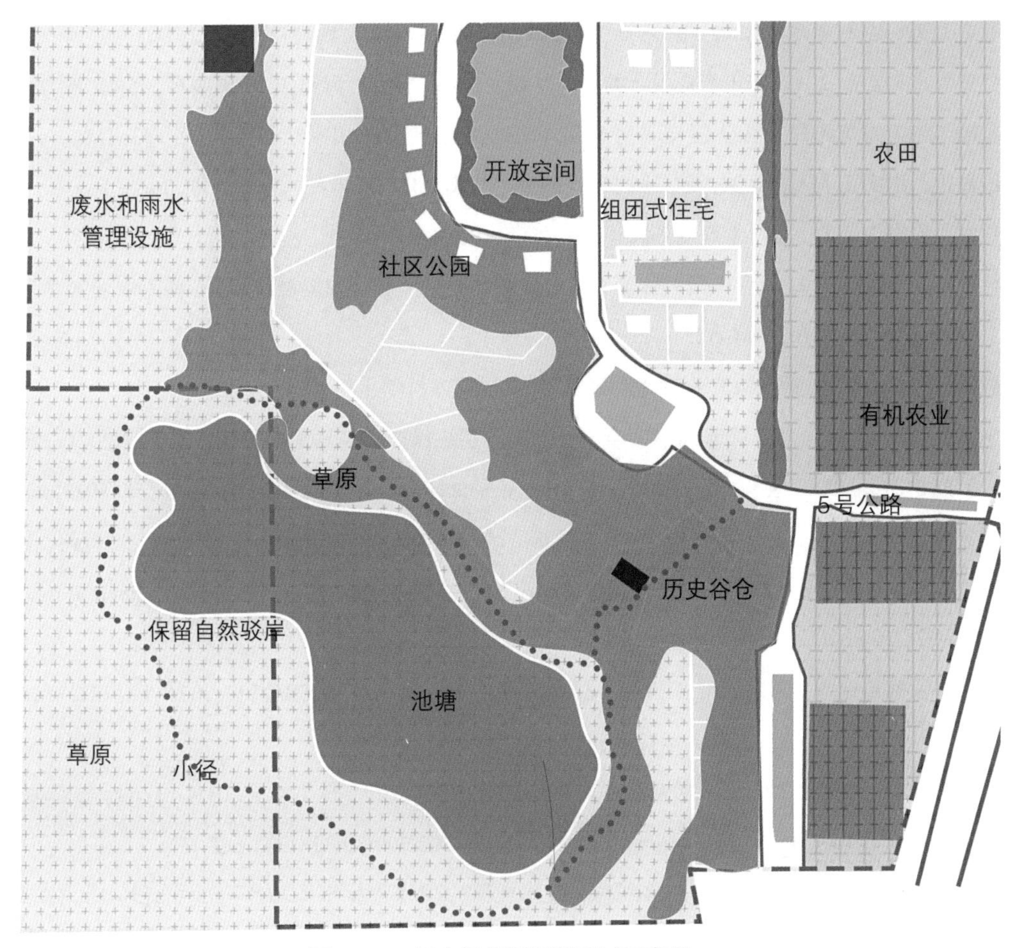

图8–33　圣克罗伊田野社区平面布局

参考文献

陈灵芝, 2014. 中国植物区系与植被地理[M]. 北京: 科学出版社.

陈锡文, 2019. 走中国特色社会主义乡村振兴道路[M]. 北京: 中国社会科学出版社.

邓武功, 丁戎, 杨芊芊, 等, 2019. 英国国家公园规划及其启示[J]. 北京林业大学学报 (社会科学版), 18(2): 32–36.

丁一汇, 2013. 中国气候[M]. 北京: 科学出版社.

董新, 1990. 乡村景观类型划分的意义、原则及指标体系[J]. 人文地理(2): 49–52, 78.

杜春兰, 林立揩, 2019. 基于产业融合的乡村景观变迁: 以淘宝村为例[J]. 中国园林, 35(4): 75–79.

杜鹏, 2017. 基于 GEP 的区域生态审计框架与实现路径研究[J]. 山东社会科学 (3): 133–138.

段德罡, 谢留莎, 陈炼, 2021. 我国乡村建设的演进与发展[J]. 西部人居环境学刊, 36(1): 1–9.

付军, 蒋林树, 2008. 乡村景观规划设计[M]. 北京: 中国农业出版社.

耿松涛, 张伸阳, 2021. 乡村振兴背景下乡村旅游与文化产业协同发展研究[J]. 南京农业大学学报 (社会科学版), 21(02): 44–52.

顾朝林, 张晓明, 张悦, 2018. 新时代乡村规划[M]. 北京: 科学出版社.

国家发展改革委, 自然资源部, 2020. 全国重要生态系统保护和修复重大工程总体规划(2021—2035年)[EB/OL]. (2020–6–3). https://www.gov.cn/zhengce/zhengceku/2020–06/12/content_5518982.htm.

国家林业和草原局, 农业农村部, 自然资源部, 2022. 国家乡村振兴局. "十四五" 乡村绿化美化行动方案(林生发〔2022〕104号)[EB/OL]. (2022–10–27). https://www.forestry.gov.cn/c/www/lczc/27613.jhtml.

国家林业和草原局, 2021. "十四五" 林业草原保护发展规划纲要[EB/OL]. (2021–12–14). https://www.forestry.gov.cn/c/www/lczc/44287.jhtml.

国家林业和草原局, 2019. 国家森林乡村评价认定办法(试行)(林生发〔2019〕77号). [EB/OL]. (2019–8–5).https://lcj.km.gov.cn/upload/resources/file/2020/09/30/3281341.pdf

国家林业和草原局办公室, 2023. 乡村绿化技术规程(试行)(办生字〔2023〕95号)[EB/OL]. (2023–7–21). https://www.forestry.gov.cn/c/www/zchz/514116.jhtml.

国家林业和草原局造林绿化管理司乡村绿化调研组, 刘树人, 黄正秋, 等, 2018. 关于乡村绿化有关情况的调研报告[J]. 林业经济, 40(6): 48–53.

国务院, 2011. 国务院关于印发全国主体功能区规划的通知(国发〔2010〕46号)[EB/OL]. (2011–6–

8). https://www.gov.cn/zwgk/2011-06/08/content_1879180.htm.

国务院办公厅, 2021. 国务院办公厅关于科学绿化的指导意见[EB/OL]. (2021-05-18). https://www.gov.cn/zhengce/zhengceku/2021-06/02/content_5614922.htm.

韩俊, 2019. 新中国 70 年农村发展与制度变迁[M]. 北京: 人民出版社.

贺雪峰, 2018. 关于实施乡村振兴战略的几个问题[J]. 南京农业大学学报 (社会科学版), 18(3): 19-26, 152.

贺雪峰, 2018. 南北中国：中国农村区域差异研究[M]. 北京: 社会科学文献出版社.

胡继平, 高建利, 张现武, 等, 2019. 论林草部门助力乡村振兴的路径和方向[J]. 林业资源管理(6): 23-27, 48.

环境保护部, 中国科学院.《全国生态功能区划(修编版)[EB/OL]. (2015-11-13). https://www.mee.gov.cn/gkml/hbb/bgg/201511/t20151126_317777.htm.

靖玉娇, 赵慧, 2020. 平顺县东庄村聚落形态研究[J]. 艺海(4): 148-149.

孔祥智, 2018. 中国农村发展 40 年: 回顾与展望[M]. 北京: 经济科学出版社.

雷加富, 2000. 西部地区林业生态建设与治理模式[M]. 北京: 中国林业出版社.

黎柔含, 褚冬竹, 2018. 美国乡村设计导则介述[J]. 新建筑(2): 69-73.

李冠衡, 郭榕榕, 2015. 从植物景观多样性的视角理解英国乡村景观[J]. 中国园林, 31(8): 20-24.

李红波, 胡晓亮, 张小林, 等, 2018. 乡村空间辨析[J]. 地理科学进展, 37(5): 591-600.

李琼, 2017. 英国乡村规划及其对我国的启示[D]. 广州: 华南理工大学.

李文娟, 李妍, 2015. 英国特色乡村小城镇规划设计的经验与启示[J]. 美术大观(10): 100-101.

李新平, 郝向春, 2017. 乡村景观生态绿化技术[M]. 北京: 中国林业出版社.

林箐, 2016. 乡村景观的价值与可持续发展途径[J]. 风景园林(8): 27-37.

刘滨谊、王云才, 2002. 论中国乡村景观评价的理论基础与指标体系[J]. 中国园林(5): 77-80.

刘瑞莹, 2020. 我国乡村建设历程及乡村规划师制度探究[J]. 城市建筑, 17(22): 63-66, 110.

刘志民, 余海滨, 2022. "山水林田湖草沙生命共同体" 理念下的科尔沁沙地生态治理[J]. 中国沙漠, 42(1): 34-40.

马嘉, 李雄, 2020. 多方参与途径下的日本花城建设模式[J]. 北京林业大学学报, 42(4): 122-131.

马嘉, 小堀贵子, 2019. 基于生态旅游与生物保护的日本山原国立公园环境教育[J]. 风景园林, 26(10): 60-65.

马嘉, 张云路, 李雄, 2019. 基于生活空间协同的日本乡村景观营造模式及借鉴[J]. 中国城市林业, 17(4): 73-77, 82.

马嘉, 郑睿楠, 段诗璇, 等, 2023. 复合生态系统理论视角下乡村生态景观营造路径探索[J]. 农业资源与环境学报, 40(5): 1180-1189.

马世骏, 王如松, 1984. 社会-经济-自然复合生态系统[J]. 生态学报(1): 1-9.

马世骏, 1985. 运用生态学原则建设农村: 实现农村建设生态化[J]. 农村生态环境(1): 2–5, 70.

麦婉华, 高睿, 2021. 海口施茶村: 石斛产业点亮致富路[J]. 小康(29): 32–35.

欧阳志云, 朱春全, 杨广斌, 等, 2013. 生态系统生产总值核算: 概念、核算方法与案例研究[J]. 生态学报, 33(21): 6747–6761.

庞亚君, 2022. 宅基地资源、资产、资本转化的困境与出路[J]. 浙江农业学报, 34(6): 1338–1348.

朴永吉, 2010. 村庄整治规划编制[M]. 北京: 中国建筑工业出版社.

秦子薇, 熊文琪, 张玉钧, 2020. 英国国家公园公众参与机制建设经验及启示[J]. 世界林业研究, 33(2): 95–100.

邱尔发, 董建文, 许飞, 2013. 乡村人居林[M]. 北京: 中国林业出版社.

任国平, 2018. 快速城镇化背景下乡村景观的演变进程和发展模式[D]. 北京: 中国农业大学.

盛豪, 2020. 乡土植物在乡村景观营造中的应用研究[D]. 杭州: 浙江农林大学.

宋振荣, 郑渝, 张晓彤, 2011. 乡村生态景观建设理论和方法[M]. 北京: 中国林业出版社.

王本洋, 罗富和, 陈世清, 等, 2014. 1978年以来我国林业发展战略研究综述[J]. 北京林业大学学报(社会科学版), 13(1): 1–8.

张云路, 章俊华, 李雄, 2014. 基于构建"美丽中国"的我国村镇绿地建设重要性思考[J]. 中国园林, 30(3): 46–48.

王刚, 单晓刚, 罗国彪, 等, 2014. 贵州省村庄风貌规划指引思路与策略[J]. 规划师, 30(9): 100–105.

王宁, 2018. 传统田园的现代演绎: 荷兰兰斯塔德乡村地区建设策略[J]. 国际城市规划, 33(3): 118–124.

王如松, 欧阳志云, 2012. 社会–经济–自然复合生态系统与可持续发展[J]. 中国科学院院刊, 27(3): 337–345, 403–404, 254.

王瑞琦, 张云路, 李雄, 2020. 新时代乡村绿化美化的美学途径与科学导则[J]. 中国园林, 36(1): 5–12.

王夏晖, 何军, 饶胜, 等, 2018. 山水林田湖草生态保护修复思路与实践[J]. 环境保护, 46(Z1): 17–20.

王晓琳, 宫宜希, 张林顺, 2021. 画好"山水画"共享生态福[J]. 人民政坛(3): 42–43.

王晓毅, 2016. 中国农村社会学研究(第2辑)[M]. 北京: 中国社会科学出版社.

王应临, 杨锐, 埃卡特·兰格, 2013. 英国国家公园管理体系评述[J]. 中国园林, 29(9): 11–19.

王云才, 刘滨谊, 2003. 论中国乡村景观及乡村景观规划[J]. 中国园林(1): 56–59.

温锋华, 2017. 中国村庄规划理论与实践[M]. 北京: 社会科学文献出版社.

吴晨, 周庆华, 田达睿, 2017. 中国古代村镇人居环境保护与利用: 以陕西柏社村为例[J]. 北京规划建设(6): 106–110.

吴良镛, 2001. 人居环境科学导论[M]. 北京: 中国建筑工业出版社.

吴良镛, 2014. 中国人居史[M]. 北京: 中国建筑工业出版社.

谢花林, 刘黎明, 李蕾, 2003. 乡村景观规划设计的相关问题探讨[J]. 中国园林(3): 39–41.

徐青, 2021. 西南贫困地区乡村文化景观保护与发展[M]. 北京: 中国社会科学出版社.

许飞, 邱尔发, 王成, 2010. 我国乡村人居林建设研究进展[J]. 世界林业研究, 23(1): 56–61.

杨昆, 高依晴, 朱普选, 2021. 节事活动下的西藏乡村旅游发展研究: 以林芝嘎拉村为例[J]. 农村经济与科技, 32(3): 69–73.

杨忍, 刘芮彤, 2021. 农村全域土地综合整治与国土空间生态修复: 衔接与融合[J]. 现代城市研究(3): 23–32.

杨玉珍, 2014. 中西部地区生态–环境–经济–社会耦合系统协同发展研究[M]. 北京: 中国社会科学出版社.

姚亚辉, 2010. 成都市一般镇规划编制技术创新探索: 兼述《成都市一般镇规划建设技术导则》[J]. 城市规划, 34(7): 79–82, 86.

姚亦锋, 2014. 以生态景观构建乡村审美空间[J]. 生态学报, 34(23): 7127–7136.

俞明轩, 谷雨佳, 李睿哲, 2021. 党的以人民为中心的土地政策: 百年沿革与发展[J]. 管理世界, 37(4): 24–35.

曾超群, 2017. 珠三角古村落文化林的构成要素及景观格局的研究[D]. 广州: 仲恺农业工程学院.

张驰, 张京祥, 陈眉舞, 2006. 荷兰乡村地区规划演变历程与启示[J]. 国际城市规划(1): 81–86.

张晋石, 2006. 荷兰土地整理与乡村景观规划[J]. 中国园林(5): 66–71.

张乐, 梁丽华, 2022. 扎实推进黄河流域生态保护和高质量发展: 基于巴彦淖尔市磴口县的调查研究[J]. 产业创新研究(21): 24–26.

张媛明, 罗海明, 黎智辉, 2013. 英国绿带政策最新进展及其借鉴研究[J]. 现代城市研究(10): 50–53.

赵景柱, 1995. 社会–经济–自然复合生态系统持续发展评价指标的理论研究[J]. 生态学报(3): 327–330.

赵良平, 2017. 旱区造林绿化技术指南[M]. 北京: 中国林业出版社.

赵人镜, 李雄, 刘志成, 2021. 英国景观特征评估对我国国土空间景观风貌规划管控的启示[J]. 中国城市林业, 19(2): 41–46.

赵人镜, 刘家睿, 李雄, 2022. 2000—2020年国内外乡村景观研究热点[J]. 风景园林, 29(3): 12–18.

赵人镜, 马嘉, 李方正, 等, 2022. 基于典型村庄多元统计的全国不同气候带乡村绿化美化模式[J]. 农业资源与环境学报, 39(2): 364–375.

郑度, 2008. 中国生态地理区域系统研究[M]. 北京: 商务印书馆.

郑度, 2015. 中国自然地理总论[M]. 北京: 科学出版社.

中共中央办公厅, 国务院办公厅, 2018. 关于实施乡村振兴战略的意见[EB/OL]. (2018–2–4). http://www.gov.cn/zhengce/2018-02/04/content_5263807.htm.

中共中央办公厅，国务院办公厅，2021. 农村人居环境整治提升五年行动方案(2021—2025年)[EB/OL]. (2021-12-05).https://www.gov.cn/zhengce/2021-12/05/content_5655984.htm.

中共中央国务院，2018. 乡村振兴战略规划 (2018—2022 年)[EB/OL]. (2018-09-26). http://www.gov.cn/.

周统建，铁铮，秦国伟，2020.“生态环境生产力论”对我国林业建设的价值引领[J]. 世界林业研究，33(5): 118-122.

朱启臻，赵晨鸣，龚春明，2014. 留住美丽乡村：乡村存在的价值[M]. 北京：北京大学出版社.

住房和城乡建设部村镇建设司，2010. 村庄绿化[M]. 北京：中国建筑工业出版社.

庄亚倩，陈琳，2019. 海南罗驿古村保护与再利用模式探索[J]. 城市住宅，26(7): 189-190.

自然资源部，农业农村部，国家林业和草原局，2021. 关于严格耕地用途管制有关问题的通知(自然资发〔2021〕166号)[EB/OL]. (2021-11-27). http://gi.mnr.gov.cn/202112/t20211224_2715748.html.

自然资源部，2023. 国土空间调查、规划、用途管制用地用海分类指南(自然资发〔2023〕234号)[EB/OL]. (2023-11-22). http://www.gov.cn/.

邹逸麟，张修桂，2013. 中国历史自然地理[M]. 北京：科学出版社.

邹长新，王燕，王文林，等，2018. 山水林田湖草系统原理与生态保护修复研究[J]. 生态与农村环境学报，34(11): 961-967.

附 表

植物名录

中文名	学名	中文名	学名
矮牵牛	*Petunia* × *hybrida*	侧柏	*Platycladus orientalis*
艾	*Artemisia argyi*	茶	*Camellia sinensis*
澳洲鸭脚木	*Schefflera macrostachya*	茶梅	*Camellia sasanqua*
八宝景天	*Hylotelephium erythrostictum*	菖蒲	*Acorus calamus*
八角金盘	*Fatsia japonica*	常春藤	*Hedera nepalensis* var. *sinensis*
芭蕉	*Musa basjoo*	长果锥	*Castanopsis sieboldii*
白背栎	*Quercus salicina*	车轴草	*Galium odoratum*
白菜	*Brassica rapa* var. *glabra*	柽柳	*Tamarix chinensis*
白刺	*Nitraria tangutorum*	臭椿	*Ailanthus altissimus*
白桦	*Betula platyphylla*	垂柳	*Salix babylonica*
白及	*Bletilla striata*	慈竹	*Bambusa emeiensis*
白兰	*Michelia* × *alba*	刺柏	*Juniperus formosana*
百日菊	*Zinnia elegans*	葱	*Allium fistulosum*
百香果	*Passiflora edulis*	粗叶榕	*Ficus hirta*
斑茅	*Saccharum arundinaceum*	大别山五针松	*Pinus dabeshanensis*
板蓝根	*Isatis tinctoria*	大豆	*Glycine max*
枹栎	*Quercus serrata*	大花惠兰	*Cymbidium faberi* × *hybridum*
暴马丁香	*Syringa reticulata*	大丽花	*Dahlia pinnata*
碧桃	*Prunus persica* 'Duplex'	大叶黄杨	*Buxus megistophylla*
薜荔	*Ficus pumila*	大叶栎	*Quercus griffithii*
扁豆	*Lablab purpureus*	大籽蒿	*Artemisia sieversiana*
槟榔	*Areca catechu*	丹参	*Salvia miltiorrhiza*
波罗蜜	*Artocarpus heterophyllus*	稻	*Oryza sativa*
波斯菊	*Cosmos bipinnatus*	地被菊	*Chrysanthemum* × *morifolium* 'Ground Cover'
草莓	*Fragaria* × *ananassa*	地肤	*Bassia scoparia*

（续）

中文名	学名	中文名	学名
地锦	*Parthenocissus tricuspidata*	黑松	*Pinus thunbergii*
冬青	*Ilex chinensis*	红豆杉	*Taxus wallichiana* var. *chinensis*
豆角	*Phaseolus vulgaris*	红枫	*Acer palmatum* ‘Atropurpureum’
杜鹃	*Rhododendron simsii*	红花檵木	*Loropetalum chinense* var. *rubrum*
杜英	*Elaeocarpus decipiens*	红桦	*Betula albosinensis*
杜仲	*Eucommia ulmoides*	红毛丹	*Nephelium lappaceum*
鹅掌柴	*Schefflera heptaphylla*	红皮云杉	*Picea koraiensis*
鹅掌藤	*Schefflera arboricola*	红千层	*Callistemon rigidus*
番龙眼	*Pometia pinnata*	红瑞木	*Cornus alba*
番木瓜	*Carica papaya*	红砂	*Reaumuria songonica*
非洲菊	*Gerbera jamesonii*	红松	*Pinus koraiensis*
枫香树	*Liquidambar formosana*	红叶石楠	*Photinia* × *fraseri*
枫杨	*Pterocarya stenoptera*	胡椒木	*Zanthoxylum* ‘Odorum’
凤凰木	*Delonix regia*	胡桃	*Juglans regia*
凤梨	*Ananas comosus*	胡桃楸	*Juglans mandshurica*
凤仙花	*Impatiens balsamina*	胡枝子	*Lespedeza bicolor*
覆盆子	*Rubus idaeus*	葫芦	*Lagenaria siceraria*
柑橘	*Citrus reticulata*	槲树	*Quercus dentata*
宫粉羊蹄甲	*Bauhinia variegata*	蝴蝶树	*Heritiera parvifolia*
珙桐	*Davidia involucrata*	虎尾兰	*Sansevieria trifasciata*
光核桃	*Prunus mira*	花棒	*Corethrodendron scoparium*
桂花	*Osmanthus fragrans*	花红	*Malus asiatica*
过路黄	*Lysimachia christinae*	花椒	*Zanthoxylum bungeanum*
哈密瓜	*Cucumis melo*	花楸树	*Sorbus pohuashanensis*
海棠花	*Malus spectabilis*	华山松	*Pinus armandii*
旱芹	*Apium graveolens*	化香树	*Platycarya strobilacea*
合欢	*Albizia julibrissin*	槐	*Styphnolobium japonicum*
荷花	*Nelumbo nucifera*	黄菖蒲	*Iris pseudacorus*
荷兰菊	*Symphyotrichum novi-belgii*	黄刺玫	*Rosa xanthina*
黑桦	*Betula dahurica*	黄瓜	*Cucumis sativus*
[illegible]草	*Lolium perenne*	黄花槐	*Sophora xanthantha*

（续）

中文名	学名	中文名	学名
黄金榕	*Ficus microcarpa* 'Golden Leaves'	金银忍冬	*Lonicera maackii*
黄精	*Polygonatum sibiricum*	金鱼草	*Antirrhinum majus*
黄连木	*Pistacia chinensis*	锦绣杜鹃	*Rhododendron* × *pulchrum*
黄栌	*Cotinus coggygria* var. *cinereus*	韭莲	*Zephyranthes carinata*
黄皮	*Clausena lansium*	酒瓶椰子	*Hyophorbe lagenicaulis*
黄秋英	*Cosmos sulphureus*	菊花	*Chrysanthemum morifolium*
灰莉	*Fagraea ceilanica*	苦槠	*Castanopsis sclerophylla*
火龙果	*Hylocereus undatus*	蓝花楹	*Jacaranda mimosifolia*
霍山石斛	*Dendrobium huoshanense*	蓝莓	*Vaccinium uliginosum*
鸡蛋花	*Plumeria rubra*	冷杉	*Abies fabri*
鸡冠刺桐	*Erythrina crista-galli*	梨	*Pyrus* spp.
鸡冠花	*Celosia cristata*	李	*Prunus salicina*
鸡毛松	*Dacrycarpus imbricatus*	荔枝	*Litchi chinensis*
夹竹桃	*Nerium oleander*	栎	*Quercus* × *leana*
荚蒾	*Viburnum dilatatum*	栗	*Castanea mollissima*
假槟榔	*Archontophoenix alexandrae*	连翘	*Forsythia suspensa*
假连翘	*Duranta erecta*	楝	*Melia azedarach*
假龙头花	*Physostegia virginiana*	林芝云杉	*Picea likiangensis* var. *linzhiensis*
尖蜜拉	*Artocarpus champeden*	柳杉	*Cryptomeria japonica* var. *sinensis*
碱蓬	*Suaeda glauca*	龙牙花	*Erythrina corallodendron*
见血封喉	*Antiaris toxicaria*	芦荟	*Aloe vera*
剑麻	*Agave sisalana*	芦苇	*Phragmites australis*
降香	*Dalbergia odorifera*	栾树	*Koelreuteria paniculata*
金柑	*Citrus japonica*	罗汉松	*Podocarpus macrophyllus*
金鸡菊	*Coreopsis basalis*	萝卜	*Raphanus sativus*
金钱松	*Pseudolarix amabilis*	络石	*Trachelospermum jasminoides*
金线莲	*Anoectochilus formosanus*	落叶松	*Larix gmelinii*
金叶假连翘	*Duranta erecta* 'Golden Leaves'	旅人蕉	*Ravenala madagascariensis*
金叶女贞	*Ligustrum* × *vicaryi*	麻栎	*Quercus acutissima*
金叶榆	*Ulmus pumila* 'Jinye'	马蔺	*Iris lactea*
金银花	*Lonicera japonica*	马尾松	*Pinus massoniana*

（续）

中文名	学名	中文名	学名
马醉木	*Pieris japonica*	榕树	*Ficus microcarpa*
麦冬	*Ophiopogon japonicus*	三色堇	*Viola tricolor*
芒	*Miscanthus sinensis*	散尾葵	*Dypsis lutescens*
杧果	*Mangifera indica*	桑	*Morus alba*
毛白杨	*Populus tomentosa*	沙地柏	*Juniperus sabina*
玫瑰	*Rosa rugosa*	沙拐枣	*Calligonum mongolicum*
美人蕉	*Canna indica*	沙蒿	*Artemisia desertorum*
蒙古羊柴	*Corethrodendron fruticosum* var. *mongolicum*	沙生针茅	*Stipa caucasica* subsp. *glareosa*
棉花	*Gossypium hirsutum*	沙田柚	*Citrus maxima* ‘Shatian Yu’
牡丹	*Paeonia* × *suffruticosa*	沙枣	*Elaeagnus angustifolia*
木荷	*Schima superba*	山茶	*Camellia japonica*
木棉	*Bombax ceiba*	山核桃	*Carya cathayensis*
苜蓿	*Medicago sativa*	山杏	*Prunus sibirica*
南瓜	*Cucurbita moschata*	山楂	*Crataegus pinnatifida*
南天竹	*Nandina domestica*	芍药	*Paeonia lactiflora*
南洋杉	*Araucaria cunninghamii*	蛇皮果	*Salacca zalacca*
楠木	*Phoebe zhennan*	生菜	*Lactuca sativa* var. *ramosa*
柠檬	*Citrus* × *limon*	湿地松	*Pinus elliottii*
苹果	*Malus pumila*	十大功劳	*Mahonia fortunei*
菩提树	*Ficus religiosa*	石斑木	*Rhaphiolepis indica*
葡萄	*Vitis vinifera*	石榴	*Punica granatum*
千年木	*Dracaena marginata*	柿	*Diospyros kaki*
千屈菜	*Lythrum salicaria*	栓皮栎	*Quercus variabilis*
千日红	*Gomphrena globosa*	水葱	*Schoenoplectus tabernaemontani*
芡	*Euryale ferox*	水鬼蕉	*Hymenocallis littoralis*
青冈	*Quercus glauca*	水青冈	*Fagus longipetiolata*
琼棕	*Chuniophoenix hainanensis*	水曲柳	*Fraxinus mandschurica*
秋海棠	*Begonia grandis*	水杉	*Metasequoia glyptostroboides*
楸	*Catalpa bungei*	睡莲	*Nymphaea tetragona*
[illegible]参	*Panax ginseng*	丝瓜	*Luffa aegyptiaca*
[illegible]	*Chamaecyparis pisifera*	四季秋海棠	*Begonia cucullata*

（续）

中文名	学名	中文名	学名
四照花	*Cornus kousa* subsp. *chinensis*	小勾儿茶	*Berchemiella wilsonii*
松果菊	*Echinacea purpurea*	小麦	*Triticum aestivum*
苏铁	*Cycas revoluta*	小叶榄仁	*Terminalia neotaliala*
酸豆	*Tamarindus indica*	小叶杨	*Populus simonii*
梭梭	*Haloxylon ammodendron*	新疆杨	*Populus alba* var. *pyramidalis*
梭鱼草	*Pontederia cordata*	杏	*Prunus armeniaca*
台湾杉	*Taiwania cryptomerioides*	荇菜	*Nymphoides peltata*
台湾相思	*Acacia confusa*	萱草	*Hemerocallis fulva*
太平花	*Philadelphus pekinensis*	雪松	*Cedrus deodara*
桃	*Prunus persica*	薰衣草	*Lavandula angustifolia*
桃金娘	*Rhodomyrtus tomentosa*	烟斗柯	*Lithocarpus corneus*
藤本月季	*Rosa* (*Climbers Group*)	芫荽	*Coriandrum sativum*
天麻	*Gastrodia elata*	盐穗木	*Halostachys caspica*
天竺桂	*Cinnamomum japonicum*	艳山姜	*Alpinia zerumbet*
甜菜	*Beta vulgaris*	燕麦	*Avena sativa*
铁刀木	*Senna siamea*	洋桔梗	*Eustoma grandiflorum*
望天树	*Parashorea chinensis*	洋蒲桃	*Syzygium samarangense*
文冠果	*Xanthoceras sorbifolium*	椰子	*Cocos nucifera*
文心兰	*Oncidium hybridum*	野菊	*Chrysanthemum indicum*
无花果	*Ficus carica*	野茉莉	*Styrax japonicus*
五角槭	*Acer pictum* subsp. *mono*	野山楂	*Crataegus cuneata*
西藏红杉	*Larix griffithiana*	叶子花	*Bougainvillea spectabilis*
西府海棠	*Malus* × *micromalus*	一串红	*Salvia splendens*
仙茅	*Curculigo orchioides*	银鹊树	*Tapiscia sinensis*
香瓜	*Cucumis melo* var. *makuwa*	银杏	*Ginkgo biloba*
香果树	*Emmenopterys henryi*	银叶菊	*Jacobaea maritima*
香蕉	*Musa acuminata* '(AAA)'	银叶树	*Heritiera littoralis*
香蒲	*Typha orientalis*	樱桃	*Prunus pseudocerasus*
香石竹	*Dianthus caryophyllus*	樱桃番茄	*Solanum lycopersicum* var. *cerasiforme*
向日葵	*Helianthus annuus*	迎春花	*Jasminum nudiflorum*
橡胶树	*Hevea brasiliensis*	油菜	*Brassica rapa* var. *oleifera*

（续）

中文名	学名	中文名	学名
油茶	*Camellia oleifera*	樟子松	*Pinus sylvestris* var. *mongolica*
油葵	*Helianthus annuus*	珍珠梅	*Sorbaria sorbifolia*
油松	*Pinus tabuliformis*	栀子	*Gardenia jasminoides*
油桐	*Vernicia fordii*	栀子花	*Gardenia jasminoides*
柚子	*Citrus* × *junos*	中山杉	*Taxodium* 'Zhongshanshan'
鱼鳞云杉	*Picea jezoensis*	朱蕉	*Cordyline fruticosa*
榆	*Ulmus pumila*	朱槿	*Hibiscus rosa-sinensis*
榆叶梅	*Prunus triloba*	紫丁香	*Syringa oblata*
玉兰	*Yulania denudata*	紫穗槐	*Amorpha fruticosa*
玉米	*Zea mays*	紫檀	*Pterocarpus indicus*
玉簪	*Hosta plantaginea*	紫藤	*Wisteria sinensis*
芋	*Colocasia esculenta*	紫薇	*Lagerstroemia indica*
鸢尾	*Iris tectorum*	紫叶矮樱	*Prunus* × *cistena*
鸳鸯茉莉	*Brunfelsia brasiliensis*	紫叶稠李	*Prunus virginiana*
圆柏	*Juniperus chinensis*	紫叶李	*Prunus cerasifera* 'Atropurpurea'
月季花	*Rosa chinensis*	紫叶小檗	*Berberis thunbergii* 'Atropurpurea'
云杉	*Picea asperata*	紫珠	*Callicarpa japonica*
再力花	*Thalia dealbata*	紫竹梅	*Tradescantia pallida*
皂荚	*Gleditsia sinensis*	棕榈	*Trachycarpus fortunei*
樟	*Camphora officinarum*	酢浆草	*Oxalis corniculata*

后 记

科学开展乡村绿化美化，让生态美起来、环境靓起来，再现山清水秀、天蓝地绿、村美人和的美丽画卷，是全面推进乡村振兴的重要内容，是建设生态文明和美丽中国的题中应有之义，要牢固树立和践行绿水青山就是金山银山的理念，坚持尊重自然、顺应自然、保护自然，努力建设生活环境整洁优美、生态系统健康稳定、人与自然和谐共生的生态宜居美丽乡村。

衷心感谢国家林草局生态保护修复司的信任和支持，北京林业大学团队对于能够参与乡村绿化美化相关工作，特别是能够承担《乡村绿化美化模式范例》的编撰深感荣幸。本书首次系统总结了我国乡村绿化美化的经验做法，从科学和美学的角度对典型模式进行了优化提升，希望出版后能够为各地科学推进乡村绿化美化工作提供参考思路。需要说明的是，本书只是乡村绿化美化阶段性成果的总结提炼，随着乡村振兴战略的深入实施、科学绿化理念的持续深化，乡村绿化美化工作也会不断发展进步，本书不足之处在所难免，期待广大读者因地制宜、活学活用，不断丰富完善符合当地实际的乡村绿化美化模式。

在此向参与、帮助本书编写的同仁们表示由衷感谢！

衷心感谢全国各省市林草部门和地方基层提供的大量乡村绿化美化的素材和案例，感谢地方县、乡、村协助调研的同志和乡亲们提供的重要信息。衷心感谢国家林草局美丽乡村科技创新联盟各单位对本书编撰的大力支持和帮助，感谢编写期间专家学者对本书提出的宝贵意见和建议，感谢董建文教授倾囊相授台湾乡村绿化美化的宝贵资料。

衷心感谢北京林业大学编写团队的辛勤工作和不懈努力。工作过程中恰逢新冠肺炎疫情这个特殊时期，刘志成、蔡君、王美仙、许晓明、李方正、马嘉、胡楠、王培严等老师和30余名研究生组成团队，克服重重困难，完成了全国乡村绿化美化田野调查和典型模式编写工作。

刘志成教授、马嘉副教授和赵卓琦、王雅欣、薛亚美、张弛、卢紫薇、张涵、苏夏等同学，负责内蒙古、甘肃、四川、重庆、贵州、湖南、江西、西藏、新疆等省份的调研及编写工作。

蔡君教授、王培严老师和陈泓宇、王楚真、房卓研、隋梦、冯子桐等同学，负责北京、吉林、河南、安徽、浙江等省份的调研及编写工作。

王美仙副教授、李方正副教授、赵人镜老师和肖睿珂、顾越天、郑宇同、吴宜杭、高润宇、乔婧雯、徐敏、张燕茗、潘淑桢等同学，负责辽宁、山西、湖北、江苏、广东、福建、台湾等省份的调研及编写工作。

许晓明副教授、胡楠老师和姚晔蓓、霍子璇、梅子钰、黄心言等同学负责黑龙江、陕西、广西、海南等省份的调研及编写工作。

李一辰、郑睿楠、王雯飞、段诗璇、孙千翔、朱逊、赵祎祺、于茜等同学负责全书内容的修改、校对和植物名录编制等工作。

编著者

2023年8月